大数据应用人才能力培养新形态系列

U0127840

Python

数据预处理

微课版

千锋教育 | 策划 　**余胜 金超** | 主编　**刘秋雨 罗钰翔** | 副主编

人民邮电出版社

北京

图书在版编目（ＣＩＰ）数据

Python数据预处理：微课版 / 余胜，金超主编. --
北京：人民邮电出版社，2024.3
（大数据应用人才能力培养新形态系列）
ISBN 978-7-115-62141-2

Ⅰ．①P… Ⅱ．①余… ②金… Ⅲ．①软件工具－程序
设计－教材 Ⅳ．①TP311.561

中国国家版本馆CIP数据核字(2023)第119716号

内 容 提 要

本书以 Jupyter Notebook 为主要开发工具，全面介绍数据预处理的相关知识。本书共分 8 章，内容分别为初识 Python 数据预处理、数据获取与存储、数据清洗、数据集成、数据变换、数据规约，以及两个综合实战。每章均配置了丰富的示例。通过本书的学习，读者可以充分理解常用数据预处理方法的精髓，掌握具体技术细节，并在实践中提升实际开发能力，为数据分析和机器学习实践打下扎实基础。

本书既可作为高等院校数据科学与大数据技术、计算机相关专业的教材，也可作为技术爱好者的入门用书。

◆ 主 编 余 胜 金 超
　 副 主 编 刘秋雨 罗钰翔
　 责任编辑 李 召
　 责任印制 王 郁 陈 犇
◆ 人民邮电出版社出版发行　　北京市丰台区成寿寺路 11 号
　 邮编 100164　电子邮件 315@ptpress.com.cn
　 网址 https://www.ptpress.com.cn
　 三河市君旺印务有限公司印刷
◆ 开本：787×1092　1/16
　 印张：16　　　　　　　　　2024 年 3 月第 1 版
　 字数：431 千字　　　　　　2024 年 3 月河北第 1 次印刷

定价：59.80 元

读者服务热线：(010)81055256　印装质量热线：(010)81055316
反盗版热线：(010)81055315
广告经营许可证：京东市监广登字 20170147 号

前　言

　　Python 数据预处理技术不仅是数据分析、数据挖掘、人工智能的必备技术，还是开发者获取高质量数据、提高工作效率的利器，在 Python 相关课程中占有十分重要的地位。本书旨在帮助开发者获取高质量的数据、掌握数据处理的基本方法，在一定程度上提高数据分析或数据挖掘等工作的效率。本书涵盖数据预处理的各种常用技术及主流工具，示例代码丰富，既可作为专业教材，也可作为入门读物。

　　本书主要围绕数据预处理的科学计算工具和常见的数据预处理方法展开，适合有一定 Python 基础的开发者阅读，相关工具和知识点的选取考虑到了信息技术和职业要求的变化。本书使用 Anaconda 3，因为 Anaconda 3 是非常受欢迎的开源 Python 分发平台，以 Jupyter Notebook 为主要开发工具可以以将代码执行、文本、数学运算、绘图和富媒体组合到一个文档中。本书采用"理实一体化"授课模式，有丰富的实战项目和代码，从单个知识点应用实战到大型综合实战，由浅入深，由部分到整体，对读者来说易学易用，并在每章结尾设置本章小结和习题，便于读者温故而知新。

本书特点

1. 案例式教学，理论结合实战

（1）经典实战项目涵盖所有主要知识点。

◇　根据每章重要知识点，精心挑选实战项目，促进隐性知识与显性知识相互转化，使隐性的知识外显、显性的知识内化。

◇　实战项目包含运行效果、实现思路、代码详解，结构清晰，方便教学和自学。

（2）企业级大型综合实战项目，帮助读者掌握前沿技术。

◇　引入"家用电热水器用户行为分析""赏析中华古诗词" 2 个综合实战项目，进行精细化讲解，厘清代码逻辑，从动手实践的角度，帮助读者逐步掌握前沿技术，为高质量就业赋能。

2. 立体化配套资源，支持线上线下混合式教学

◇　文本类：教学大纲、教学 PPT、习题及答案、测试题库。

◇　素材类：源代码包、实战项目数据集、相关软件安装包。

◇　视频类：微课视频、教学视频。

◇　平台类：教师服务与交流群、锋云智慧教辅平台。

3．全方位的读者服务，提高教学和学习效率

❖ 人邮教育社区（www.ryjiaoyu.com）：教师通过在社区搜索图书，可以获取本书的出版信息及相关配套资源。

❖ 锋云智慧教辅平台（www.fengyunedu.cn）：教师可登录锋云智慧教辅平台，获取免费的教学资源。该平台是千锋为高校量身打造的智慧学习云平台，传承千锋教育多年来在 IT 职业教育领域积累的丰富资源与经验，可为高校师生提供全方位教辅服务，依托千锋先进教学资源，重构 IT 教学模式。

❖ 教师服务与交流群（QQ 群号：777953263）：该群由人民邮电出版社和图书编者一起建立并维护，专门为教师提供教学服务，分享教学经验、案例资源，为教师答疑解惑，感兴趣的教师可入群交流。

教师服务与交流

致谢及意见反馈

本书的编写和整理工作由高校教师及北京千锋互联科技有限公司高教产品部共同完成，主要参与人员有余胜、金超、刘秋雨、罗钰翔、马艳敏、刘帆、吕春林等。除此之外，千锋教育的 500 多名学员参与了本书的试读工作，他们站在初学者的角度对本书提出了许多宝贵的修改意见，在此一并表示衷心的感谢。

在本书的编写过程中，我们力求完美，但书中难免有一些不足之处，欢迎各界专家和读者朋友给予宝贵的意见，联系方式：textbook@1000phone.com。

编者

2024 年 1 月

目 录

第 1 章
初识 Python 数据预处理

1.1 数据预处理概述·····························1

   1.1.1 认识数据·····························1

   1.1.2 数据应用开发流程·················2

   1.1.3 数据预处理的目的·················2

   1.1.4 数据预处理的应用领域···········3

1.2 高质量的数据·····························4

   1.2.1 常见的数据问题···················4

   1.2.2 数据质量···························5

1.3 数据预处理流程·························5

   1.3.1 数据获取与存储···················6

   1.3.2 数据清洗···························6

   1.3.3 数据集成···························6

   1.3.4 数据变换···························7

   1.3.5 数据规约···························7

1.4 开发环境设置·····························8

   1.4.1 Anaconda 概述····················8

   1.4.2 Anaconda 下载安装···············8

   1.4.3 Anaconda 管理虚拟环境·········13

1.5 Jupyter 的使用··························16

   1.5.1 认识 Jupyter······················16

   1.5.2 启动 Jupyter Notebook···········16

   1.5.3 Jupyter 工作原理·················18

   1.5.4 Jupyter 使用方法·················18

1.6 常用的数据预处理工具················22

   1.6.1 数值计算工具 NumPy············22

   1.6.2 数据处理工具 SciPy·············31

   1.6.3 数据处理工具 Pandas···········35

1.7 本章小结·······························40

1.8 习题·····································40

第 2 章
数据获取与存储

2.1 数据准备·······························43

   2.1.1 常见的数据类型·················43

   2.1.2 常见的数据文件格式···········46

2.2 网络爬虫获取数据·····················49

   2.2.1 认识网络爬虫···················49

   2.2.2 网络爬虫执行阶段···············50

   2.2.3 爬取百度 logo···················50

   2.2.4 常见的数据存储方式·············52

2.3 数据读写·······························53

   2.3.1 可读写数据·······················53

   2.3.2 读写 CSV 数据···················55

   2.3.3 读写 JSON 数据··················59

   2.3.4 读写 XML 数据···················61

   2.3.5 读写 Excel 数据··················62

2.4 使用数据库实现数据存储··············65

   2.4.1 认识数据库·······················65

   2.4.2 数据库存储数据·················66

2.5 实战 1:遍历文件批量抽取文本内容·····68

2.5.1 任务说明·······68

2.5.2 任务分析·······69

2.5.3 任务实现·······71

2.6 本章小结·······74

2.7 习题·······74

第3章
数据清洗

3.1 数据清洗概述·······77

3.1.1 初识数据清洗·······77

3.1.2 数据清洗必要性·······78

3.1.3 导入与审视数据·······78

3.2 缺失值处理·······83

3.2.1 缺失值产生原因·······83

3.2.2 检测缺失值·······83

3.2.3 填充缺失值 fillna( )·······86

3.2.4 删除缺失值 dropna( )·······88

3.2.5 插补缺失值 interpolate( )·······89

3.3 重复值处理·······91

3.3.1 检测重复值·······91

3.3.2 处理重复值·······92

3.4 异常值处理·······97

3.4.1 检测异常值·······97

3.4.2 处理异常值·······100

3.5 时间日期格式处理·······102

3.5.1 常见的时间日期格式·······102

3.5.2 Python 处理时间日期格式·······105

3.5.3 Pandas 转换数据·······106

3.6 实战2：用户用电数据清洗·······107

3.6.1 任务说明·······107

3.6.2 任务分析·······107

3.6.3 任务实现·······108

3.7 本章小结·······109

3.8 习题·······109

第4章
数据集成

4.1 数据集成概述·······112

4.1.1 初识数据集成·······112

4.1.2 冗余属性识别·······113

4.1.3 实体识别·······114

4.1.4 数据不一致·······114

4.2 主键合并数据·······114

4.2.1 Pandas 的 merge( )函数·······114

4.2.2 join( )函数·······116

4.2.3 Pandas 的 merge( )函数使用 how
参数合并数据·······117

4.3 堆叠合并数据·······119

4.3.1 Pandas 的 concat( )函数·······119

4.3.2 NumPy 的 concatenate( )函数·······121

4.3.3 append( )函数·······122

4.4 重叠合并数据·······123

4.4.1 combine( )函数·······123

4.4.2 combine_first( )函数·······125

4.5 集成方法介绍·······125

4.5.1 认识机器学习库 sklearn·······126

4.5.2 数据集拆分·······132

4.6 实战3：探索虚拟姓名数据·······134

4.6.1 任务说明·······134

4.6.2 任务分析·······134

4.6.3 任务实现·······135

4.7 本章小结·······137

4.8 习题·······137

第 5 章
数据变换

5.1 数据变换概述 ·············· 140
　5.1.1 初识数据变换 ·········· 140
　5.1.2 数据变换方式 ·········· 141
5.2 常见操作 ················ 141
　5.2.1 简单函数变换 ·········· 141
　5.2.2 连续属性离散化 ········ 143
　5.2.3 属性构造 ············· 149
　5.2.4 小波变换 ············· 150
　5.2.5 数据规范化 ··········· 151
5.3 分组与聚合 ·············· 154
　5.3.1 概述 ················ 154
　5.3.2 窗口函数 ············· 155
　5.3.3 分组函数 ············· 157
　5.3.4 聚合函数 ············· 162
5.4 轴向旋转 ················ 167
　5.4.1 Pandas 透视表 ········· 168
　5.4.2 melt( )函数 ··········· 171
5.5 哑变量处理与面元切分 ······ 173
　5.5.1 哑变量处理 ··········· 173
　5.5.2 面元切分 ············· 174
5.6 数据转换 ················ 175
　5.6.1 函数映射转换 ·········· 175
　5.6.2 值处理：replace( )替换元素 ······· 176
　5.6.3 行列处理：map( )映射 ······· 177
　5.6.4 索引处理：rename( )重命名 ······· 178
5.7 实战 4：探索酒类消费数据 ······ 179
　5.7.1 任务说明 ············· 179
　5.7.2 任务分析 ············· 179
　5.7.3 任务实现 ············· 180
5.8 本章小结 ················ 180

5.9 习题 ··················· 181

第 6 章
数据规约

6.1 数据规约概述 ·············· 184
　6.1.1 初识数据规约 ·········· 184
　6.1.2 数据规约的常见类型 ······ 185
6.2 Pandas 数据规约操作 ········· 189
　6.2.1 数据重塑 ············· 189
　6.2.2 降采样 ··············· 192
　6.2.3 PCA 降维 ············· 194
6.3 实战 5：利用 sklearn 实现鸢尾花数据
降维 ···················· 199
　6.3.1 任务说明 ············· 199
　6.3.2 任务分析 ············· 199
　6.3.3 任务实现 ············· 200
6.4 本章小结 ················ 201
6.5 习题 ··················· 202

第 7 章
综合实战：家用热水器用户
行为分析

7.1 项目背景与目标 ············· 204
　7.1.1 项目背景 ············· 204
　7.1.2 项目目标 ············· 205
　7.1.3 项目分析 ············· 205
　7.1.4 项目总体流程 ·········· 206
7.2 探索数据 ················ 206
　7.2.1 认识数据集 ··········· 206
　7.2.2 探索数据特征 ·········· 207
7.3 数据预处理 ·············· 210

7.3.1 数据变换之连续属性离散化 ………… 211

7.3.2 数据规约之属性规约 ………………… 212

7.3.3 数据集成之合并数据 ………………… 213

7.3.4 数据变换之属性构造 ………………… 216

7.3.5 数据清洗之筛选候选洗浴事件 … 223

7.4 构建模型 …………………………………… 224

7.4.1 BP 神经网络模型 …………………… 224

7.4.2 构建洗浴事件识别模型 …………… 226

7.5 模型评估 …………………………………… 228

7.5.1 评价指标 ……………………………… 228

7.5.2 绘制 ROC 曲线 …………………… 229

7.6 本章小结 …………………………………… 230

第 8 章
综合实战：赏析中华古诗词

8.1 项目背景与目标 ……………………… 231

8.1.1 项目背景 ……………………………… 231

8.1.2 项目目标 ……………………………… 231

8.1.3 项目总体流程及分析 ……………… 231

8.2 基本特征提取 …………………………… 232

8.2.1 数据集介绍 …………………………… 232

8.2.2 数据描述 ……………………………… 233

8.2.3 jieba 分词 …………………………… 235

8.2.4 分词模式和并行分词 ……………… 236

8.2.5 关键词提取 …………………………… 236

8.3 文本预处理 ……………………………… 239

8.3.1 独热编码器处理标签 ……………… 239

8.3.2 词性标注、自定义字典 …………… 240

8.3.3 去除停用词 …………………………… 241

8.3.4 文本中的字符处理 ………………… 241

8.4 模型构建——中文文本词云 ……… 243

8.4.1 认识词云 ……………………………… 243

8.4.2 wordcloud 库 ……………………… 243

8.5 实战 6：三国演义中文词频统计 … 246

8.5.1 任务说明 ……………………………… 246

8.5.2 任务分析 ……………………………… 246

8.5.3 任务实现 ……………………………… 247

8.6 本章小结 …………………………………… 248

第 1 章

初识 Python 数据预处理

本章学习目标

- 了解 Python 数据预处理的特点、应用领域及一般流程。
- 了解常见的数据问题与影响数据质量的因素。
- 掌握搭建和管理 Anaconda 开发环境的方法。
- 熟悉 IPython 程序的运行方式，掌握 Jupyter Notebook 的安装与使用方法。
- 掌握 3 种科学计算库的安装与使用方法。

初识 Python
数据预处理

对于数据预处理而言，数据是核心，生活中很多常见的数据却不是"干净"的数据，会为后期的数据处理和分析带来麻烦。所以，进行数据预处理是十分有必要的。本章以数据和数据质量作为切入点，介绍了数据预处理流程，以及开发环境的设置与管理方法。读者需要掌握 3 种常用的数据预处理工具的用法，这对于 Python 数据预处理的学习可以起到奠基作用。

1.1 数据预处理概述

数据是什么？数据在数据预处理中属于核心要素，而数据预处理在整个大数据开发中具有举足轻重的作用。

1.1.1 认识数据

1. 数据

数据可以是狭义上的数字，也可以是具有一定意义的数字符号的组合、文字、图形、图像、视频、音频等，还可以是客观事物的属性、数量、位置及其相互关系的抽象表示。例如，"0,1,2,…"、"阴、气温下降"、学生档案记录、货物运输清单等都是数据。数据经过加工就成为信息。数据可以是连续的值，如声音、图像，称为模拟数据；也可以是离散的值，如符号、文字，称为数字数据。

在计算机系统中，数据以二进制信息单元 0、1 的形式表示，常见的有文本、数值、序列、映射、集合、布尔值、二进制码等。

2. Python 数据分类

Python 中，常见的基本数据类型可以分为 6 种，如表 1.1 所示。

表 1.1　常见的基本数据类型

序号	名称	说明	示例
1	数值（Number）	分为整型（int）、浮点型（float）和复数型（complex）	整型：1、2、99。浮点型：0.2、-1.89、32.3e+18。复数型：3.14j、90-9.6j
2	字符串（str）	用单引号 ' 或双引号 " 括起来，使用反斜杠\转义特殊字符	"hello"、'h34_5f'
3	列表（list）	写在方括号 [] 里，用逗号隔开的元素	list=[a, "hello", 123]
4	元组（tuple）	写在小括号()里，用逗号隔开的元素，元素不能修改	tuple = ('abcd', 786 , 2.23, 'error', 70.2)
5	字典(dict)	一种有用的内置数据类型，是无序的对象集合	dict = {'name': 'qianfeng','wite': "beijing", 'age':10}
6	集合(set)	由一个或数个形态各异的大小整体组成，构成集合的事物或对象称作元素或成员	names = {'xiaofeng', 'xiaoshi', 'xiaoyuan', 'xiaoyou', 'xiaoding'}

注意

① Python 支持复数，复数由实数部分和虚数部分构成，可以用 a + bj 或 complex(a,b)表示，a 和 b 都是浮点型。

② 列表是有序的对象集合，字典是无序的对象集合。

③ 集合的基本功能是进行成员关系测试和删除重复元素。

1.1.2　数据应用开发流程

数据应用开发流程如图 1.1 所示。

数据预处理是在数据采集之后，数据存储和数据分析与挖掘之前的步骤。数据预处理的工作就是读入数据采集阶段的数据，然后采用各种手段清洗脏数据，再输出满足数据分析、数据挖掘需要的数据集。这个数据集一般存储在分布式系统中。当

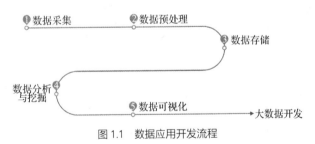

图 1.1　数据应用开发流程

然，对这个数据集进行分析与挖掘后，得出的分析挖掘成果是通过可视化等手段向社会公众展示的。

1.1.3　数据预处理的目的

数据预处理（data preprocessing）是指在进行主要的数据处理以前对数据进行的一些处理，包括对所采集数据进行分类或分组前所做的审核、筛选、排序等。

数据预处理的目的如下。

① 提高数据质量。

② 提高数据分析与挖掘的准确率和效率。

③ 通过调整数据格式和内容，使数据更符合要求。

例如，数据预处理可以删除数据中的重复值，处理前后的数据分别如图 1.2 和图 1.3 所示。

< 2 >

序号		姓名	性别	年龄	住址
0	S1	张三	男	15	苏州
1	S2	李四	男	16	南京
2	S3	王五	女	15	NaN
3	S4	赵六	男	14	NaN
4	S4	赵六	男	14	NaN

图 1.2 数据处理前

序号		姓名	性别	年龄	住址
0	S1	张三	男	15	苏州
1	S2	李四	男	16	南京
2	S3	王五	女	15	NaN
3	S4	赵六	男	14	NaN

图 1.3 数据处理后

1.1.4 数据预处理的应用领域

现实世界中的数据大都是不完整、不一致的脏数据，无法直接进行数据挖掘，或挖掘结果不尽如人意。为了提高数据挖掘的质量，产生了数据预处理技术。随着大数据技术的不断成熟，数据预处理在工业、农业、教育、医疗等方面的应用越来越广泛，已经渗透到人们生活的方方面面。

1. 数据分析

数据分析是指对大量有序或无序的数据进行信息的集中整合、运算提取、展示等操作，通过这些操作可以找出研究对象的内在规律。图 1.4 所示的智能农业可视化平台就是数据分析的应用实例。

目的：揭示事物运动、变化、发展的规律，具体来说，就是把隐没在一大批看似杂乱无章的数据中的信息集中、萃取和提炼出来，以找出所研究对象的内在规律。

意义：提高系统运行效率，优化系统作业流程，预测未来发展趋势。

2. 数据挖掘

数据挖掘是从数据库的大量数据中得出隐含的、先前未知的，并有潜在价值的信息的过程。它是目前人工智能和数据库领域研究的热点问题。数据挖掘是一种决策支持过程，它主要基于人工智能、机器学习、模式识别、统计学、数据库、可视化技术等，高度自动化地分析数据，做出归纳性的推理，从中挖掘出潜在的模式，帮助决策者调整策略，减少风险。图 1.5 的智能交通就是数据挖掘的应用实例。

目的：从数据中发现隐含的、有意义的知识。

意义：通过预测未来趋势及行为，做出前摄的、基于知识的决策。

图 1.4 智能农业可视化平台

图 1.5 智能交通

3. 机器学习

机器学习是一门多领域交叉学科，涉及概率论、统计学、逼近论、凸分析、算法复杂度理

< 3 >

论等。它是人工智能的核心，是使计算机具有"智能"的根本途径。机器学习的应用如图 1.6 所示。

图 1.6　机器学习的应用

目的：帮助机器从现有的复杂数据中学习规律，以预测未来的行为结果和趋势。

意义：使机器获取新的知识或技能，重新组织已有的知识结构，不断改善自身的性能。

4．人工智能

人工智能（artificial intelligence，AI）是研究、开发用于模拟、延伸和扩展人的智能的理论、方法、技术及应用系统的一门新的技术科学。人工智能可以对人的意识、思维的信息过程进行模拟。人工智能不是人的智能，但能像人那样思考，也可能超过人的智能。通过人工智能对道路情况进行探测，实现自动驾驶，如图 1.7 所示。

目的：使计算机模拟人的某些思维过程和智能行为，如学习、推理、规划等，使计算机能实现更高层次的应用。

意义：使机器能够胜任一些通常需要人类智力来完成的复杂工作，提高人们的工作效率，提升生活品质。

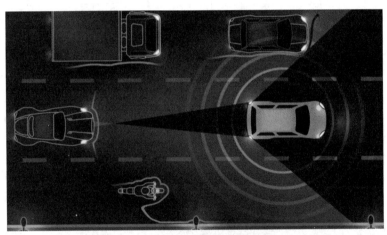

图 1.7　通过人工智能实现自动驾驶

1.2 高质量的数据

现实世界中的大规模数据往往是杂乱的，如果没有高质量的数据，就没有高质量的分析结果。因此，高质量的决策依赖于高质量的数据。

1.2.1 常见的数据问题

常见的数据问题如表 1.2 所示。

< 4 >

表 1.2　常见的数据问题

名称	含义
数据缺失	数据集中出现空值
数据异常	个别数据远离数据集
数据重复	同一条数据多次出现
数据冗余	数据中存在一些多余的、无意义的属性
数据值冲突	同一属性存在不同值
数据噪声	属性值不符合常理

1.2.2　数据质量

数据质量是指数据的一组固有属性满足数据消费者要求的程度。真实性、及时性和相关性是数据的固有属性。

① 真实性：数据是客观世界的真实反映。

② 及时性：数据是随着变化及时更新的。

③ 相关性：数据是数据消费者关注和需要的。

数据质量的评估主要有 9 个维度，如图 1.8 所示。

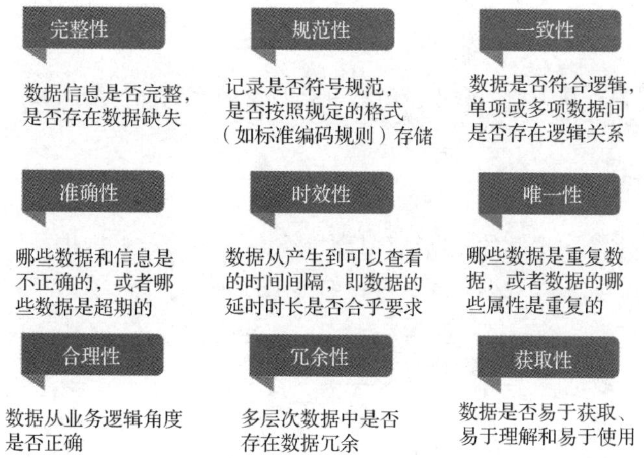

完整性
数据信息是否完整，是否存在数据缺失

规范性
记录是否符号规范，是否按照规定的格式（如标准编码规则）存储

一致性
数据是否符合逻辑，单项或多项数据间是否存在逻辑关系

准确性
哪些数据和信息是不正确的，或者哪些数据是超期的

时效性
数据从产生到可以查看的时间间隔，即数据的延时时长是否合乎要求

唯一性
哪些数据是重复数据，或者数据的哪些属性是重复的

合理性
数据从业务逻辑角度是否正确

冗余性
多层次数据中是否存在数据冗余

获取性
数据是否易于获取、易于理解和易于使用

图 1.8　数据质量的评估维度

1.3　数据预处理流程

数据预处理流程包括 5 个环节：数据获取与存储、数据清洗、数据集成、数据变换、数据规约。其中，数据获取与存储是进行数据预处理的前提，也是数据预处理的准备环节。

> ⚠ **注意**
>
> 一个数据预处理过程可以不使用全部环节。

< 5 >

1.3.1 数据获取与存储

数据格式多种多样，来源也是多种多样的，主要可以分为内部数据和外部数据。内部数据主要是产生于内部系统的数据，如文本数据、Excel 表格等；外部数据主要是产生于外部系统的数据，可以是网络爬虫获取的数据、工况数据、环境数据等。数据通常可以多种形式存储到本地，如 Word 文档、CSV 文件等，还可以存储在数据库中。外部数据存储须遵循《中华人民共和国数据安全法》之规定。

1.3.2 数据清洗

数据清洗又叫数据清理或数据净化，主要用于数据仓库、数据挖掘和全面数据质量管理 3 个方面。数据清洗通过填充缺失值、光滑噪声数据、识别或删除离群点及解决数据不一致来"清理"数据。

数据清洗目标：格式标准化，异常数据清除，错误纠正，重复数据清除。

下面以表格自动填充数据为例，介绍数据清洗的效果。填充缺失值前后表格分别如图 1.9 和图 1.10 所示。

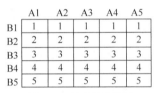

图 1.9 填充缺失值前　　图 1.10 填充缺失值后

数据清洗前表格中有缺失值，数据清洗后表格自动填充数据，解决数据缺失问题。

1.3.3 数据集成

数据集成是指将多个数据源的数据结合起来并统一存储，这些数据源可能包括数据库、数据立方体和一般文件。例如建立数据仓库，过程如图 1.11 所示。

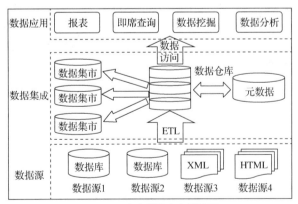

图 1.11 建立数据仓库的过程

集成多个数据源的数据时，会出现冗余数据，常见的有属性重复、属性相关冗余和元组重复，如图 1.12 所示。

客户编号	客户名称	…	female	性别	月薪/万元	年收入/万元
0001	张三		0	男	8	96
0002	李四		1	女	7	84
0003	王五		1	女	6	72
0004	赵刚		0	男	7.5	90
0005	赵刚		0	男	7.5	90

图 1.12　冗余数据

属性重复包括同一属性在一个表中出现多次，只是命名不一致，例如，表 1.12 中 "female" 和 "性别" 两个属性字段描述的是同一属性。

属性相关冗余是指一个属性可以由另一个属性导出，例如，表 1.12 中的 "年收入" 可以根据 "月薪" 计算出来。可根据相关系数和协方差来评估一个属性的值如何随另一个变化。

元组重复是指给定的唯一数据实体中存在两个或多个相同的元组，如图 1.12 中的 "0004" 和 "0005" 行数据。

1.3.4　数据变换

不同来源可能导致数据不一致，所以需要对某些数据进行变换，构成一个合适的描述形式。数据变换的主要方式为数据平滑、数据聚集、数据概化、数据规范化等。

将表格中的元素转换成 0～1 的数字，转换前后分别如图 1.13 和图 1.14 所示。

	A1	A2	A3	A4	A5
B1	1	1	1	1	1
B2	2	2	2	2	2
B3	3	3	3	3	3
B4	4	4	4	4	4
B5	5	5	5	5	5

图 1.13　数据转换前

	A1	A2	A3	A4	A5
B1	0.1	0.1	0.1	0.1	0.1
B2	0.2	0.2	0.2	0.2	0.2
B3	0.3	0.3	0.3	0.3	0.3
B4	0.4	0.4	0.4	0.4	0.4
B5	0.5	0.5	0.5	0.5	0.5

图 1.14　数据转换后

1.3.5　数据规约

在现代大数据背景下，数据量非常大，对海量数据进行复杂的数据分析与挖掘需要很长的时间，不具有可操作性。数据规约可以缩减数据量，同时基本保持原数据的完整性，并且数据分析和挖掘结果与规约前相同或几乎相同。数据规约如图 1.15 所示。

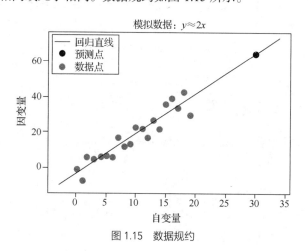

图 1.15　数据规约

< 7 >

1.4 开发环境设置

Anaconda 提供了在计算机上执行 Python/R 数据预处理和机器学习的简单方法，已成为深受欢迎的 Python 开发环境。

1.4.1 Anaconda 概述

1. 简介

Anaconda 有个人版、商业版、团队版、企业版，除个人版不收费外，其他版本都需要付费使用。这是一个开源的 Python 发行版本，包含 conda、Python 等 180 多个科学包及其依赖项。

2. 特点

Anaconda 是为数据科学家构建的开发环境，超 2000 万人使用。其特点如下：

① Anaconda 解决方案用途广泛，是数据科学和机器学习仰赖的重要技术。

② 开源创新，能跟上不断变换的需求。

③ 安全性高，捕获漏洞及时，能有效控制对模型、数据和包的访问，方便了解每个项目的人员、内容、时间、地点等信息。

④ 高度集成 Python 数据科学生态。

⑤ 拥有强大的包管理工具 conda。

⑥ 可用超过 600 个 Python 数据科学库。

3. 功能

可以利用 Anaconda 研究数据处理、数据建模、机器学习、神经网络、自然语言处理、可视化展示、教学等。

如果已经安装了 Python，为什么还需要 Anaconda？

① Anaconda 附带了一大批常用科学包及其依赖项，方便处理数据。

② Anaconda 是在 conda（包管理工具和环境管理工具）基础上发展出来的，而 conda 可以帮助我们在计算机上管理第三方包，包括安装、卸载和更新包。

③ Anaconda 可以帮助我们管理环境。为什么需要管理环境呢？比如我们在 A 项目中用了 Python 2，新的项目 B 要求使用 Python 3，而同时安装两个 Python 版本可能会造成混乱和错误，此时可以利用 conda 为不同的项目建立不同的运行环境。又比如安装不同的 Pandas 版本时，不可能同时安装两个 NumPy 版本，此时可以利用 conda 为每个 NumPy 版本创建一个环境，让项目在对应环境中工作。

1.4.2 Anaconda 下载安装

Anaconda 可用于多个平台（Windows、Mac OS X 和 Linux）。可以在 Anaconda 官网上找到其安装程序和安装说明。

1. 下载 Anaconda

方法一：打开网络浏览器，在地址栏中输入 Anaconda 官网的网址，按 Enter 键，进入 Anaconda 官网，默认下载 Windows 版本，如图 1.16 所示。

< 8 >

图 1.16　Anaconda 官网

方法二：在网络浏览器地址栏中输入 Anaconda Documentation 网站的网址，打开 Anaconda 安装页面，如图 1.17 所示，根据自己的操作系统选择对应的版本下载。

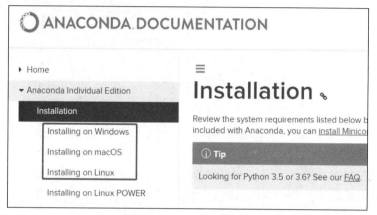

图 1.17　Anaconda 安装页面

> **!注意**
>
> 这里下载的是 Anaconda3-2022.05-Windows-x86_64 安装包。

2．安装 Anaconda

（1）打开安装包，单击"Launch Notebook"按钮，如图 1.18 所示，等待并验证安装程序，如图 1.19 所示。

图 1.18　单击"Launch Notebook"按钮

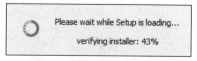

图 1.19　等待并验证安装程序

< 9 >

> ⚠ **注意**
>
> 在安装 Anaconda 的时候，右键单击安装包，在弹出的快捷菜单中选择"以管理员身份运行"。

（2）单击"Next"按钮开始安装，如图 1.20 所示，可以看到安装的是 64 位系统版本。

（3）阅读用户协议，单击"I Agree"按钮，如图 1.21 所示。

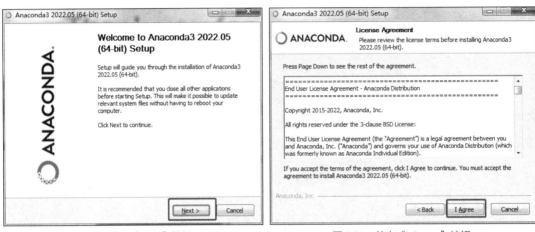

图 1.20　单击"Next"按钮　　　　　　　图 1.21　单击"I Agree"按钮

（4）选择安装类型，选中"Just Me（recommended）"单选按钮，并单击"Next"按钮，如图 1.22 所示。

假如用户计算机上有多个 Users，则需要考虑不同选项的影响，推荐选择默认安装方式。

（5）设置安装路径并单击"Next"按钮，如图 1.23 所示。

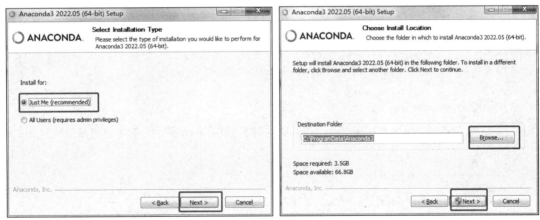

图 1.22　选择安装类型　　　　　　　　　图 1.23　设置安装路径

设置安装路径时，建议安装在 C 盘，即系统默认安装位置。

（6）设置环境变量，勾选复选框将 Anaconda3 添加到 PATH 环境变量中，并单击"Install"按钮，如图 1.24 所示。

（7）等待安装，安装完成后单击"Next"按钮，如图 1.25 所示。

（8）待提取信息过程结束，继续单击"Next"按钮，如图 1.26 所示。

（9）单击"Finsh"按钮，结束安装，如图 1.27 所示。

< 10 >

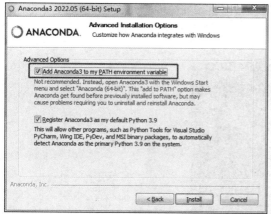

图 1.24 勾选复选框将 Anaconda3 添加到 PATH 环境变量中

图 1.25 安装完成

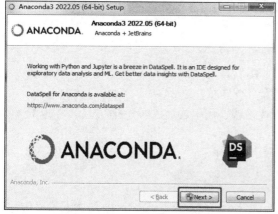

图 1.26 继续单击"Next"按钮

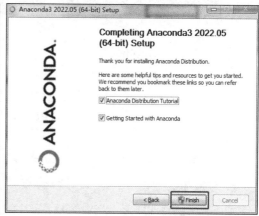

图 1.27 结束安装

3.测试 Anaconda 是否安装成功

（1）按 Win+R 组合键调出"运行"对话框，输入"cmd"并按 Enter 键，如图 1.28 所示。

（2）输入"conda"命令查看是否安装成功，如图 1.29 所示。

图 1.28 "运行"对话框

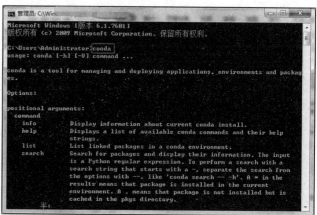

图 1.29 查看是否安装成功

< 11 >

（3）输入"conda -V"命令可查看当前 Anaconda 版本，如图 1.30 所示。

（4）安装完成后，"开始"菜单中会多出一个快捷方式，其下有 4 个子程序（Reset Spyder Settings 除外），如图 1.31 所示。

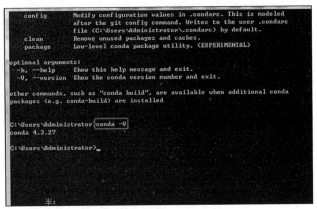

图 1.30　查看 Anaconda 版本

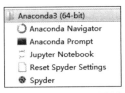

图 1.31　Anaconda 子程序

Anaconda 子程序简介如下。

① Anaconda Navigator：用于管理包和环境的图形界面。

② Anaconda Prompt：用于管理包和环境的命令行界面。

③ Jupyter Notebook：基于 Web 的交互式开发环境，用于展示数据分析的过程，并生成容易阅读的文档。

④ Spyder：Python 集成开发环境，布局类似于 MATLAB。

4．设置环境变量

Anaconda 安装完成后，在命令行界面中输入"conda"命令查看 Anaconda 是否安装成功，如果成功，则不需要进行以下操作；如果 Anaconda 没有正常启动，可能是由于系统没有找到 Anaconda 的安装路径，此时可以通过设置环境变量来解决问题。具体方法如下。

（1）以 Windows 为例，依次单击"控制面板"→"系统和安全"→"系统"→"高级系统设置"，再单击"环境变量"按钮，如图 1.32 所示。

（2）在"系统变量"一栏中，选择"Path"（Path 在不同计算机上大小写可能不一样），并单击"新建"按钮，如图 1.33 所示。

图 1.32　单击"环境变量"按钮

图 1.33　单击"新建"按钮

< 12 >

（3）输入变量名"Path"，编辑变量值，单击"确定"按钮，完成设置，如图 1.34 所示。

图 1.34　新建系统变量

> ⚠️ **注意**
>
> 变量值要根据读者 Python 安装的实际路径进行修改。

（4）在命令行界面输入"conda"命令和"conda -V"命令，测试 Anaconda 环境变量是否设置成功。

1.4.3　Anaconda 管理虚拟环境

1．管理包

（1）依次单击"开始"→"Anaconda3"→"Anaconda Navigator"，如图 1.35 所示。

（2）依次单击"Environments"→"base(root)"→"Installed"，列出已安装的包，如图 1.36 所示。

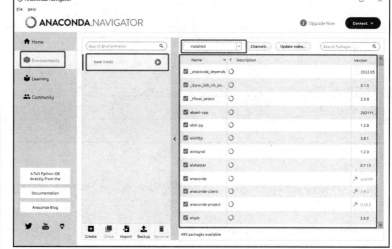

图 1.35　打开 Anaconda Navigator　　　　　　　图 1.36　列出已安装的包

（3）安装或更新包，如图 1.37 所示。

2．conda 基本使用

调出"运行"对话框，输入"cmd"并按 Enter 键，打开命令行界面，然后输入 conda 相关命令，具体如表 1.3 所示。

< 13 >

图 1.37　安装或更新包

表 1.3　conda 相关命令

命令	说明
conda create -n <env_name> python=<python_version_num>	创建虚拟环境
activate <env_name>	激活虚拟环境
conda install -n <env_name> <package_name>	安装程序包到指定虚拟环境
deactivate	关闭虚拟环境
conda remove <env_name> --all	删除虚拟环境
conda remove --name <env_name> <package_name>	删除虚拟环境中的某个包
conda list	查看已安装包
conda env list	查看已安装环境
conda update conda	检查更新 conda
conda update --all	更新所有程序包

3．pip

pip 是 Python 的包管理工具，提供了对 Python 包的查找、下载、安装和卸载等功能。

（1）pip 常用命令如下。

显示版本和路径，可以判断是否已安装 pip 工具包。

```
pip -version
```

获取帮助。

```
pip --help
```

升级 pip。

```
pip install -U pip
```

如果升级出现问题，可以使用以下命令。

```
sudo easy_install --upgrade pip
```

（2）安装第三方库。

```
pip install SomePackage  #最新版本
pip install SomePackage==1.0.4  #指定版本
pip install 'SomePackage>=1.0.4'  #最小版本
```

例如，要安装 Django，可以使用以下命令。

```
pip install Django==1.7
```

安装其他第三方库的命令如表 1.4 所示。

表 1.4　安装其他第三方库的命令

命令	说明
pip install --upgrade SomePackage	升级包
pip uninstall SomePackage	卸载包
pip search SomePackage	搜索包
pip show	显示已安装包信息
pip show -f SomePackage	查看指定包的详细信息
pip list	列出已安装的包
pip list -o	查看可升级的包
python -m pip install -U pip　　# Python 2.x python -m pip3 install -U pip　# Python 3.x	更新 pip 包

注意

> 升级指定的包可通过使用==、>=、<=、>、<来指定版本范围。

安装第三方包或升级 pip 使用国内镜像速度会快很多。临时使用清华大学开源软件镜像站，命令如下。

```
pip install -i https://pypi.tuna.tsinghua.edu.cn/simple SomePackage
```

例如，安装 Django，可以使用以下命令。

```
pip install -i https://pypi.tuna.tsinghua.edu.cn/simple Django
```

如果要设为默认升级 pip 到最新版本 (>=10.0.0) 后进行配置，可以使用以下命令。

```
pip install pip -U
pip config set global.index-url https://pypi.tuna.tsinghua.edu.cn/simple
```

如果到 pip 默认源的网络连接较差，临时使用该镜像站来升级 pip，可以使用以下命令。

```
pip install -i https://pypi.tuna.tsinghua.edu.cn/simple pip -U
```

4．conda 与 pip 的区别

conda 是开源、跨平台、和语言无关的包管理工具和环境管理工具，通过 conda 可以安装、升级软件包及其依赖项。conda 为 Python 程序而创造，但是它可以打包、分发任意语言（如 R 语言）编写的软件和包含多语言的项目。

< 15 >

conda 和 pip 都可以管理 Python 库，最大的不同在于 conda 是跨平台且不限语言的，而且可以独自创建虚拟环境，因为 conda 立足于数据科学生态；pip 可以安装几乎所有的 Python 库（来自 PyPI），conda 只能安装 Anaconda 支持的数据科学库（600 多个）。

1.5 Jupyter 的使用

1.5.1 认识 Jupyter

Jupyter 是一个整合 Python 与其他编程语言的交互式集成开发环境，可以将代码执行、文本、数学运算、绘图和富媒体组合到一个文档中。

特点：写代码、看结果、写说明都在一个文档中，非常方便。

应用：一般用于数据清洗和数据变换、数值模拟、统计建模、机器学习等。

1.5.2 启动 Jupyter Notebook

方法一：通过在命令行界面输入"jupyter notebook"命令启动 Jupyter Notebook，命令执行结果如图 1.38 所示。

图 1.38 启动 Jupyter Notebook 方法一

方法二：依次单击"开始"→"Anaconda3"→"Jupyter Notebook"，启动 Jupyter Notebook，如图 1.39 所示。

方法三：打开 Anaconda Navigator，如图 1.40 所示。

可以看见，Anaconda 默认安装了 Jupyterlab、Jupyter Notebook、IPython、Spyder 等组件。单击 Jupyter Notebook 部分的"Launch"按钮，启动 Jupyter Notebook。

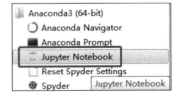

图 1.39 启动 Jupyter Notebook 方法二

启动 Jupyter Notebook 后，自动跳转到默认网络浏览器，可清楚地看到 Jupyter 文件夹下的所有文件，并可进行相关操作。跳转到的网址为 http://localhost:8888/tree（其中 localhost 表示用户的计算机，8888 是服务器的默认端口）。浏览器显示结果如图 1.41 所示。

< 16 >

图 1.40　启动 Jupyter Notebook 方法三

图 1.41　浏览器显示结果

在图 1.41 中可以看到 Files、Running、Clusters 这 3 个选项卡（默认进入 Files 选项卡）。Files 选项卡中显示用户根目录，可以通过单击右侧的"New"按钮，新建 Python 3 文件、文本文件、文件夹、终端等。

单击 Running 选项卡后可以看到正在运行的终端（Terminals）和记事本（Notebooks），如图 1.42 所示。

图 1.42　Running 选项卡

< 17 >

Clusters 选项卡主要用于集群开发和管理（注：本书不涉及此部分内容）。单击该选项卡，可以看到 IPython parallel 控制面板入口，如图 1.43 所示。

图 1.43　Clusters 选项卡

1.5.3　Jupyter 工作原理

1．基本原理

Jupyter Notebook 的运行机制分为两部分：一部分是内核引擎（Kernel），主要负责运行代码，通过 ZeroMQ（一种中间件，用于通信）和 Notebook Server（Notebook 服务器）通信，同时可以返回 Tab 补全信息，本书使用的是 Python 3 的内核引擎；另一部分是 Notebook Server，使用 Tornado 框架搭建而成，具有高并发的特点。Jupyter Notebook 运行原理如图 1.44 所示。

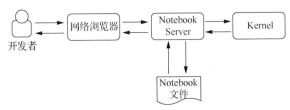

图 1.44　Jupyter Notebook 运行原理

开发者通过网络浏览器与 Notebook Server 交互，从而调用 Kernel 执行代码，Kernel 将执行结果返回给 Notebook Server，最终通过浏览器将执行结果展示给开发者。当开发者想要保存运行的代码时，Notebook Server 将使用.json 文件或.ipynb 文件对代码进行保存，方便开发者之间进行文件共享。

2．交互工作流：IPython

Jupyter Notebook 使用 IPython。IPython 本身专注于交互式 Python，其为 Jupyter 提供 Python 内核。IPython 为交互式计算提供的支持如下。

① 强大的交互式外壳。
② Jupyter 的内核。
③ 交互式数据可视化工具。
④ 灵活、可嵌入的解释器，可加载到项目中。
⑤ 易于使用的高性能并行计算工具。

1.5.4　Jupyter 使用方法

1．创建新文件

图 1.45　"New" 下拉列表

开发者可以通过单击 Files 选项卡中的 "New" 按钮创建 Jupyter Notebook 文件（以下简称 Notebook 文件）。单击 "New" 按钮后选择 "Python 3" 可创建 Notebook 文件，选择 "Folder" 可创建文件夹，选择 "Text File" 可创建新的文本文件。"New" 下拉列表如图 1.45 所示。

< 18 >

例如，创建名为"数据预处理"的文件夹，并在创建好的文件夹中创建名为"hello"的 Notebook 文件。

（1）打开 Jupyter Notebook。

依次单击"开始" → "Anaconda3" → "Jupyter Notebook"，启动 Jupyter Notebook 应用程序。

（2）创建名为"数据预处理"的文件夹。

单击 Files 选项卡中的"New"按钮，再单击"Folder"创建文件夹。

（3）重命名文件夹。

创建好文件夹后，默认文件夹名称为 Untitled Folder，也就是无标题文件夹，单击文件夹所在行左侧的小方框，小方框中会显示对钩，表示选中当前文件夹，如图 1.46 所示。

图 1.46　选中文件夹

单击左上角的"Rename"按钮，可对选中的文件或文件夹进行重命名。输入名称后单击"重命名"按钮，就完成了重命名，如图 1.47 所示。

图 1.47　重命名文件夹

< 19 >

（4）创建 Notebook 文件并重命名。

打开"数据预处理"文件夹，单击"New"按钮，再单击"Python 3"创建 Notebook 文件，浏览器中会新打开一个"Untitled"页面，如图 1.48 所示，单击"Untitled"按钮修改文件名称。

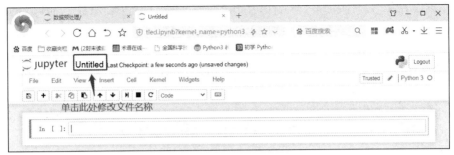

图 1.48　重命名文件

将文件重命名为"hello"。图 1.49 所示为文件夹中显示的该文件，图 1.50 所示为打开该文件后的页面。

图 1.49　文件夹显示

图 1.50　Notebook 文件

OK，任务完成了！新创建的"hello"文件的扩展名为"ipynb"，这是一种 Python 执行文件。

2．第一个程序

在"hello.ipynb"文件中，输入如下代码。

```
print("Hello,千锋")
```

单击工具栏中的 ▶ 按钮运行程序，运行结果如图 1.51 所示。

图 1.51　代码运行结果

< 20 >

注意

单击■按钮或依次单击"Kernel"→"Interrupt"可中断程序运行。

3．Markdown 操作

在 Notebook 文件中，Markdown 操作是指进行单元格的注释或对代码进行说明，方便将代码与他人共享。单击工具栏中的下拉按钮可以在"Markdown"和"Code"等下拉列表项间进行切换，如图 1.52 所示。

图 1.52　下拉列表及页面说明

Markdown 使用说明如表 1.5 所示。

表 1.5　Markdown 使用说明

项目	特点
标题	Markdown 使用"#"加空格来声明标题字号，"#"的个数代表标题等级，一共分为 6 个等级，1 级标题字号最大，6 级标题字号最小
列表	分为有序列表和无序列表，无序列表使用"*""-""+"进行编辑，有序列表使用数字和空格进行编辑，不同类型元素块之间使用双空行进行声明
字体	Markdown 支持字体加粗和倾斜，加粗使用双下画线或双星号声明，倾斜使用单下画线或单星号进行声明
表格	通过"|"和"--"可进行表格编辑，"|"用来进行列隔离，"--"用来进行表头声明
超链接	使用圆括号和方括号组合声明，方括号在前，圆括号用于存放超链接
代码块	使用三个"'"进行声明，注意要使用封闭声明

拓展

IPython 中有一些特殊命令被称为魔术命令（Magic Command），它们有的为常见任务提供便利，有的则能够轻松控制 IPython 的行为。魔术命令是以"%"为前缀的命令，例如，可以通过"%timeit"这个魔术命令检测任意 Python 语句（如矩阵乘法）的运行时间。常见的魔术命令如表 1.6 所示。

表 1.6　常见的魔术命令

命令	作用	特点
%timeit	查看平均运行时间	通过多次运行取平均值的方式，测量不够准确，会受计算机内存中运行的程序的影响
%time	测试代码运行时间	只测量本次运行时间，具有比较大的测量误差
%pdb	调试代码	调试运行中的代码

< 21 >

4．导出功能

方法：通过单击菜单栏"Files"→"Downloads"导出文件。

性质：导出文件是 Jupyter Notebook 的主要特点。

作用：开发者可以通过多种文档的形式进行代码共享。

1.6 常用的数据预处理工具

以数据支撑的多个领域提供了功能强大的科学计算库，有些库会涉及数据预处理操作，以帮助开发人员解决各种各样的数据问题，因此又被称为数据预处理工具。Python 中常用的数据预处理工具有 NumPy、SciPy 和 Pandas 等。

1.6.1 数值计算工具 NumPy

1．数组与 ndarray 对象

NumPy（Numerical Python）是 Python 的一个扩展程序库，支持大量的维度数组与矩阵运算，此外也针对数组运算提供大量的数学函数库。

数组是由相同类型的数据按有序的形式组织而成的一个集合，组成数组的各个数据称为数组的元素。

NumPy 提供了一个重要的数据结构，即 ndarray（又称为 array）对象。该对象是一个 n 维数组，可以存储相同类型、以多种形式组织的数据。与 Python 中的数组相比，ndarray 对象可以处理结构更复杂的数据。

NumPy 的主要对象是多维数组。它是一个元素表（元素通常是数字），由非负整数元组索引。在 NumPy 中，维度称为轴，轴的个数称为秩。

ndarray 对象参数如表 1.7 所示。

表 1.7　ndarray 对象参数

属性	说明
ndim	数组的维度
shape	数组中各维度的大小
size	数组元素的总数
dtype	数组元素的类型
itemsize	数组中各元素的字节数

一维数组只有一个轴，其内部的所有元素沿轴依次排列；二维数组的结构类似于表格，它有两个轴，其中从上到下跨行的轴编号为 0，从左到右跨列的轴编号为 1；三维数组的结构类似于立方体，它有长、宽、高方向的三个轴，这三个轴的编号依次为 1、2、0。数组维度如图 1.53 所示。

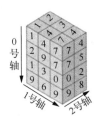

图 1.53　数组维度

< 22 >

2．发展

NumPy 的前身 Numeric 由吉姆·胡古宁（Jim Hugunin）与协作者共同开发，2005 年，特拉维斯·奥利芬特（Travis Oliphant）在 Numeric 中融入了另一个同性质的程序库 Numarray 的特色，并添加了其他扩展，开发出了 NumPy。NumPy 开放源代码由许多协作者共同开发和维护。

3．特点

NumPy 是一个运行速度非常快的数学库，主要用于数组计算，其特点如下。

① 强大的 n 维数组：NumPy 的向量化、索引和广播概念便捷且通用，是当今阵列计算的事实标准。

② 数值计算工具：NumPy 提供全面的数学函数、随机数生成器、线性代数例程、傅里叶变换等。

③ 可互操作：NumPy 支持广泛的硬件和计算平台，并且可以很好地与分布式系统、图形处理器（graphics processing unit，GPU）和稀疏数组库配合使用。

④ 高性能：NumPy 的核心是经过良好优化的 C 代码，兼具 Python 的灵活性和编译型代码的运行速度。

⑤ 便于使用：NumPy 的高级语法使任何背景或经验水平的程序员都可以使用它并提高效率。

⑥ 开源：NumPy 在 BSD 许可证（Berkeley Software Distribution）下分发，由一个充满活力、响应迅速且多样化的社区在 GitHub 平台上公开开发和维护。

> 📖 **思考**
>
> 为什么 NumPy 比列表快？

4．应用/生态系统

（1）科学计算

NumPy 将 C 和 Fortran 等语言的计算能力带到了 Python，而后者是一种更易于学习和使用的语言。这带来了简单性：NumPy 中的解决方案通常是清晰而优雅的。科学计算领域如图 1.54 所示。

（2）应用程序编程接口

NumPy 的应用程序编程接口（application programming interface，API）是编写库以利用创新硬件、创建专用数组类型或添加 NumPy 之外的功能的起点。NumPy 的 API 如表 1.8 所示。

图 1.54　科学计算领域

表 1.8　NumPy 的 API

图标	数组库	能力与应用领域
DASK	Dask	用于分析的分布式阵列和高级并行性，可实现大规模部署
CuPy	CuPy	NumPy 兼容的数组库，用于使用 Python 进行 GPU 加速计算
JAX	JAX	NumPy 程序的可组合转换：微分、向量化、即时编译到 GPU/TPU

< 23 >

续表

图标	数组库	能力与应用领域
xarray	Xarray	用于高级分析和可视化的标记、索引多维数组
Sparse	Sparse	NumPy 兼容的稀疏数组库，与 Dask 和 SciPy 的稀疏线性代数集成
PyTorch	PyTorch	加速从研究原型设计到生产部署的深度学习框架
TensorFlow	TensorFlow	用于机器学习的端到端平台，可轻松构建和部署机器学习驱动的应用程序
mxnet	MXNet	适合灵活研究原型设计和生产的深度学习框架
ARROW	Arrow	用于列式内存数据和分析的跨语言开发平台
Xtensor	xtensor	用于数值分析的具有广播和惰性计算功能的多维数组
XND	XND	开发用于数组计算的库，重新创建 NumPy 的基本概念
uarray	uarray	将 API 与实现分离的 Python 后端系统；unumpy 提供了一个 NumPy API
Tensorly	Tensorly	张量学习、代数和后端无缝使用 NumPy、MXNet、PyTorch、TensorFlow 或 CuPy

（3）数据科学

NumPy 位于数据科学库生态系统的核心，探索性数据科学工作流程如图 1.55 所示。

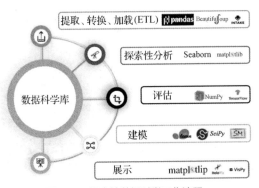

图 1.55 探索性数据科学工作流程

主要工作步骤如下。

① 提取、转换、加载：Pandas、Beautiful Soup、Intake、PyJanitor 等。

② 探索性分析：Jupyter、Seaborn、matplotlib、Altair 等。

③ 评估和建模：NumPy、TensorFlow、scikit-learn、SciPy、PyMC3、spaCy 等。

④ 展示：matplotlib、HoloViz、VisPy、Dash、Panel、Voila 等。

（4）机器学习

NumPy 构成了强大的机器学习库的基础。常见的机器学习库有 scikit-learn、SciPy 等，随着

< 24 >

机器学习的增长，基于 NumPy 构建的库列表也在增长。TensorFlow 的深度学习功能应用广泛，包括语音和图像识别（如图 1.56 所示）、基于文本的应用、时间序列分析、视频检测等。PyTorch 是另一个深度学习库，在计算机视觉和自然语言处理领域应用广泛。MXNet 是一个 AI 包，提供深度学习的蓝图和模板。

图 1.56　图像识别

（5）可视化

NumPy 是新兴 Python 可视化领域的重要组成部分，主要涉及 matplotlib、Seaborn、Plotly、Altair、Bokeh、HoloViz、VisPy、Napari 和 PyVista 等。

NumPy 对大型数组的加速处理使研究人员能够将远超原生 Python 处理能力的数据集可视化。Seaborn 可视化示例如图 1.57 所示。

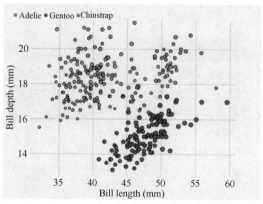

图 1.57　Seaborn 可视化示例

图 1.57 是分析 3 种企鹅的嘴峰长度和深度的散点图。横坐标表示嘴峰长度，纵坐标表示嘴峰深度。3 种企鹅依次为阿德利企鹅（Adelie）、巴布亚企鹅（Gentoo）、帽带企鹅（Chinstrap）。

5．常见操作

（1）安装 NumPy

如果已经在操作系统上安装了 Python 和 pip，那么安装 NumPy 非常容易。

方法一：Anaconda 已经集成了 NumPy，可在 DOS 环境下查看。

< 25 >

```
conda list
```

方法二：打开命令行界面，通过 pip 自动安装，执行如下命令。

```
pip install numpy
```

（2）导入 NumPy

安装 NumPy 后，使用 import 关键字将其导入目标应用程序。

```
import numpy
```

还可以使用 as 关键字创建别名，NumPy 通常以 np 别名导入。在 Python 中，别名是用于引用同一事物的替代名称。

```
import numpy as np
```

（3）创建数组

例 1-1　创建一维数组。

```
import numpy
arr = numpy.array([1, 2, 3, 4, 5])
print(arr)
```

程序运行结果如下。

```
100
```

例 1-2　创建多维数组。

```
import numpy as np
arr = np.array([[1, 2, 3, 4, 5],[3, 2, 1, 4, 5],[5, 4, 3, 2, 1]])
print(arr)
```

程序运行结果如下。

```
[[1 2 3 4 5]
 [3 2 1 4 5]
 [5 4 3 2 1]]
```

例 1-3　数组运算。

```
import numpy as np
arr = np.array([[1, 2, 3, 4, 5],[3, 2, 1, 4, 5],[5, 4, 3, 2, 1]])
print("数组的维数: ", arr.ndim)
print("数组元素总个数", arr.size)
print("元素类型", arr.dtype)
```

程序运行结果如下。

```
数组的维数:  2
数组元素总个数 15
元素类型 int32
```

!注意

dtype 表示数据类型，可省略，默认为浮点型。

例 1-4　创建图 1.58 所示多维数组，理解索引与切片。

< 26 >

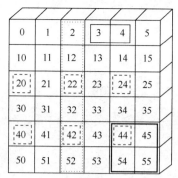

图 1.58　索引与切片

```
import numpy as np
a = np.arange(6) + np.arange(0, 51, 10)[:, np.newaxis]
a
```

 拓展

数组索引从 0 开始，示例如下。

a[0, 3:5]表示数组的第 0 行第 3、4 列数据（图 1.58 中细实线圈出）。

a[4:, 4:]表示数组的第 4 行和第 5 行的第 4 列和第 5 列数据（图 1.58 中粗实线圈出）。

a[:, 2]表示数组所有行的第 2 列数据（图 1.58 中点画线圈出）。

a[2::2, ::2]表示数组的第 2 行和第 4 行的第 0 列、第 2 列、第 4 列数据（图 1.58 中虚线圈）。

例 1-5　数组的排序。

```
import numpy as np
arr = np.array([2, 1, 5, 3, 7, 4, 6, 8])
np.sort(arr)   #对数组进行排序
```

程序运行结果如下。

```
array([1, 2, 3, 4, 5, 6, 7, 8])
```

拓展

argsort 是沿指定轴间接排序。

lexsort 是对多个键间接稳定排序。

searchsorted 是在排序数组中查找元素。

partition 是部分排序。

例 1-6　数组的连接。

```
import numpy as np
a = np.array([1, 2, 3, 4])
b = np.array([5, 6, 7, 8])
np.concatenate((a, b))   #对两个数组进行拼接
```

程序运行结果如下。

```
array([1, 2, 3, 4, 5, 6, 7, 8])
```

np.concatenate((a, b))是对 array 进行拼接的函数，a、b 是待拼接的数组。

< 27 >

例 1-7 数组的重塑。

```
import numpy as np
a = np.arange(6)
print(a)
b = a.reshape(3, 2)   #重塑成 3 行 2 列的数组
print(b)
np.reshape(a, newshape=(1, 6), order='C')   #重塑成新形状的数组
```

程序运行结果如下。

```
[0 1 2 3 4 5]
[[0 1]
 [2 3]
 [4 5]]
array([[0, 1, 2, 3, 4, 5]])
```

np.reshape()将在不更改数据的情况下为数组提供新形状。a 是要重塑的数组，newshape 是想要的新形状。order='C'表示使用类似 C 语言的索引顺序读取/写入元素（这是一个可选参数，不需要指定）。

（4）NumPy 通用函数

常见的 NumPy 通用函数如表 1.9 所示。

表 1.9　常见的 NumPy 通用函数

函数	说明
np.sqrt(arr)	开方
np.abs(arr)	求绝对值
np.square(arr)	求平方
np.add(x, y)	计算两个数组的和，x、y 都是数组
np.multiply(x, y)	计算两个数组的乘积
np.maximum(x, y)	求两个数组元素级最大值
np.greater(x, y)	执行元素级的比较操作

（5）利用 NumPy 检索数组元素

```
np.any(arr > 0)   #arr 的所有元素是否有一个大于 0
np.all(arr > 0)   #arr 的所有元素是否都大于 0
```

（6）唯一化及其他集合逻辑

唯一化的语法格式如下。

```
np.unique(arr)
```

np.unique()用于合并数组中的重复元素。

集合测试的语法示例如下。

```
np.in1d(arr, [11, 12])
```

np.in1d()测试一个数组的值是否在另一个数组里，返回一个布尔数组。

< 28 >

（7）线性代数运算

例 1-8　两个数组的点积运算。

```
import numpy as np
arr_x = np.array([[1, 2, 3], [4, 5, 6]])
arr_y = np.array([[1, 2], [3, 4], [5, 6]])
arr_x.dot(arr_y)  #等价于 np.dot(arr_x, arr_y)，计算两个数组的点积
```

程序运行结果如下。

```
array([[22, 28];
       [49, 64]])
```

两个二维数组的点积运算即矩阵的乘法。矩阵乘法要求第一个矩阵的列数等于第二个矩阵的行数，否则会报错。例 1-8 中，第一个数组的列数为 3，等于第二个数组的行数 3。常见的线性代数运算函数如表 1.10 所示。

表 1.10　常见的线性代数运算函数

函数	说明	函数	说明
np.zeros()	生成零矩阵	np.ones()	生成所有元素为 1 的矩阵
np.eye()	生成单位矩阵	np.transpose()	矩阵转置
np.dot()	计算两个数组的点积	np.inner()	计算两个数组的内积
np.diag()	矩阵主对角线与一维数组间的转换	np.trace()	矩阵主对角线元素的和
np.linalg.det()	计算矩阵行列式	np.linalg.eig()	计算矩阵特征值与特征向量
np.linalg.eigvals()	计算矩阵特征	np.linalg.inv()	计算矩阵的逆矩阵
np.linalg.pinv()	计算矩阵的 Moore-Penrose 伪逆	np.linalg.solve()	计算 $Ax=b$ 的线性方程组的解
np.linalg.Istsq()	计算 $Ax=b$ 的最小二乘解	np.linalg.qr()	计算 QR 分解
np.linalg.svd()	计算奇异值分解	np.linalg.norm()	计算向量或矩阵的范数

> **!注意**
>
> 如果点积函数 dot() 使用于两个一维数组，实际上是计算两个向量的乘积，返回一个标量。

（8）随机数模块 random

随机数并不意味着每次都有不同的数字。随机意味着无法在逻辑上预测。

例 1-9　随机数生成函数练习。

```
import numpy as np  #导入 numpy 模块
import random  #导入 random 模块
np.random.rand(2, 3, 3)  #随机生成一个三维数组
```

程序运行结果如下。

```
array([[[ 0.43703195,  0.6976312 ,  0.06022547],
        [ 0.66676672,  0.67063787,  0.21038256],
        [ 0.1289263 ,  0.31542835,  0.36371077]],

       [[ 0.57019677,  0.43860151,  0.98837384],
        [ 0.10204481,  0.20887676,  0.16130952],
        [ 0.65310833,  0.2532916 ,  0.46631077]]])
```

< 29 >

例 1-9 中，np.random.rand()函数随机生成一个均匀分布的数组，3 个参数分别对应着三维长方体的长、宽、高。常见的随机数生成函数如表 1.11 所示。

表 1.11 常见的随机数生成函数

函数	说明	函数	说明
seed(n)	设置随机种子	beta(a,b,size=None)	生成贝塔分布随机数
chisquare(df,size=None)	生成卡方分布随机数	choice(a,size=None, replace=True, p=None)	从 a 中有放回地随机挑选指定数量的样本
exponential(scale=1.0,size=None)	生成指数分布随机数	f(dfnum,dfden,size=None)	生成 F 分布随机数
gamma(shape,scale=1.0, size=None)	生成伽马分布随机数	geometric(p,size=None)	生成几何分布随机数
hypergeometric(ngood, nbad, nsample, size=None)	生成超几何分布随机数	laplace(floc=0.0,scale=1.0, size-None)	生成拉普拉斯分布随机数
logistic(loc=0.0,scale=1.0, size=None)	生成逻辑分布随机数	lognormal(mean=0.0, sigma=1.0, size=None)	生成对数正态分布随机数
negative_binomial(n,p, size=None)	生成负二项分布随机数	multinomial(n,pvals,size=None)	生成多项分布随机数
multivariate_normal(mean, cov[, size])	生成多元正态分布随机数	normal (loc=0.0, scale=1.0, size=None)	生成正态分布随机数
poisson(lam=1.0, size=None)	生成泊松分布随机数	pareto(a, size=None)	生成帕累托分布随机数
randn(d0, d1,…,dn)	生成 n 维的标准正态分布随机数	rand(d0, d1, …, dn)	生成 n 维的均匀分布随机数
random_sample(size=None)	生成[0.1)的随机数	randint(low, high=None, size=None.dtype=T)	生成指定范围的随机整数
uniform(low=0.0,high=1.0, size=None)	生成指定范围的均匀分布随机数	standard_t(df, size=None)	生成标准的 t 分布随机数
weibull(a.size=None)	生成韦布尔分布随机数	wald(mean,scale, size=None)	生成沃尔德分布随机数

例 1-10 创建国际象棋棋盘，填充 8×8 矩阵。

国际象棋棋盘是正方形的，由横纵向 8 分、颜色深浅交错排列的 64 个小方格组成，深色格为黑格，浅色格为白格，棋子就在这些小方格间移动，如图 1.59 所示。

程序实现如下。

图 1.59 国际象棋棋盘

```python
import numpy as np
matr1=np.ones((8,8))
for i in range(8):
    for j in range(8):
        if(i+j)%2==0:
            matr1[i,j]=0
print('国际象棋棋盘对应的矩阵：\n',matr1)
for i in range(0,8):
    for j in range(0,8):
        if matr1[i,j]==0:
            print("■",end=' ')
        else:
            print("□",end=' ')
    print('\n')
```

< 30 >

程序运行结果如下。

国际象棋棋盘对应的矩阵:
```
[[ 0.  1.  0.  1.  0.  1.  0.  1.]
 [ 1.  0.  1.  0.  1.  0.  1.  0.]
 [ 0.  1.  0.  1.  0.  1.  0.  1.]
 [ 1.  0.  1.  0.  1.  0.  1.  0.]
 [ 0.  1.  0.  1.  0.  1.  0.  1.]
 [ 1.  0.  1.  0.  1.  0.  1.  0.]
 [ 0.  1.  0.  1.  0.  1.  0.  1.]
 [ 1.  0.  1.  0.  1.  0.  1.  0.]]
```

1.6.2　数据处理工具 SciPy

1. 简介

SciPy 是一个开源的 Python 算法库和数学工具包,依赖于 NumPy。NumPy 中大多数针对数组的函数也包含在 SciPy 中。SciPy 提供预先测试好的例程,因此可以在科学计算应用中节省大量处理时间。SciPy 图标如图 1.60 所示

图 1.60　SciPy 图标

SciPy 由功能各异的子模块组成,通过这些子模块来实现数学算法和科学计算。SciPy 常见子模块如表 1.12 所示。

表 1.12　SciPy 常见子模块

子模块	描述	子模块	描述
cluster	聚类算法	ndimage	n 维图像处理
constants	物理和数学常数	odr	正交距离回归
fftpack	快速傅里叶变换例程	optimize	优化和寻根例程
integrate	积分和常微分方程求解器	signal	信号处理
interpolate	插值和平滑样条	sparse	稀疏矩阵和相关例程
io	输入和输出	spatial	空间数据结构和算法
linalg	线性代数	special	特殊功能
stats	统计分布和函数		

2. 特点

SciPy 是基于 NumPy 的科学计算库,用于数学、科学、工程学等领域,很多高阶抽象和物理

< 31 >

模型需要使用 SciPy。其特点如下。

① 基本算法：SciPy 为优化、积分、插值、特征值、代数方程、微分方程、统计等类型的问题提供算法。

② 高性能：SciPy 封装了用 Fortran、C、C++等语言编写的高度优化的实现，兼具 Python 的灵活性和编译型代码的运行速度。

③ 广泛适用：SciPy 提供的算法和数据结构广泛适用于各个领域。

④ 便于使用：SciPy 的高级语法使任何背景或经验水平的程序员都可以使用它并提高效率。

⑤ 基础：扩展 NumPy，为数组计算提供额外的工具，并提供专门的数据结构，如稀疏矩阵和 k 维树。

⑥ 开源：SciPy 在 BSD 许可证下分发，由一个充满活力、响应迅速且多样化的社区在 GitHub 平台上公开开发和维护。

3．应用/生态系统

NumPy 和 SciPy 协同工作可以高效解决很多问题，在天文学、生物学、气象学和气候科学，以及材料科学等多个学科领域得到了广泛应用。

4．常见操作

（1）导入相关库

```
import numpy as np
from scipy import io as spio
```

（2）文件输入/输出

文件输入/输出操作可以分为保存 MATLAB 文件和查看 MATLAB 文件。

例 1-11 MATLAB 文件的加载和保存练习。

```
import numpy as np  #加载和保存 MATLAB 文件
from scipy import io as spio  #导入 SciPy 模块的 io 子模块，以 spio 为别名导入
a = np.ones((3, 3))  #返回 3×3 的数组
spio.savemat('qf.mat', {'a': a})  #将名称和数组的字典保存到 MATLAB 样式的 .mat 文件中
data = spio.loadmat('qf.mat', struct_as_record=True)  #下载字典文件
data['a']
```

程序运行结果如下。

```
array([[ 1.,  1.,  1.],
       [ 1.,  1.,  1.],
       [ 1.,  1.,  1.]])
```

！ 注意

SciPy 的子模块需要单独导入，不同的子模块对应于不同的应用，如插值、积分、优化、图像处理、统计、特殊功能等。

（3）特殊函数

特殊函数是超验函数。常用的特殊函数如表 1.13 所示。

< 32 >

表 1.13　常用的特殊函数

函数名称	函数形式
贝塞尔函数	scipy.special.jn()
椭圆函数	scipy.special.ellipj()
伽马函数	scipy.special.gamma()（scipy.special.gammaln()则具有更高的数值精度）
高斯函数	scipy.special.erf()

（4）线性代数计算

scipy.linalg 模块提供了标准的线性代数操作，使用该模块可以计算逆矩阵、求特征值、解线性方程组、求行列式等，这依赖于底层的高效实现（BLAS 库、LAPACK 库）。

例 1-12　解线性方程组，使用 scipy.linalg 模块完善代码。

```
1   3x+2y=2
2   x-y=4
3   5y+z=-2
```

完善后的代码如下。

```
import numpy as np
from scipy import linalg
a = np.array([[3, 2, 0],[1, -1, 0],[0, 5, 1]])   #数组 a 表示未知数的系数矩阵
b = np.array([2, 4, -2])   #数组 b 表示等号右边方程组值的矩阵
resl = linalg.solve(a, b)
print("线性方程组的解是: ", resl)
```

程序运行结果如下。

```
线性方程组的解是: [ 2. -2. 8.]
```

（5）SciPy 插值

插值是在直线或曲线上的两点之间找到值的过程。

SciPy 插值不仅适用于统计学，也适用于科学和商业计算，在需要预测两个现有数据点之间的值时也很有用，如绘制二维空间图、一维插值、绘制样条曲线等。

（6）图像处理

SciPy 的 ndimage 子模块专用于图像处理，ndimage 表示 n 维图像。图像处理中一些常见的任务如下。

① 图像的输入、输出和显示。

② 图像的基本操作，如裁剪、翻转、旋转等。

③ 图像过滤，如去噪、锐化等。

④ 图像分割，如标记对应于不同对象的像素。

⑤ 图像分类。

⑥ 图像特征提取。

（7）算法优化

下面介绍常见的梯度下降优化算法和最小二乘法优化算法。

< 33 >

例 1-13 运用梯度下降优化算法求 x^2-4x 的最小值。

普通方式程序实现如下。

```python
import numpy as np
import matplotlib.pyplot as plt   #导入可视化包
def f(x):
    return x**2-4*x   #定义函数内容
x = np.arange(-10, 10, 0.1)   #定义 x 轴起止值和间距值
plt.plot(x, f(x))   #定义 x 轴为 x 的值，y 轴为 f(x) 的值
plt.show()   #可视化展示
```

程序运行结果如图 1.61 所示。

可见，x^2-4x 的最小值略小于 0。

使用梯度下降优化算法的程序实现如下。

```python
from scipy import optimize
#梯度下降优化算法
def f(x):
    return x**2-4*x
initial_x = 0
optimize.fmin_bfgs(f, initial_x)
```

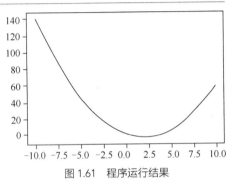

图 1.61　程序运行结果

程序运行结果如下。

```
Optimization terminated successfully.
        Current function value: -4.000000
        Iterations: 2
        Function evaluations: 9
        Gradient evaluations: 3
array([ 2.00000003])
```

以上程序用梯度下降优化算法求二次函数 $f(x)$ 的最小值，由程序运行结果的最后一行可知，最优值为 2，也满足可视化的判断。matplotlib 是基于 Python 的绘图库，可以将数据图形化，并且提供多样化的输出格式；它还可与 NumPy 一起使用，绘制线图、散点图、等高线图、条形图、柱状图、三维图形、图形动画等。

> 📖 **思考**
>
> 如何运用学过的知识将上述结果可视化？

例 1-14 运用最小二乘法优化算法求 x^2-2x 的最小值。

```python
import numpy as np
from scipy.optimize import least_squares   #导入非线性最小二乘法包
#最小二乘法优化算法
def fun_rosenbrock(x):
    return np.array([10*(x[1] - x[0]**2),(1 - x[0])])
input =np.array([2,2])
res = least_squares(fun_rosenbrock, input)
print("最小值是: ", res)
```

< 34 >

程序运行结果如下。

```
最小值是:   active_mask: array([ 0.,  0.])
        cost: 9.8669242910846867e-30
         fun: array([  4.44089210e-15,   1.11022302e-16])
        grad: array([ -8.89288649e-14,   4.44089210e-14])
         jac: array([[-20.00000015, 10.], [ -1.,  0.]])
     message: '`gtol` termination condition is satisfied.'
        nfev: 3
        njev: 3
  optimality: 8.8928864934219529e-14
      status: 1
     success: True
           x: array([ 1.,  1.])
```

由程序运行结果的最后一行可知，x^2-2x 的最小值为 1。

最小二乘法（又称最小平方法）是一种数学优化技术。它通过最小化误差的平方和来寻找数据的最佳函数匹配。最小二乘法也是解决曲线拟合问题最常用的方法。

其基本思路如下。令

$$f(x) = a_1\varphi_1(x) + a_2\varphi_2(x) + \cdots + a_m\varphi_m(x)$$

其中，$\varphi_k(x)$ 是事先选定的一组线性无关的函数，$a_k(k=1,2,\cdots,m,\ m<n)$ 是待定系数，拟合准则是使 $y_i(i=1,2,\cdots,n)$ 与 $f(x_i)$ 的距离 φ_i 的平方和最小，称为最小二乘准则。

1.6.3 数据处理工具 Pandas

1. 简介

Pandas 是一个快速、强大、灵活且易于使用的开源数据分析和操作工具，构建在 Python 之上，基于 NumPy，主要用于数据分析。Pandas 的目标是成为最强大、最灵活的开源数据分析、操作工具。

Pandas 可以从多种文件格式如 CSV、JSON、SQL、XLSX 等导入数据。

Pandas 图标如图 1.62 所示。

Pandas 广泛应用在学术、金融、统计等各个数据分析领域。

2. 数据结构

（1）Series

Pandas 的主要数据结构是 Series（一维数据）与 DataFrame（二维数据），这两种数据结构足以处理金融、统计、社会科学、工程等领域里的大多数典型问题。

Series 是一种类似于一维数组的对象，它由一组数据及索引（index）组成。Series 数据结构如图 1.63 所示。

图 1.62 Pandas 图标

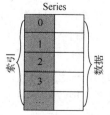

图 1.63 Series 数据结构

< 35 >

Series 的语法格式如下。

```
pandas.Series( data, index, dtype, name, copy)
```

参数说明如下。

- data：一组数据（ndarray 类型）。
- index：数据索引，如果不指定，默认从 0 开始。
- dtype：数据类型，默认自动判断。
- name：设置名称。
- copy：复制数据，默认为 False。

⚠ 注意

Series 的索引可以重复。

（2）DataFrame

DataFrame 是一种表格型的数据结构，它含有一组有序的列，每列可以是不同的值类型（数字、字符串、布尔值）。DataFrame 既有行索引也有列索引，它可以被看作由 Series 组成的字典（共用一个索引）。DataFrame 数据结构如图 1.64 所示。

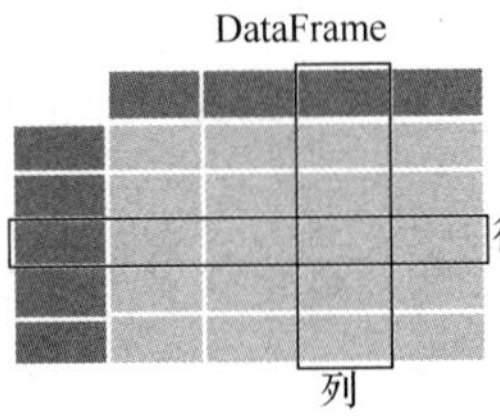

DataFrame 的语法格式如下。

```
pandas.DataFrame( data, index, columns, dtype, copy)
```

图 1.64　DataFrame 数据结构

参数说明如下。

- data：一组数据（ndarray、series、map、lists、dict 等类型）。
- index：行索引，也可以称为行标签。
- columns：列索引，也可以称为列标签，默认为 RangeIndex (0, 1, 2, …, n)。
- dtype：数据类型。
- copy：复制数据，默认为 False。

📑 拓展

面板（panel）是带标签的三维数组，是最重要的基础数据结构之一。panel 有 3 个轴，为描述、操作 panel 提供了支持，3 个轴分别是 items（0 轴）、major_axis（1 轴）、minor_axis（2 轴）。

⚠ 注意

Series 类似于数组，DataFrame 类似于表格，panel 可视为 Excel 的多表单 Sheet。

3. 特点与优势

Pandas 的主要特点如下。

① 提供了简单、高效、带有默认标签（也可以自定义标签）的 DataFrame 类对象。

② 能够快速地从不同格式的文件中加载数据（如 Excel 文件、CSV 格式文件、SQL 格式文件），然后将其转换为可处理的对象。

③ 能够按数据的行标签、列标签对数据进行分组，并对分组后的对象执行聚合和转换操作。

④ 能够很方便地实现数据归一化操作和缺失值处理。

⑤ 能够很方便地对 DataFrame 的数据列进行增加、修改或删除操作。

< 36 >

⑥ 能够处理不同格式的数据集，如矩阵数据、异构数据表、时间序列等。

⑦ 提供了多种处理数据集的方式，如构建子集、切片、过滤、分组、重新排序等。

Pandas 与其他语言的数据分析包相比，优势如下。

① Pandas 的 DataFrame 和 Series 构建了适用于数据分析的存储结构。

② Pandas 简洁的 API 能够让读者更专注于核心代码。

③ Pandas 实现了与其他库的集成，如 SciPy、scikit-learn 和 matplotlib 等。

④ Pandas 官网提供了完善的资料支持，以及良好的社区环境。

4．常见操作

（1）安装 Pandas

Pandas 是 Anaconda 发行版的一部分，可以与 Anaconda 或 Miniconda 一起安装。

```
conda install pandas
```

Pandas 也可以通过来自 PyPI 的 pip 安装。

```
pip install pandas
```

（2）创建数组

例 1-15 创建 Series。

```
import pandas as pd
qf = pd.Series([1,-2,3,4])   #仅由一个数组构成
print(qf)
```

程序运行结果如下。

```
0    1
1   -2
2    3
3    4
dtype: int64
```

本例通过列表创建 Series，输出的第一列为 index，第二列为数据 value。如果创建 Series 时没有指定 index，Pandas 会采用整型数据作为该 Series 的 index。

例 1-16 创建 DataFrame。

```
import pandas as pd
data = {
    'name':['张三','李四','王五','小明'],
    'sex':['female','female','male','male'],
    'year':[2001,2001,2003,2002],
    'city':['北京','上海','广州','北京']
}
df = pd.DataFrame(data)
print(df)
```

程序运行结果如下。

```
   name  sex     year   city
0  张三    female  2001   北京
1  李四    female  2001   上海
2  王五    male    2003   广州
3  小明    male    2002   北京
```

< 37 >

构建 DataFrame 的方式有很多，最常用的是直接传入一个由等长列表或 NumPy 数组组成的字典来形成 DataFrame。

（3）数据统计

例 1-17 创建二维数组。

```
import numpy as np
import pandas as pd
values_1 = np.random.randint(10, size=10)
values_2 = np.random.randint(10, size=10)
years = np.arange(2010,2020)
groups = ['A','A','B','A','B','B','C','A','C','C']
df = pd.DataFrame({'group':groups, 'year':years, 'value_1':values_1, 'value_2':
values_2})
df
```

程序运行结果如图 1.65 所示。

例 1-18 进行数据统计。

```
#统计数据之和
print('数据之和: \n' df.sum())
#统计数据的均值
print('数据的均值: \n', df.mean())
#统计数据的标准偏差
print('数据的标准偏差: \n', df.std())
```

	group	year	value_1	value_2
0	A	2010	7	7
1	A	2011	3	4
2	B	2012	9	2
3	A	2013	0	4
4	B	2014	8	1
5	B	2015	3	5
6	C	2016	9	1
7	A	2017	8	8
8	C	2018	9	4
9	C	2019	5	0

图 1.65 程序运行结果

程序运行结果如下。

```
数据之和:
 group      AABABBCACC
value_1           39
value_2           53
year           20145
dtype: object
数据的均值:
value_1          3.9
value_2          5.3
year          2014.5
dtype: float64
数据的标准偏差:
value_1     2.960856
value_2     2.945807
year        3.027650
dtype: float64
```

Pandas 常见的统计方法如表 1.14 所示。

表 1.14 Pandas 常见的统计方法

统计方法	函数	统计方法	函数
非空观测数量	pandas.count()	所有值中的最小值	pandas.min()
所有值之和	pandas.sum()	所有值中的最大值	pandas.max()
所有值的均值	pandas.mean()	绝对值	pandas.abs()
所有值中的中位数	pandas.median()	数组元素的乘积	pandas.prod()

< 38 >

续表

统计方法	函数	统计方法	函数
值的模值	pandas.mode()	数组元素的累加和	pandas.cumsum()
值的标准偏差	pandas.std()	累计乘积	pandas.cumprod()

（4）处理缺失值

在很多时候，人们往往不愿意过多透露自己的信息。假如某公司正在对用户的产品体验做调查，在这个过程中你会发现，一些用户很乐意分享自己使用产品的体验，却不愿意透露自己的姓名和联系方式，还有一些用户愿意分享他们使用产品的全部经过，包括自己的姓名和联系方式。可见，现实生活中总有一些数据会因为某些因素缺失。

> **拓展**
>
> 　　稀疏数据指的是在数据库或数据集中存在大量缺失数据或空值。我们通常把这样的数据集称为稀疏数据集。稀疏数据不是无效数据，只是信息不全而已，只要采用适当的方法就可以"变废为宝"。

例 1-19　删除缺失值。

```
import pandas as pd
import numpy as np
df = pd.DataFrame(np.random.randn(5, 3), index=['a', 'c', 'e', 'f','h'],
columns=['one', 'two', 'three'])
df = df.reindex(['a', 'b', 'c', 'd', 'e', 'f', 'g', 'h'])
print(df)
#删除缺失值
print("删除缺失值后的数据：\n",df.dropna())
```

程序运行结果如下。

```
      one       two       three
a -2.482966  0.890313 -2.514487
b    NaN       NaN       NaN
c -0.205120  0.177010  0.375422
d    NaN       NaN       NaN
e -2.233350  1.462072  0.241287
f  0.083890 -0.720710  1.653577
g    NaN       NaN       NaN
h -0.196064  0.303946  0.044783
删除缺失值后的数据：
      one       two       three
a  0.925697 -0.747511 -0.968639
c  0.154906 -1.444851  1.202853
e -0.422052 -0.375932  0.981409
f  0.201806 -0.008692  0.660959
h -1.306843  0.400670 -0.615934
```

在程序运行结果中，NaN 表示不是数字的值。通过使用 reindex()（重构索引函数），开发者创建了一个存在缺失值的 DataFrame 类对象。df.dropna()函数与参数 axis 可以实现删除缺失值。在默认情况下，axis=0 表示按行处理，意味着如果某一行中存在 NaN 值就删除整行数据；axis = 1 表示按列处理，处理结果是一个空的 DataFrame 类对象。

< 39 >

（5）数据可视化

数据可视化是将数据以图形的方式展现出来，与纯粹的数字相比，图形更为直观，更有利于发现数据之间的规律。

Pandas 兼容 matplotlib 语法，可以绘制折线图、散点图、等高线图、条形图、柱状图、三维图形，甚至图形动画等。

1.7 本章小结

本章首先简单介绍了数据预处理；其次介绍常见的数据问题和数据预处理的流程；接着介绍开发环境的设置与管理；然后介绍 Jupyter 的工作原理和使用方法；最后重点介绍了常用的数据预处理工具 NumPy、SciPy 和 Pandas，分别讲解了安装和特点、应用、常见操作。通过本章的学习，读者可以对数据预处理有系统的了解，并学会搭建开发环境，学会使用 Jupyter，了解 3 种科学计算库，为今后学习数据预处理打下坚实的基础。

1.8 习题

1．填空题

（1）Jupyter Notebook 启动后默认的端口号是_____。

（2）数据预处理主要的方法有_____、_____、_____和_____。

（3）NumPy 的主要数据类型是_____，用于计算的主要数据类型是_____。

（4）Pandas 的数据结构可以分为 2 类，分别为_____与_____。

（5）____包含了 conda、Python 在内的超过 180 个科学包及其依赖项。

（6）Jupyter Notebook 是一个支持_____代码、数学方程、可视化和 Markdown 的 Web 应用程序。

2．选择题

（1）关于 Python 的说法中错误的是（　　）。

    A．Python 是一种面向对象的语言

    B．Python 元组中的元素不可改变

    C．Python 列表中的元素数据类型必须一致

    D．Python 的字符串可以以一对英文双引号括起来

（2）下面代码的运行结果是（　　）。

```
import numpy as np
a = np.array([1,2,3])
b = np.array([4,5,6])
np.concatenate((a, b))
```

    A．array([1, 2, 3, 4, 5, 6])   B．[1,2,3,4,5,6]

    C．[5,7,9]   D．array([1,2,3],[4,5,6])

< 40 >

（3）影响数据质量的因素有（　　　）。

  A．准确性、完整性、一致性   B．相关性、时效性

  C．可信性、可解释性   D．以上都是

（4）以下说法错误的是（　　　）。

  A．数据预处理的主要流程为数据清洗、数据集成、数据变换和数据规约

  B．数据清洗、数据集成、数据变换、数据规约这些步骤在数据预处理活动中必须顺序使用

  C．冗余数据的删除既是一种数据清洗，也是一种数据规约

  D．数据预处理过程要尽量人机结合，尤其要注重和客户及专家多交流

（5）以下关于数据预处理的过程描述正确的是（　　　）。

  A．数据清洗包括了数据标准化、数据合并和缺失值处理

  B．数据合并按照合并轴方向主要分为左外连接、右外连接、内连接和全外连接

  C．数据分析的预处理过程主要包括数据清洗、数据合并、数据标准化和数据转换，它们之间存在交叉，没有严格的先后关系

  D．数据标准化的主要对象是类别型的特征

（6）有一份数据，需要查看数据的类型，并对部分数据做强制类型转换，对数值做基本的描述型分析。下列步骤和方法正确的是（　　　）。

  A．dtypes 查看类型，astype 转换类别，describe 描述性统计

  B．astype 查看类型，dtypes 转换类别，describe 描述性统计

  C．describe 查看类型，astype 转换类别，dtypes 描述性统计

  D．dtypes 查看类型，describe 转换类别，astype 描述性统计

（7）Jupyter Notebook 不具备的功能是（　　　）。

  A．直接生成一份交互式文档   B．安装 Python 库

  C．导出 HTML 格式文件   D．将文件分享给他人

（8）【多选】下列关于 Jupyter Notebook 的描述错误的是（　　　）。

  A．Jupyter Notebook 有两种模式

  B．Jupyter Notebook 有两种单元形式

  C．Jupyter Notebook Markdown 无法使用 LaTeX 语法

  D．Jupyter Notebook 仅仅支持 Python 语言

（9）在 Jupyter Notebook 的 cell 中安装包语句正确的是（　　　）。

  A．pip install 包名   B．conda install 包名

  C．!pip install 包名   D．!conda install 包名

（10）【多选】下列关于 Python 数据分析库的描述错误的是（　　　）。

  A．NumPy 的在线安装不需要其他任何辅助工具

  B．SciPy 的主要功能是可视化图表

  C．Pandas 能够实现数据的整理工作

  D．scikit-learn 包含所有算法

（11）【多选】下列属于 Anaconda 主要特点的是（　　　）。

  A．包含了众多流行的科学、数学、工程、数据分析的 Python 包

  B．完全开源和免费

  C．支持 Python 2.6、Python 2.7、Python 3.4、Python 3.5、Python 3.6，可自由切换

  D．额外的加速和优化是免费的

（12）创建一个 3×3 的数组，下列代码中错误的是（   ）。

  A．np.arange(0,9).reshape(3,3)   B．np.eye(3)

  C．np.random.random([3,3,3])   D．np.mat（"1 2 3;4 5 6;7 8 9"）

3．简答题

（1）NumPy 中的 reshape()函数的主要作用是什么？

（2）简述 Series 与 DataFrame 的特点。

4．操作题

（1）创建如下数组。注意：使用正确的数据类型。

```
[[4, 3, 4, 3, 4, 3],
 [2, 1, 2, 1, 2, 1],
 [4, 3, 4, 3, 4, 3],
 [2, 1, 2, 1, 2, 1]]
```

（2）生成范围在 0~1、服从均匀分布的 10 行 5 列的数组。

（3）生成两个 2×2 矩阵，并计算矩阵乘积。

< 42 >

第 2 章　数据获取与存储

本章学习目标

- 了解常见的数据类型。
- 了解网络爬虫的原理，掌握爬虫获取数据的流程。
- 了解常见的数据存储方法。
- 掌握使用数据库存储数据的方法。
- 掌握抽取文本信息的方法。

数据获取与存储

通过对第 1 章的学习可知，使用 Pandas 工具可以读取内部数据，数据经过采集后可以存储到 Word 文件、Excel 文件、PDF 和 JSON 等格式文件或数据库中。数据获取是数据预处理的第一步，数据存储是进行数据预处理的关键环节，本章主要讲述从多种渠道获取数据与存储数据的方法，为数据预处理做好准备。

2.1　数据准备

常见的数据多种多样，有文本数据、Excel 表格等，常见的用于数据预处理的数据却受到种种限制。为了高效地完成数据的处理和使用，了解常见的数据类型和数据文件格式是必要环节，这也能为将来的数据处理打下坚实的基础。

2.1.1　常见的数据类型

数据分类就是把属性或特征相同的数据归集在一起，形成不同的类型，方便人们通过类型来对数据进行查询、识别、管理、保护和使用。

结构化数据、非结构化数据和半结构化数据为大数据领域主流的 3 种数据类型，具体描述如下。

1. 结构化数据

结构化数据，也称作行数据，是以二维表结构来表达和实现的数据，严格地遵循数据格式与长度规范，并且数据结构不经常变化，主要通过关系数据库进行存储和管理。结构化数据的典型应用场景，如企业资源计划（enterprise resource planning，ERP）、财务系统、医院管理信息系统、教育一卡通、政府行政审批及其他核心数据库等。通常人们会将数据按业务分类，并设计相应的表，然后将信息保存到相应的表中。例如，一个企业信息管理系统需要保存员工的基本信息，包括工号、姓名、性别、年龄等，为此需建立一个员工（staff）表。

员工信息的结构化数据如表 2.1 所示。

表 2.1　员工信息的结构化数据

id	name	gender	age
1	李明	男	32
2	张千	女	23
3	王峰	男	25
4	刘诗	女	33

数据特点：关系模型数据，采用关系数据库表示。

常见形式：MySQL、Oracle、SQL Server 等数据库文件。

应用场合：数据库、系统网站、数据备份、ERP 等。

数据采集：数据库（database，DB）导出、结构化查询语言（structured query language，SQL）等方式。

结构化数据的存储和排列是很有规律的，这对查询、修改等操作很有帮助，但其扩展性较差。

> **📋 拓展**
>
> 　　关系数据库是指采用了关系模型来组织数据的数据库，其以行和列的形式存储数据，便于用户理解。关系数据库这一系列的行和列被称为表，一组表组成了数据库。用户通过查询来检索数据库中的数据，而查询是用于限定数据库中某些区域的执行代码。
>
> 　　关系模型可以简单理解为二维表模型，而一个关系数据库就是由二维表及其之间的关系组成的一个数据组织。

2．非结构化数据

企业信息管理系统中可能还要存储员工的声音、图像等数据，这些数据很难用某种特定逻辑结构来描述，因此称为非结构化数据。在关系数据库中通常使用 BLOB（二进制编码）字段来存储非结构化数据。

非结构化数据是数据结构不规则或不完整、没有预定义的数据模型，不方便用数据库二维表来表现。简单地说，非结构化数据库就是字段可变的数据库，如 NoSQL 数据库 MongoDB，全文搜索数据库 Elastic Search 等。

非结构化数据包括所有格式的办公文档、文本、图片、HTML 格式文件、各类报表、图像、音频、视频等，如图 2.1 所示。

数据特点：格式多样，标准多样。

常见形式：文本（TXT、DOC/DOCX、PPT）、图像（PNG、JPEG、GIF、PSD）、音频（MP3、WMA、WAV、MIDI、MOV）、视频（MP4、AVI、MPEG、WMV）等。

应用场合：图片识别、人脸识别、医疗影像、文本分析等。

图 2.1　非结构化数据

数据采集：网络爬虫、数据存档等方式。

非结构化数据没有预定义的数据类型，无明确定义，属于定性数据，很难获取和分析，因此难以用现成解决方案保护和管理。

< 44 >

3. 半结构化数据

半结构化数据是介于结构化数据和非结构化数据之间的数据，是结构化数据的一种形式，其结构变化较大，不能够简单地建立一个表和它对应。半结构化数据不符合关系数据库或其他数据表的数据模型结构，但包含相关标记，用来分隔语义元素，以及对记录和字段进行分层，因此也被称为自描述结构。

例如，员工的简历不同于员工的基本信息，每个员工的简历大不相同。有些员工的简历很简单，可能只有教育情况；另一些员工的简历却很复杂，可能包括工作经历、婚姻情况、出入境情况、户口迁移情况、党籍情况、技术技能等，还可能有一些个性化的信息。通常要完整地保存这些信息并不容易，需要确保系统中的表的结构在系统运行期间不发生变更。

常见的半结构化数据格式有 XML 和 JSON。

以 XML 格式为例，第一份员工简历可能如下。

```
<person>
    <name>A</name>
    <age>13</age>
    <gender>female</gender>
</person>
```

第二份员工简历可能如下。

```
<person>
    <name>B</name>
    <gender>male</gender>
</person>
```

可以看出，各类属性被组合在一起时，属性的顺序不重要，不同的半结构化数据的属性的个数也可能不一样。

半结构化数据是以树或图存储的，在上例中，<person>标签是树的根节点，<name>标签和<gender>标签是子节点。树或图的形式可以自由地表达很多有用的信息，包括自我描述信息（元数据），因此，半结构化数据的扩展性良好。

半结构化数据的构成比结构化数据更为复杂和不确定，从而具有更高的灵活性，能够适应更为广泛的应用需求。

半结构化数据的存储方式如表 2.2 所示。

表 2.2　半结构化数据的存储方式

存储方式	特征	优点	缺点
化解为结构化数据	对现有的信息进行粗略的统计整理，总结出信息所有的类别，同时考虑系统真正关心的信息。对每一类别建立一个子表	查询统计比较方便	不能适应数据的扩展，不能对扩展的信息进行检索，对项目设计阶段没有考虑到的，但又是系统关心的信息的存储不能很好地处理
用 XML 格式来组织并保存到 CLOB 字段中	将不同类别的信息保存在 XML 的不同节点中	能够灵活地进行扩展，信息扩展时只需更改对应的文档类型定义或文档结构描述	查询效率比较低，要借助 XPath 来完成查询统计
用 JSON 格式来组织并保存到 CLOB 字段中	将不同类别的信息保存在 JSON 的不同节点中	能够灵活地进行扩展，信息扩展时只需在应用程序中控制 JSON 对应的 Schema	查询效率比较低，要通过数据库本身提供的 JSON 处理方法来完成查询统计

< 45 >

4．结构化数据与非结构化数据比较

从特征、存在方式、分析方法、用例、具体形式、数据存储、数据管理等方面进行比较，结构化数据与非结构化数据的区别如表 2.3 所示。

表 2.3　结构化数据与非结构化数据的区别

比较项目	结构化数据	非结构化数据
特征	预定义的数据类型，有明确定义，定量数据，容易访问，容易分析	没有预定义的数据类型，无明确定义，定性数据，很难获取，很难分析
存在方式	关系数据库、数据仓库、电子表格	NoSQL 数据库、数据湖、数据仓库
分析方法	回归、分类、聚类	数据挖掘、自然语言处理、向量的搜索
用例	ERP、财务系统、医院管理信息系统、教育一卡通、政府行政审批、其他核心数据库等	办公文档、文本、图片、HTML 格式文件、各类报表、图像、音频、视频等
具体形式	名字、日期、地址、电话号码、信用卡号	电子邮件信息、健康记录、图片、音频、视频
数据储存	需要更少存储空间	需要更多存储空间
数据管理	使用现成解决方案保护和管理数据更方便	难以用现成解决方案保护和管理数据

5．其他常见数据分类法

常见的数据分类的维度有数据产生环节、数据存储对象/位置、数据治理类型等。

① 按照数据产生环节分类：外部接入数据、本地自采数据、本地业务系统自产数据、本地衍生数据。

② 按照存储对象/位置分类：关系数据库、图片数据库、视频数据库、大数据平台库。

③ 按照数据治理类型分类：贴源层数据、明细层数据、中间层数据、服务层数据、应用层数据，其中明细层、中间层、服务层又被称为"数仓层"。

2.1.2　常见的数据文件格式

使用 Pandas 做数据分析的时候，需要读取准备好的数据文件，而数据文件的格式有很多种类，下面介绍 Excel 文件、CSV 格式文件、JSON 格式文件、XML 格式文件和 HTML 格式文件。

1．Excel 文件

Excel 文件有许多格式，其中常见的格式如表 2.4 所示。

表 2.4　常见的 Excel 文件格式

格式	说明
XLS	特有的二进制格式，核心结构属于复合型文档类型，是 Microsoft Office Excel 2003 工作表的默认保存格式
XLSX	核心结构是 XML 类型，采用了 XML 的压缩方式，使其占用的空间更小，是 Microsoft Office Excel 2007 的工作表保存格式
XLSM	也是 Microsoft Office Excel 2007 的工作表保存格式。如果在使用过程中需要用到宏功能，文件的格式选择 XLSM 才能够保存表格中的 VBA 代码
PDF	可移植文档格式，是一种用独立于应用程序、硬件、操作系统的方式呈现文档的文件格式
ET	WPS Office 的工作表保存格式，可以用 Excel 打开，也可以用 WPS 打开

图 2.2 为一个 XLSX 格式的 Excel 文件（含异常数据）。

2．CSV 格式文件

CSV 是最常见的供机器读取的文件格式，也就是逗号分隔值格式，有时也称为"字符分隔值

< 46 >

格式"，因为分隔字符也可以不是逗号。CSV 格式文件以纯文本形式存储表格数据（数字和文本）。

CSV 格式文件由任意数目的记录组成，记录间以某种字符分隔。分隔字符通常是逗号或制表符，也可以是其他字符或字符串。但是所有记录都有完全相同的字段序列。

对应图 2.2 所示 Excel 文件的 CSV 格式文件使用文本编辑器（如记事本）打开后如图 2.3 所示。

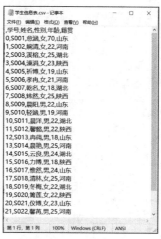

	A	B	C	D	E
1	学号	姓名	性别	年龄	籍贯
2	S001	怠涵	女	70	山东
3	S002	婉清	女	22	河南
4	S003	溪榕	女	25	湖北
5	S004	潇涓	女	23	陕西
6	S005	祈博	女	19	山东
7	S006	孝冉	女	21	河南
8	S007	乾名	女	18	湖北
9	S008	炜然	女	25	陕西
10	S009	晨阳	男	22	山东
11	S010	轻涵	男	19	河南
12	S011	晨洋	男	22	湖北
13	S012	馨懿	男	22	陕西

图 2.2　Excel 文件　　　　　　　　　　图 2.3　CSV 格式文件

3．JSON 格式文件

JSON 为数据存储和传输最重要的格式，经常在数据从服务器发送到网页时使用。其优点是结构清晰、易于阅读且方便解析。

JSON 的语法是来自 JavaScript 对象符号的语法，但 JSON 是纯文本，读取和生成 JSON 数据的代码可以用任何编程语言编写。

例 2-1　使用 JSON 语法定义一个雇员对象，包含 3 条员工记录。

```
{
"employees":[
    {"firstName":"Wang", "lastName":"Yun"},
    {"firstName":"Li", "lastName":"Shi"},
    {"firstName":"Zhang", "lastName":"Feng"}
]
}
```

可以发现，每一个数据条目就是一个 Python 字典，字典由一对花括号"{}"包围，这些字典又包含在一个列表中，列表由一对方括号"[]"包围。每一行都有键和值，用"："分隔，数据条目之间用"，"分隔。

> ⚠ 注意
>
> 　　如果文件的扩展名是 json，数据格式就是 JSON。如果文件的扩展名是 js，文件可能是 JavaScript 文件，也可能是命名不规范的 JSON 格式文件。

JSON 语法规则如下。

① 数据是键/值对。

② 数据以逗号分隔。

③ 花括号保存对象。

④ 方括号保存数组。

< 47 >

4．XML 格式文件

XML 格式的数据既便于机器读取，也便于人工读取。如果文件的扩展名是 xml，那么数据格式就是 XM。如果文件扩展名是 html 或 xhtml，则数据可以用 XML 解析器来解析。XML 格式文件本质上是格式特殊的数据文件。

例 2-2　创建 country.xml 文件，包含节点和节点属性。

```
<data>
    <country name="shdi2hajk">231
        <rank>1<NewNode A="1">This is NEW</NewNode></rank>
        <year>2008</year>
        <gdppc>141100</gdppc>
        <neighbor direction="E" name="Austria" />
        <neighbor direction="W" name="Switzerland" />
    </country>
    <country name="Singapore">
        <rank>4</rank>
        <year>2011</year>
        <gdppc>59900</gdppc>
        <neighbor direction="N" name="Malaysia" />
    </country>
    <country name="Panama">
        <rank>68</rank>
        <year>2011</year>
        <gdppc>13600</gdppc>
        <neighbor direction="W" name="Costa Rica" />
        <neighbor direction="E" name="Colombia" />
    </country>
    <MediaPlatformService height="165" ip="36.32.160.199" passWord="111"
port="9084" userName="admin" width="220">
    </MediaPlatformService>
</data>
```

XML 格式文件中的节点有 3 个属性：tag、text、attrib。

tag 代表节点名称，country 节点的 tag 就是它的名称 country，rank 节点的 tag 就是 rank。text 代表节点文本内容，country 节点的 text 为空，rank 节点的 text 是 1。attrib 代表节点包含的属性，以{属性:值}的字典形式存放，country 节点的 attrib 是{name:shdi2hajk}，name 是属性的键，shdi2hajk 是属性的值；rank 节点的 attrib 为空字典。{属性:值}就是一个字典类型，可以使用一切字典方法。

综上所述，XML 格式文件主要由节点和节点的 3 个属性组成。

5．HTML 格式文件

HTML（hypertext markup language，超文本标记语言）是一种制作万维网页面的标准语言，消除了不同计算机之间信息交流的障碍。

HTML 元素是构建网站的基石，允许嵌入图像与对象，并且可以用于创建交互式表单。HTML 被用来结构化信息，如标题、段落、列表等，也可用来在一定程度上描述文档的外观和语义。HTML 标签的形式为尖括号包围（如<html>），浏览器使用 HTML 标签和脚本来诠释网页内容，但不会将它们显示在页面上。

优点：打开速度快，操作简单，无须下载其他阅读器。

缺点：无法直接引用，界面不友好，阅读不方便。

< 48 >

例 2-3　分析 Helloworld.html 文件。

```
<!DOCTYPE html>
 <html>
   <head>
     <title>This is a title</title>
   </head>
   <body>
     <p>Hello world!</p>
   </body>
 </html>
```

HTML 格式文件包含标签（及其属性）、基于字符的数据类型、字符引用和实体引用等几个关键部分。HTML 格式文件由嵌套的 HTML 元素构成，元素首尾有 HTML 标签，如<head>与</head>、<p>与</p>。HTML 为元素内容定义了多种数据类型，如脚本数据、样式表数据及许多属性值的类型，包括 ID、名称、统一资源标识符、数字长度单位、语言、媒体描述符颜色、字符编码、日期和时间等。所有这些数据类型都是字符数据的特殊化。在 HTML5 中，HTML 格式的声明方法如下。

```
<!DOCTYPE html>
```

XML 与 HTML 区别如下。

① 概念不同：XML 是可扩展标记语言，而 HTML 是超文本标记语言。

② 目的不同：XML 被设计用来传输和存储数据，重点是数据的内容；HTML 被设计用来显示数据和编辑网页，重点是数据的外观。

③ 语法有所不同：XML 语法比较严谨，HTML 语法比较松散。

XML 不是 HTML 的替代品，XML 是对 HTML 的补充。

2.2　网络爬虫获取数据

数据可以分为外部数据和内部数据，而随着网络的迅速发展，万维网成为大量信息的载体，设法有效地提取并利用这些信息成为一个巨大的挑战，网络爬虫（Web spider）应运而生。

2.2.1　认识网络爬虫

1. 概述

日常使用的一系列搜索引擎都是大型的网络爬虫，如百度、搜狗、360 搜索等。每个搜索引擎都拥有自己的爬虫程序，例如，360 搜索的爬虫称作"360Spider"，搜狗的爬虫称作"Sogouspider"。

网络爬虫又称"网络蜘蛛"或"网络机器人"，简称爬虫，是指从网络中获取数据信息的程序，它可以将半结构化数据、非结构化数据从网页中抽取出来，将其存储为统一的本地数据，支持图片、音频、视频等数据采集。

2. 分类

网络爬虫按照系统结构和实现技术，大致可以分为以下几种类型：通用网络爬虫、聚焦网络爬虫、增量式网络爬虫、深层网络爬虫。实际的网络爬虫通常是几种爬虫技术相结合实现的。

< 49 >

3．双刃剑

网络爬虫不仅能够在搜索引擎领域使用，还在大数据分析和商业领域得到了大规模应用，它是一把双刃剑，给大家带来便利的同时，也给网络安全带来了隐患。有些不法分子利用爬虫在网络上非法搜集网民信息，或者利用爬虫恶意攻击他人网站，导致网站瘫痪的严重后果。

为了限制爬虫带来的危害，大多数网站都有良好的反爬措施，并会通过 robots.txt 即 robots 协议做进一步说明。读者在使用爬虫的时候，要自觉遵守 robots 协议，不要非法获取他人信息，或者做一些危害他人网站的事情。

2.2.2 网络爬虫执行阶段

网络爬虫的基本执行流程可以总结为 3 个阶段：请求数据、解析数据与保存数据。

① 请求数据：请求的数据除 HTML 数据之外，还有 JSON 数据、字符串数据、图片、视频、音频等。

② 解析数据：在数据下载完成后，对数据进行分析，并提取出需要的数据，提取到的数据可以以多种形式保存起来，常见的数据格式有 CSV、JSON、pickle 等。

③ 保存数据：最后将数据以某种格式（CSV、JSON）写入文件或存储到数据库（MySQL、MongoDB），并保存为一种或多种文件。

2.2.3 爬取百度 logo

1．相关概念

（1）URL 基本组成

URL（uniform resource locator，统一资源定位符）由一些简单的组件构成：协议、域名、端口号、路径、查询字符串等。示例如下。

```
http://www.biancheng.net/index?param=10
```

路径和查询字符串之间使用问号 "？" 隔开。此 URL 的域名为 "www.biancheng.net"，路径为 "index"，查询字符串为 "param=10"。

（2）网页

网页一般由 3 部分组成，分别是 HTML（超文本标记语言）、CSS（层叠样式表）和 JavaScript（动态脚本语言，简称 JS）。三者在网页中分别承担着不同的任务。

① HTML 负责定义网页的内容。

② CSS 负责描述网页的布局。

③ JavaScript 负责网页的行为。

（3）静态网页

静态网页是标准的 HTML 格式文件，通过 GET 请求方法可以直接获取，文件的扩展名是 html、htm 等。静态网页可以包含文本、图像、声音、FLASH 动画、客户端脚本、其他插件程序等。

（4）动态网页

动态网页指的是采用动态网页技术的页面，如 AJAX（创建交互式、快速动态网页应用的网页开发技术）、ASP（创建动态交互式网页并建立强大的 Web 应用程序）、JSP（Java 创建动态网页的技术）等技术，不需要重新加载整个页面，就可以实现网页的局部更新。

< 50 >

2．相关库

（1）urllib

Python 内置的 urllib 库用于获取网页的 html 信息。

urllib 库包含的模块如表 2.5 表示。

表 2.5　urllib 库包含的模块

模块	说明
urllib.request	打开和读取 URL
urllib.error	包含 urllib.request 抛出的异常
urllib.parse	解析 URL
urllib.robotparser	解析 robots.txt 文件

> **注意**
>
> urllib 库属于 Python 的标准库模块，无须单独安装，同时它也是 Python 爬虫的常用模块。

（2）requests

requests 是 Python 内置的模块，该模块主要用来发送 HTTP 请求。requests 模块比 urllib 模块更简洁。

```
import requests  #导入 requests 包
x = requests.get('https://www.baidu.com/')  #发送请求
print(x.text)  #返回网页内容
```

> **注意**
>
> requests 模块属于 Python 内置的标准库模块，无须单独安装，每次调用 requests 之后，会返回一个 response 对象，该对象包含了具体的响应信息。

（3）lxml

lxml 是 Python 的第三方解析库，完全使用 Python 编写，它对 XPath 表达式提供了良好的支持，因此能够高效地解析 HTML/XML 文档。

通过 pip 安装 lxml 库。

```
pip install lxml
```

在命令行界面验证是否安装成功（引入模块时不返回错误则说明安装成功）。

```
import lxml
```

lxml 库提供了一个 etree 模块，该模块专门用来解析 HTML/XML 文档。

（4）BS4

Beautiful Soup 4 简称"BS4"，是一个 Python 第三方库，它可以从 HTML 文档或 XML 文档中快速地提取指定的数据。

通过 pip 安装 BS4 库。

```
pip install bs4
```

因为 BS4 解析页面时需要依赖文档解析器，所以还需要安装 lxml 作为解析库。

< 51 >

```
pip install lxml
```

find_all()与 find()是解析 HTML 文档的常用函数，它们可以在 HTML 文档中按照一定的条件（相当于过滤器）查找所需内容。

例 2-4　爬取百度 logo，并保存在本地，名称为 "logo.png"。

```
#导入相应库
from urllib.request import urlopen
from bs4 import BeautifulSoup as bf
from urllib.request import urlretrieve
#获取所有图片信息，包含了所有图片的属性
html = urlopen("http://www.baidu.com/")
obj = bf(html.read(),'html.parser')
title=obj.head.title
pic_info = obj.find_all('img')
#获取 logo 图片的链接地址
logo_pic_info=obj.find_all('img',class_="index-logo-src")
logo_url="http:"+logo_pic_info[0]['src']
print("百度 logo: ", logo_url)
#下载图片
urlretrieve(logo_url,'logo.png')
```

Python 3 中 urllib.request 模块提供 urlretrieve()函数。urlretrieve()函数直接将远程数据下载到本地，语法格式如下。

```
urlretrieve(url, filename=None, reporthook=None, data=None)
```

程序运行结果如下。

```
百度 logo:  http://www.baidu.com/img/PCtm_d9c8750bed0b3c7d089fa7d55720d6cf.png
```

程序运行结束后，在本地生成一个图片文件，如图 2.4 所示。

要将抓取的网页保存到本地，还可以使用 Python 3 的 file.write()函数。

logo.png

图 2.4　生成图片文件

2.2.4　常见的数据存储方式

如果将要使用的数据来自多台计算机，可以将它们都保存在网络中，如百度网盘，或者保存在移动硬盘或 U 盘中，这样就可以从不同地点或不同计算机访问数据。

1．云存储

如果数据较小，可以使用云存储来存储数据，将数据保存在共享网盘或云服务器（Dropbox、Box、Google Drive）中。云存储通常会提供备份选项和管理能力，同时还能够分享文件。

Python 有内置的 URL 请求方法、FTP（file transfer protocol，文件传输协议）方法和 SSH/SCP（secure shell/secure copy，安全外壳/安全复制）方法，都包含在 Python 标准库（stdlib）中。

2．本地存储

数据存储最简单也最直接的方法就是本地存储。用一行 Python 代码就可以打开文件系统中的文档，如 open 命令。在处理数据时，还可以使用 Python 内置的 file.write()函数修改文件并将其保存为新文件。

常见的数据存储格式：JSON、CSV、XML 等。

< 52 >

3．其他存储方式

下面介绍两种有趣的存储方式：层次型数据文件和 Hadoop。

（1）层次型数据文件

层次型数据文件（hierarchical data file，HDF）是基于文件的可扩展数据解决方案，可将大型数据库快速存储至文件系统（本地或其他位置），可以存储为不同类型的图像和文件格式，并且可以在不同类型的机器上传输，同时还有统一处理这种文件的函数库。大多数普通计算机都支持这种文件。

（2）Hadoop

Hadoop 是一个大数据分布式存储系统，可以跨集群存储并处理数据，提供对应用程序数据的高吞吐量访问。

2.3　数据读写

数据从被使用到使用后再保存的过程称为"数据读取和写入过程"。读取数据可以分为读取本地文件和读取网络数据；写入数据就是对读取到的数据进行编辑，最后保存数据。

2.3.1　可读写数据

1．读取本地文件

本地文件就是本地存储的文件，可以用一个链接或一个映射来表示。

可以用以下 3 种方式来导入本地文件。

```
path1='C:\\Users\\Administrator\\Desktop\\student.csv'
path2='C:/Users/Administrator/Desktop/student.csv'
path3=r'C:\Users\Administrator\Desktop\student.csv'
```

导入的本地文件为 student.csv，文件内容为学生就业信息。

可以用 open()函数读取文件，用 read()函数读取文件的具体内容。

使用 open()函数读取文件，语法格式如下。

```
open('路径','模式',encoding='编码')
```

编码：文件内容有中文时使用该参数，写为 encoding='utf-8'。

模式：r 为只读，默认模式；w 为写入；rw 为读取+写入；a 为追加。

简单读取文件内容的函数为 read()，读取后，光标会留在文件末尾。

⚠️ 注意

如果用 read()再次读取文件，会因为光标在文件末尾所以读取不了任何数据。

例 2-5　读写本地文件 student.csv。

读取文件，程序如下。

```
with open('C:/Users/pc/Desktop/data/list2/student.csv', mode='r') as f:
    content=f.read()
    print(content)
f.close()
```

< 53 >

在操作后需要关闭文件，否则文件会一直被 Python 占用，不能被其他进程使用。

关闭文件，程序如下。

```
df.close()
```

程序运行结果如下。

```
Name,Hire Date,Salary,Leaves Remaining
John Idle,08/15/14,50000.00,10
Smith Gilliam,04/07/15,65000.00,6
Parker Chapman,02/21/14,45000.00,7
Jones Palin,10/14/13,70000.00,3
Terry Gilliam,07/22/14,48000.00,9
Michael Palin,06/28/13,66000.00,8
```

指定读取的字符数，读取 100 个字符程序如下。

```
with open('C:/Users/pc/Desktop/data/list2/student.csv', mode='r') as f:
    content=f.read(100)
    print(content)
f.close()
```

程序运行结果如下。

```
Name,Hire Date,Salary,Leaves Remaining
John Idle,08/15/14,50000.00,10
Smith Gilliam,04/07/15,65000
```

write 语句可写入文件，write()逐次写入，writelines()将列表里的数据一次性写入。

```
with open('C:/Users/Administrator/Desktop/student.csv', mode='w') as f:
    content=f.write("Hello,World!")
    print(content)
f.close()
```

程序运行成功后，回到桌面，使用记事本打开 student.csv 文件，文件内容如图 2.5 所示。

图 2.5　写入数据后的文件内容

2．I/O API 工具

Pandas 是数据分析的重要工具，其最重要的功能就是数据计算和处理。从外部获取数据也是数据处理的一部分，读写数据对于数据分析非常重要。Pandas 有专门的数据处理工具库，提供一组 I/O API 函数，这些函数可以分为两大类：读取函数和写入函数。常见的 API 函数如表 2.6 所示。

表 2.6　常见的 API 函数

读取函数	写入函数	读取函数	写入函数
read_csv()	to_csv()	read_xml()	to_xml()
read_excel()	to_excel()	read_stata()	to_stata()
read_json()	to_json()	read_clipboard()	to_clipboard()
read_html()	to_html()	read_pickle()	to_pickle()
read_sql()	to_sql()	read_msgpack()	to_msgpack()
read_hdf()	to_hdf()	read_gbq()	to_gbq()

< 54 >

2.3.2 读写 CSV 数据

1. 文本文件

常见的文本文件有 TXT 格式文件、CSV 格式文件和 PDF 格式文件。以 CSV 格式文件为例，两种读写文本文件的方法如下。

```
readline()   #每次读入一行数据
readlines()  #一次性读入所有数据
```

读取到的每行数据被存储为一个字符串，包含换行符，得到由字符串组成的列表。

> **注意**
>
> Windows 系统的换行符是 "\r\n"，Linux 系统的换行符是 "\n"。

strip()函数用于删除字符串头尾的指定字符（默认为空格或换行符）或字符序列。

> **注意**
>
> 该函数只能删除开头或结尾的字符，不能删除中间部分的字符。

可对读取到的数据使用 for 循环，对每行字符串去除换行符，并以 "\t" 的形式对字符串进行分割，返回一个列表。

2. 创建 CSV 数据

创建一个存储学生就业信息的 TXT 格式文件，然后将文件扩展名改为 csv，这样就成功创建了一个 CSV 格式文件。

文件内容如下。

```
Name,Hire Date,Salary,Leaves Remaining
John Idle,08/15/14,50000.00,10
Smith Gilliam,04/07/15,65000.00,6
Parker Chapman,02/21/14,45000.00,7
Jones Palin,10/14/13,70000.00,3
Terry Gilliam,07/22/14,48000.00,9
Michael Palin,06/28/13,66000.00,8
```

> **注意**
>
> 创建的文件名称为 student，初始文件扩展名为 txt，修改后的文件扩展名为 csv。

3. 读取 CSV 数据

例 2-6 利用 Pandas 读取 CSV 数据。

```
import pandas as pd
#数据读取，注意文件路径不要写错
df = pd.read_csv('C:/Users/pc/Desktop/data/list2/student.csv')
print(df)
```

程序运行结果如下。

```
          Name Hire Date   Salary  Leaves Remaining
0    John Idle  08/15/14  50000.0                10
```

< 55 >

```
1      Smith Gilliam   04/07/15   65000.0                    6
2    Parker Chapman    02/21/14   45000.0                    7
3       Jones Palin    10/14/13   70000.0                    3
4     Terry Gilliam    07/22/14   48000.0                    9
5    Michael Palin     06/28/13   66000.0                    8
```

读取 CSV 格式文件的语法如下。

```
pandas.read_csv(filepath_or_buffer, sep=',', delimiter=None, header='infer',
names=None, index_col=None, encoding=None)
```

参数说明如下。

- filepath_or_buffer：文件路径，这是唯一必须有的参数。
- sep：指定分隔符，默认为逗号 ","。
- delimiter：定界符，备选分隔符（如果指定该参数，则 sep 参数失效）。
- header：指定哪几行作为表头（列名），默认设置为 0（即第一行作为表头），如果没有表头，则修改参数设置 header=None。
- names：指定列的名称，可用列表表示。没有表头即 header=None 时，需指定该参数。
- index_col：指定哪几列数据作为行索引，可以是一列，也可以是多列。如果指定多列数据则会看到一个多层索引。
- encoding：指定字符集类型，通常设置为 encoding='utf-8'。如果文件名中有中文，容易导致乱码，engine='python'可以避免文件路径中有中文。encoding='utf-8-sig'可以解决 encoding= 'utf-8'时的乱码问题。

Pandas 读取文本数据主要有两个函数，read_csv()和 read_table()。read_table()函数不仅可以读取 CSV 格式文件，还可以读取 TXT 格式文件等文本文件。它们能够自动地将表格数据转换为 DataFrame 类对象。

例 2-7 通过列表索引读取 CSV 数据。

```
import csv
with open('C:/Users/Administrator/Desktop/student.csv','r') as fp:
    #reader 是个迭代器
    reader = csv.reader(fp)
    next(reader)
    for i in reader:
        #print(i)
        name = i[3]
        leval = i[-1]
        print({'name':name,'leval':leval})
```

直接使用 open()函数打开本地的 student.csv 文件。使用 csv.reader()函数，其中参数为指针。因为该 CSV 格式文件有表头，所以可以使用 next()函数直接跳过第一组数据，即表头数据，然后直接通过列表索引获取想要的数据。

程序运行结果如下。

```
{'name': '10', 'leval': '10'}
{'name': '6', 'leval': '6'}
{'name': '7', 'leval': '7'}
{'name': '3', 'leval': '3'}
{'name': '9', 'leval': '9'}
{'name': '8', 'leval': '8'}
```

< 56 >

例 2-8　通过 key 读取 CSV 数据。

```
import csv
with open('C:/Users/pc/Desktop/data/list2/student.csv','r') as fp:
    reader = csv.DictReader(fp)
    for i in reader:
        value = {"name":i['Name'],"Leval":i['Salary']}
        print(value)
```

DictReader() 以字典形式读取数据，在第 3 行代码 reader = csv.DictReader(fp) 中，reader 为返回的字典对象，即创建的迭代器，使用 for 循环遍历这个迭代器时，返回的值也是字典。

程序运行结果如下。

```
{'name': 'John Idle', 'leval': '50000'}
{'name': 'Smith Gilliam', 'leval': '65000'}
{'name': 'Parker Chapman', 'leval': '45000'}
{'name': 'Jones Palin', 'leval': '70000'}
{'name': 'Terry Gilliam', 'leval': '48000'}
{'name': 'Michael Palin', 'leval': '66000'}
```

> **注意**
>
> 使用 DictReader() 创建的 reader 对象不包含表头数据且返回的是字典；而在例 2-7 中，使用 reader 创建的 reader 对象包含表头数据且返回的是列表。

4．写入 CSV 数据

可以使用 pandas 包写入 CSV 数据，也可以使用 writer() 创建对象，writerow() 或 writerows() 写入文件，还可以使用 DictWriter() 创建对象，writerow() 或 writerows() 写入文件。

例 2-9　利用 pandas 包写入 CSV 数据。

pandas 包提供的 to_csv() 函数用于将 DataFrame 转换为 CSV 数据。如果想要把 CSV 数据写入文件，只需向函数传递一个文件对象，否则，CSV 数据将以字符串格式返回。

```
import pandas as pd
data = {'Name': ['Smith', 'Parker'], 'ID': [101, 102], 'Language': ['Python',
'JavaScript']}
info = pd.DataFrame(data)
print('DataFrame Values:\n', info)
#转换为 CSV 数据
csv_data = info.to_csv()
print('\nCSV String Values:\n', csv_data)
```

程序运行结果如下。

```
DataFrame Values:
    ID    Language    Name
0  101      Python    Smith
1  102  JavaScript    Parker

CSV String Values:
 ,ID,Language,Name
0,101,Python,Smith
1,102,JavaScript,Parker
```

< 57 >

例 2-10 指定 CSV 数据输出时的分隔符，并保存文件。

将数据保存在桌面的 pandas.csv 文件中，程序如下。

```
import pandas as pd
data = {'Name': ['Smith', 'Parker'], 'ID': [101, pd.NaT], 'Language': ['Python',
'JavaScript']}
info = pd.DataFrame(data)
csv_data = info.to_csv("C:/Users/pc/Desktop/data/list2/pandas.csv",sep='|')
```

pd.NaT 表示 null，即缺失数据。分隔符为“|”。打开桌面的 pandas.csv 文件，如图 2.6 所示。

图 2.6 写入数据后的文件内容

例 2-11 使用 writer() 创建对象，writerow() 或 writerows() 写入文件。

```
import csv
headers = ['username','age','height']
value = [
    ('张三',18,180),
    ('李四',19,175),
    ('王五',20,170)
]
with
open("C:/Users/pc/Desktop/data/list2/classroom.csv",'w',encoding='utf-8',new
line='') as fp:
    writer = csv.writer(fp)
    writer.writerow(headers)
    writer.writerows(value)
```

用记事本打开 classroom.csv 文件，如图 2.7 所示。

写入数据到 CSV 格式文件，需要先创建一个 writer 对象，再使用 writerow() 写入一行，或使用 writerows() 全部写入。默认情况下 newline='\n'，即写入一行就会换行，不会产生空白行。

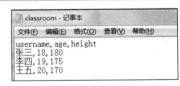

图 2.7 写入数据后的文件内容

例 2-12 使用 DictWriter() 创建对象，writerow() 或 writerows() 写入文件。

```
import csv
headers = ['name','age','height']
value = [
    {'name':'张三','age':18,'height':180},
    {'name':'李四','age':19,'height':175},
    {'name':'王五','age':20,'height':170}
]
with open("C:/Users/pc/Desktop/data/list2/classroom1.csv",'w',encoding='utf-8',
newline='') as fp:  #默认newline='\n'
    writer = csv.DictWriter(fp,headers)
    writer.writeheader()
    writer.writerows(value)
```

< 58 >

当数据存放在字典中时，可以使用 DictWriter() 创建 writer 对象，其中，需要传两个参数，第一个是指针，第二个是表头信息。当使用 DictWriter() 创建对象时，写入表头还需要执行 writeheader() 操作。

用记事本打开 classroom1.csv 文件，如图 2.8 所示。

2.3.3　读写 JSON 数据

Python 带有一个内置包 json，用于对 JSON 数据进行编码和解码。JSON 数据编码的过程通常称为序列化，是指将 Python 的数据类型转换成 JSON 的字符串类型。反序列化是指将 JSON 的字符串类型转换成 Python 的数据类型。

图 2.8　写入数据后的文件内容

1．导入 Python 内置的 json 包

```
import json
```

Python 处理 JSON 格式文件的函数如表 2.7 所示。

表 2.7　常见的处理 JSON 格式文件的函数

函数	说明
json.dumps()	对数据进行编码，将 Python 中的字典转换为 JSON 字符串
json.loads()	对数据进行解码，将 JSON 字符串转换为 Python 中的字典
json.dump()	将 Python 中的字典数据写入 JSON 格式文件
json.load()	打开 JSON 格式文件，并把字符串转换为 Python 的字典数据

json.dumps / json.loads 数据转换对照如表 2.8 所示。

表 2.8　数据转换对照

JSON	Python
object	dict
array	list
string	str
number(int)	int
number(real)	float
true	True
false	False
null	None

2．序列化 JSON 格式文件

将简单的 Python 对象直观地转换为 JSON 格式文件。

（1）创建序列化数据。

```
data =  {
"data":[
 {
  "id": "1",
  "name": "小峰同学",
  "state": "1",
```

< 59 >

```
    "createTime": "2022-08-10"
  },
  {
    "id": "2",
    "name": "小狮同学",
    "state": "1",
    "createTime": "2022-08-10"
  },
  {
    "id": "3",
    "name": "小千同学",
    "state": "0",
    "createTime": "2022-08-10"
  }
 ]
}
```

（2）查看文本文件内容。

数据直接以文本形式保存。通常可以添加一行程序，来查看文件内容。

```
import json
with open("data_file.json", "w") as f:
    json.dump(data, f)    #将字典转为 JSON 格式文件
print(data)
```

最后一行程序输出文本形式数据。程序运行结果如下。

```
{'data': [{'id': '1', 'name': '小峰同学', 'state': '1', 'createTime': '2022-08-10'},
{'id': '2', 'name': '小狮同学', 'state': '1', 'createTime': '2022-08-10'}, {'id':
'3', 'name': '小千同学', 'state': '0', 'createTime': '2022-08-10'}]}
```

（3）数据直接以字符串的形式使用。

```
json_str = json.dumps(data)    #将字典转为 JSON 字符串
print(data)
```

输出此时的文件，结果如下。

```
{'data': [{'id': '1', 'name': '小峰同学', 'state': '1', 'createTime': '2022-08-10'},
{'id': '2', 'name': '小狮同学', 'state': '1', 'createTime': '2022-08-10'}, {'id':
'3', 'name': '小千同学', 'state': '0', 'createTime': '2022-08-10'}]}
```

写入 JSON 格式文件的数据只能是 Python 字典类型，其他类型如字符串将导致写入出错。

```
with open("res.json", 'w', encoding='utf-8') as fw:
    json.dump(json_str, fw, indent=4, ensure_ascii=False)
```

！ 注意

　　将 JSON 字符串转换为字典时，如果字符串不是合法的 JSON 格式，会报 JSONDecodeError 错误。

3．反序列化 JSON 格式文件

使用 load()和 loads()将 JSON 数据转换为 Python 对象。

< 60 >

（1）读取写入 JSON 格式文件的数据。

```
with open("data_file.json", "r") as read_file:
    data = json.load(read_file)  #把 JSON 字符串转换为 Python 的字典数据
print(data)
```

（2）创建字符串数据。

```
json_string = """
{
 "data":[
  {
   "id": "1",
   "name": "小峰同学",
   "state": "1",
   "createTime": "2022-08-10"
  },
  {
   "id": "2",
   "name": "小狮同学",
   "state": "1",
   "createTime": "2022-08-10"
  },
  {
   "id": "3",
   "name": "小千同学",
   "state": "0",
   "createTime": "2022-08-10"
  }
 ]
}
"""
data = json.loads(json_string)  #将 JSON 字符串转换为 Python 中的字典
```

2.3.4　读写 XML 数据

Beautiful Soup 是一个可以从 HTML 格式文件或 XML 格式文件中提取数据的 Python 库，可以通过转换器实现文档导航、文档查找、修改文档等功能。

网络爬虫可以快速爬取对应网站的相关内容，支持关系数据库和非关系数据库，数据可以导出的格式为 JSON、XML 等。

1．读取 XML 数据

常用的读取 XML 数据的命令如表 2.9 所示。

表 2.9　常用的读取 XML 数据的命令

代码	说明
tree = ET.parse('test.xml')	读取文档
root = tree.getroot()	获得根节点
list(root)	获得所有子节点
root.findall('object')	查找子节点，注意，这里不会递归查找所有子节点

< 61 >

续表

代码	说明
root.iter('object')	查找子节点，递归查找所有子节点
root.tag	查看节点名称

2．写入 XML 数据

常用的写入 XML 数据的命令如表 2.10 所示。

表 2.10　常用的写入 XML 数据的命令

程序代码	说明
root = ET.Element('Root')	创建节点
tree = ET.ElementTree(root)	创建文档
element.text = 'default'	设置文本值
element.set('age', str(i))	设置属性
root.append(element)	添加节点
tree.write('default.xml', encoding='utf-8', xml_declaration=True)	写入文档

2.3.5　读写 Excel 数据

Excel 是微软公司开发的数据处理软件。在数据量较小的情况下，Excel 对于数据的处理、分析、可视化有其独特的优势；但是，当数据量非常大时，操作重复、数据分析难等问题，Excel 难以解决。Pandas 提供了操作 Excel 文件的函数，可以很方便地处理 Excel 表格。

1．解析 Excel 数据

PyPI 是 Python 库的汇总在线目录，保存了大量的 Python 包及其元数据和文档。解析 Excel 数据的库如表 2.11 所示。

表 2.11　解析 Excel 数据的库

名称	功能
xlrd	从 Excel 文件读取数据，并设置格式
xlwt	向 Excel 文件写入数据，并设置格式
xlutils	一组 Excel 高级操作工具（需要先安装 xlrd 和 xlwt）

这 3 个库需要分别安装，本章只会用到 xlrd。要将 Excel 文件读取到 Python 中，先要检查是否安装了 xlrd。检测方法如下。

```
import xlrd
```

若尚未安装，运行结果如图 2.9 所示。

```
---------------------------------------------------------------------------
ModuleNotFoundError                       Traceback (most recent call last)
Input In [1], in <cell line: 1>()
----> 1 import xlrd

ModuleNotFoundError: No module named 'xlrd'
```

图 2.9　尚未安装 xlrd

< 62 >

通过 pip 安装外部包 xlrd。

```
pip install xlrd
```

通过 pip 卸载外部包 xlrd。

```
pip uninstall xlrd
```

2．读取 Excel 数据

Python 中读取 Excel 数据可以使用 read_excel()函数，语法格式如下。

```
pd.read_excel(io, sheet_name=0, header=0, names=None, index_col=None,
         usecols=None, squeeze=False, dtype=None, engine=None,
         converters=None, true_values=None, false_values=None,
         skiprows=None, nrows=None, na_values=None, parse_dates=False,
         date_parser=None, thousands=None, comment=None, skipfooter=0,
         convert_float=True, **kwds)
```

read_excel()部分参数说明如表 2.12 所示。

表 2.12　read_excel()部分参数说明

参数	说明
io	表示 Excel 文件的存储路径
sheet_name	要读取的工作表名称
header	指定作为列名的行，默认为 0，即取第一行的值为列名；若数据不包含列名，则设定 header = None；若设定 header=2，则表示将前两行作为多层索引
names	一般适用于 Excel 缺少列名，或者需要重新定义列名的情况；names 的长度必须等于 Excel 表格中列的长度，否则会报错
index_col	指定作为行索引的列，可以设为工作表的列名称，如 index_col ='列名'，也可以设为整数或者列表
usecols	int 或 list 类型，默认为 None，表示需要读取所有列
squeeze	布尔类型，默认为 False，如果解析的数据只包含一列，则返回一个 Series
converters	规定每一列的数据类型
skiprows	接收一个列表，表示跳过指定行数的数据，从头部第一行开始
nrows	需要读取的行数
skipfooter	接收一个列表，省略指定行数的数据，从尾部最后一行开始

3．to_excel 保存 Excel 数据

Pandas 保存 Excel 数据的语法格式如下。

```
DataFrame.to_excel(excel_writer, sheet_name='Sheet1', na_rep='', float_format=
None, columns=None, header=True, index=True, index_label=None, startrow=0,
startcol=0, engine=None, merge_cells=True, encoding=None, inf_rep='inf',
verbose=True, freeze_panes=None)
```

to_excel()部分参数说明如表 2.13 所示。

表 2.13　to_excel()部分参数说明

参数	说明
excel_writer	文件路径或 ExcelWrite 对象
sheet_name	指定要写入数据的工作表名称

< 63 >

续表

参数	说明
na_rep	缺失值的表示形式
float_format	可选参数，用于格式化浮点数字符串
columns	指要写入的列
header	如果给出的是布尔值，则表示是否写出每一列的列名，如果给出的是字符串列表，则表示列的别名
index	表示是否要写入索引，默认为 True。index=True 表示保存索引，即将 DataFrame 的索引写入 Excel；index=False 表示不保存索引
index_label	索引列的列标签。如果未指定，并且 hearder 和 index 均为 True，则使用索引名称。如果 DataFrame 使用多层索引，则需要给出一个序列
startrow	初始写入的行位置，默认为 0。表示引用左上角的行单元格来储存 DataFrame
startcol	初始写入的列位置，默认为 0。表示引用左上角的列单元格来储存 DataFrame
engine	可选参数，用于指定要使用的引擎，可以是 openpyxl 或 xlsxwriter

⚠️ 注意

使用 ExcelWriter()类可以向同一个 Excel 的不同工作表写入相应的表格数据。

当 Pandas 要写入多个工作表时，to_excel()的第 1 个参数 excel_writer 要设为 ExcelWriter 对象，而不能是文件路径，否则会覆盖写入。

例 2-13　创建一个学生信息表，包含学号、姓名、性别、年龄、籍贯等信息，输入 4 位学生的信息如下（含异常数据），并保存在桌面，设置文件名称为学生信息表 1.xlsx，如表 2.14 所示。

表 2.14　学生信息表

学号	姓名	性别	年龄	籍贯
S001	怠涵	女	70	山东
S002	婉清	女	22	河南
S003	溪榕	女	25	湖北
S004	漠涓	女	23	陕西

程序如下。

```
import pandas as pd
data = {
    '学号':['S001','S002','S003','S004'],
    '姓名':['怠涵','婉清','溪榕','漠涓'],
    '性别':["女","女","女","女"],
    '年龄':[70,22,25,23],
    '籍贯':["山东","河南","湖北","陕西"]
}
df = pd.DataFrame(data)
df.to_excel(r"C:\Users\pc\Desktop\data\list2\学生信息表1.xlsx")data.to_excel
(r'C:\Users\pc\Desktop\data\list2\学生信息表1.xlsx')
```

文件保存位置为 C:\Users\pc\Desktop\data\list2。文件名称为学生信息表 1.xlsx。该文件为 Excel 工作表。

< 64 >

2.4 使用数据库实现数据存储

2.4.1 认识数据库

生活中，使用 Siri 查手机电话号码的操作、使用搜索引擎搜索信息的操作等，都涉及对数据库的查询和响应。设计一个信息系统必然涉及数据的存储，而数据存储用得最多的就是关系数据库。

1. 数据库

数据库是按照数据结构来组织、存储和管理数据的仓库，是一个长期存储在计算机内的、有组织的、可共享的、统一管理大量数据的集合。

怎么来理解呢？

如图 2.10 所示，家里的冰箱是用来储存食物的地方，同样，数据库是用来存放数据的地方。有了数据库，我们就可以直接查找数据。例如，居民电话簿可以被看作一个数据库，其中存放着某地区所有居民的姓名、电话号码、地址等信息。又如，"余额宝"内的账户收益，就是从数据库读取数据后展示给用户的。

2. 关系数据库

数据库常见的分类方式：关系数据库和非关系数据库。其中，使用最广泛的就是关系数据库。关系数据库是由多个表组成的，就像 Excel 工作簿是由多个二维表组成的，每个二维表又是由行和列组成的。关系数据库里存放的也是一张张表，不过各表之间相互联系。关系数据库的结构如图 2.11 所示。

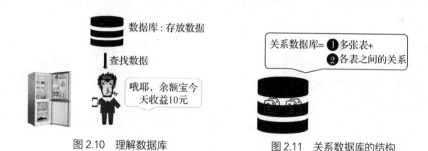

图 2.10　理解数据库　　　　图 2.11　关系数据库的结构

3. 数据库管理系统

数据库管理系统（database management system，DBMS）是用来管理数据库的计算机软件，也是实现数据库原理的"施工团队"。

DBMS 充当数据库与其用户或程序之间的接口，允许用户检索、更新和管理信息的组织和优化方式。此外，DBMS 还有助于监督和控制数据库，提供各种管理操作，如性能监视、调优、备份和恢复。

常用的关系数据库管理系统有 MySQL、Orcale、SQL Server 等。

4. SQL

建筑施工人员可以使用铲子、推土机等工具来盖房子。那么我们可以使用什么工具来操作数

< 65 >

据库里的数据呢？

如图 2.12 所示，这个工具就是 SQL，即结构化查询语言。SQL 是一种数据库操作语言，用来检索和管理关系数据库中的数据，如插入数据、删除数据、查询数据、创建和修改表等。把数据库比作一碗米饭，里面放的米就是数据。现在我们要吃碗里的米饭，怎么取出来呢？拿一双筷子，用筷子夹起碗里的米饭。筷子就是 SQL，用来操作数据库里的数据。

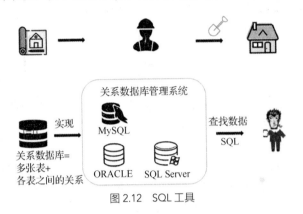

图 2.12　SQL 工具

SQL 包含以下 4 部分。

（1）数据定义语言（data definition language，DDL）：用来创建或删除数据库和表等对象，主要包含以下几种命令。

① DROP：删除数据库和表等对象。

② CREATE：创建数据库和表等对象。

③ ALTER：修改数据库和表等对象的结构。

（2）数据操作语言（data manipulation language，DML）：用来变更表中的记录，主要包含以下几种命令。

① SELECT：查询表中的数据。

② INSERT：向表中插入新数据。

③ UPDATE：更新表中的数据。

④ DELETE：删除表中的数据。

（3）数据查询语言（data query language，DQL）：用来查询表中的记录，主要包含 SELECT 命令，用于查询表中的数据。

（4）数据控制语言（data control language，DCL）：用来确认或者取消对数据库中的数据进行的变更，除此之外，还可以设定数据库的用户权限，主要包含以下几种命令。

① GRANT：赋予用户操作权限。

② REVOKE：取消用户操作权限。

③ COMMIT：确认对数据库中的数据进行的变更。

④ ROLLBACK：取消对数据库中的数据进行的变更。

2.4.2　数据库存储数据

数据库本身就是为存储和整理数据而产生的，作为当今世界最受欢迎的数据存储方式之一，具有非常强大的数据整理功能，存储在数据库中的数据以什么形式存在呢？

< 66 >

前面我们已经介绍了将网络爬虫爬取到的数据以 HTML 格式存储在本地,那么如何将获取到的 JSON 数据存储到数据库呢?

1. 创建 MySQLdb

MySQLdb 是 Python 中操作 MySQL 的功能包,在命令行界面中使用 pip 即可安装。

```
pip install mysql-python
```

2. 建立连接

(1)导入相关库。

```
import mysql-python
import MySQLdb.cursors
```

(2)连接数据库。

使用以下代码建立 MySQL 数据库连接,其中 host 为数据库的主机地址,可以使用 127.0.0.1 或 localhost 表示本机,user 和 passwd 分别为数据库的用户名和密码,db 表示接下来要操作的数据库,port 和 charset 分别表示连接的端口和字符集。

```
db = MySQLdb.connect(host='127.0.0.1', user='root', passwd='root', db='douban',
port=8889, charset='utf8', cursorclass=MySQLdb.cursors.DictCursor)
db.autocommit(True)
cursor = db.cursor()
```

3. 执行操作

(1)查看数据库。

在 MySQL 中,可使用 SHOW DATABASES 语句来查看或显示当前用户权限范围以内的数据库。查看数据库的语法格式如下。

```
SHOW DATABASES [LIKE '数据库名'];
```

(2)创建数据库。

在 MySQL 中,可以使用 CREATE DATABASE 语句创建数据库,语法格式如下。

```
CREATE DATABASE [IF NOT EXISTS] <数据库名>
[[DEFAULT] CHARACTER SET <字符集名>]
[[DEFAULT] COLLATE <校对规则名>];
```

(3)修改数据库。

在 MySQL 中,可以使用 ALTER DATABASE 来修改已经被创建或者存在的数据库的相关参数。修改数据库的语法格式如下。

```
ALTER DATABASE [数据库名] {
[ DEFAULT ] CHARACTER SET <字符集名> |
[ DEFAULT ] COLLATE <校对规则名>}
```

(4)删除数据库。

在 MySQL 中,可以使用 DATABASE 语句删除数据库,语法格式如下。

```
DROP DATABASE [ IF EXISTS ] <数据库名>
```

< 67 >

（5）选择数据库。

在 MySQL 中，USE 语句用来完成一个数据库到另一个数据库的跳转。

在用 CREATE DATABASE 语句创建数据库之后，该数据库不会自动成为当前数据库，需要用 USE 来指定当前数据库。其语法格式如下。

```
USE <数据库名>
```

4．关闭连接

使用 Python 操作完数据库之后，需要关闭数据库连接。

```
#关闭数据库连接
curcor.close()
db.close()
```

2.5 实战 1：遍历文件批量抽取文本内容

2.5.1 任务说明

1．案例背景

大数据时代，数据获取方式也多种多样，处理不同格式的文档有不同的方法。获取结构化数据和半结构化数据可以直接提取文本信息，再进一步对数据进行预处理；而对于非结构化数据，如图片、音频等数据，可以采取一定的方法获取其数据特征矩阵。

数据是智能时代的根基，但无论是以数据库文件为代表的结构化数据、以网页数据为代表的半结构化数据，还是以图片、音频、视频为代表的非结构化数据，往往都是五花八门、杂乱无章的。因此，对不同类型的数据进行数据集成，将其处理成统一的文档格式输入算法模型，成为数据处理的首要任务。

2．主要功能

对 PDF 格式文件和 Word 文件进行文本内容的抽取，并实现根目录下文本信息的批量抽取，最后自动保存到指定位置。

① 递归读取文件内容。

② 遍历抽取新闻文本信息。

③ 保存文件信息。

3．实现思路

工作环境：Windows 10（64bit）、Anaconda、Jupyter Notebook，且已成功预安装 PyWin32 插件。

（1）递归读取文件。

① 切分文件上级目录和文件名。

② 修改转化后的文件名。

③ 设置保存路径。

④ 加载处理应用，将其他格式转为 TXT 格式。

（2）遍历抽取文本。

① 初始化方法参数。

< 68 >

② 遍历目录文件。

③ 遍历目录子文件。

④ 批量抽取文本信息。

首先输入待处理文件的路径，并将文件完整目录切分为上级目录和文件名；然后判断文件扩展名是否符合要求，修改不符合要求的文件名并保持完整路径；最后执行应用程序，保存抽取的文本信息。

2.5.2　任务分析

1．文本预处理

文本是一类序列数据，一篇文章可以看作字符或单词的序列。文本预处理通常包括 4 个步骤。

① 读入文本。

② 分词。

③ 建立字典，将每个词映射到唯一的索引（index）。

④ 将文本从词的序列转换为索引的序列，方便输入模型。

2．文本抽取

采集到的原始数据可能存在许多问题，如数据质量差、文档格式杂、数据表示形式多样、数据信息错误等，本案例只考虑文本信息处理，采集到的可能是网页、SQL 格式文件、PDF 格式文件、DOC 格式文件等，文本抽取就是对这些文本数据进行集成与提取，然后格式化。

3．常见的文本抽取方法

常见的文本抽取方法如图 2.13 所示。

① 使用在线格式转换工具转换。

② 使用 Office 内置工具进行转换。

③ 自己开发文本抽取工具。

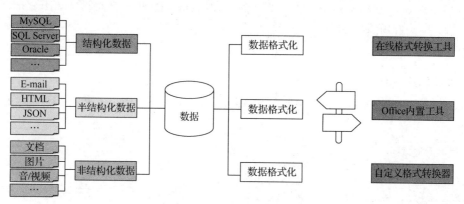

图 2.13　常见的文本抽取方法

4．Pywin32 库介绍

Pywin32 库是 Python 的第三方库，它提供了从 Python 访问 Windows API 的功能。

通过 pip 安装 Pywin32 库。

< 69 >

```
pip install Pywin32。
```

5. 抽取 Word 文件

代码采用 UTF-8 编码，在导入的模块中使用 fnmatch()检查文件扩展名，调用 Dispatch()加载.com 程序。filePath 为待抽取的 Word 文件保存在本地。

```python
import os,fnmatch
from win32com import client as wc
from win32com.client import Dispatch
def Word2Txt(filePath,savePath=''):
    #1.切分文件上级目录和文件名
    dirs,filename = os.path.split(filePath)
    #2.修改转化后的文件名
    new_name = ''
    if fnmatch.fnmatch(filename,'*.doc'):
        new_name = filename[:-4]+'.txt'
    elif fnmatch.fnmatch(filename,'*.docx'):
        new_name = filename[:-5]+'.txt'
    else:
        return
    print('->',new_name)
    #3.文件转化后的保存路径
    if savePath=='': savePath = dirs
    else: savePath = savePath
    word_to_txt = os.path.join(savePath,new_name)
    print('->',word_to_txt)
    #4.加载处理应用，Word 文件转为 TXT 格式文件
    wordapp = wc.Dispatch('Word.Application')   #打开 Word 应用程序
    mytxt = wordapp.Documents.Open(filePath)
    mytxt.SaveAs(word_to_txt,FileFormat = 4)   #4 表示提取文本
    mytxt.Close()
if __name__ =='__main__':
    filePath= os.path.abspath('C:/Users/pc/Python 数据预处理/第 2 章/qf.docx')
#savePath =·  #自定义保存路径
    Word2Txt(filePath)
```

6. 抽取 PDF 文件

抽取 PDF 文件的文本信息，其中参数 filePath 是文件路径，参数 savePath 是可选参数，指定保存路径。

```python
import os,fnmatch
from win32com import client as wc
from win32com.client import Dispatch
def Pdf2Txt(filePath,savePath=''):
    #1.切分文件上级目录和文件名
    dirs,filename=os.path.split(filePath)
    print('目录: ', dirs, '\n 文件名: ', filename)
    #2.修改转化后的文件名
    new_name=""
```

< 70 >

```
if fnmatch.fnmatch(filename, '*.pdf') or fnmatch.fnmatch(filename, '*.PDF'):
    new_name=filename[:-4] +'.txt'  #截取".pdf"之前的文件名
else: return
print('新的文件名: ', new_name)
#3.文件转化后的保存路径
if savePath=="":savePath=dirs
else: savePath = savePath
pdf_to_txt=os.path.join(savePath, new_name)
print('保存路径: ', pdf_to_txt)
#4.加载处理应用，PDF格式文件转换为TXT格式文件
wordapp = wc.Dispatch('Word.Application')
mytxt = wordapp.Documents.Open(filePath)
mytxt.SaveAs(pdf_to_txt, 4)  #4 表示提取文本
mytxt.Close()
```

2.5.3 任务实现

1. 递归读取文件内容

如果是一级目录，则输出文件名；如果存在二级目录，则继续做递归处理，直到遍历完所有文件。

```
import time
import os
class TraversalFun():
    #1.初始化
    def __init__(self,rootDir):
        self.rootDir = rootDir  #目录路径
    #2.遍历目录文件
    def TraversalDir(self):
        TraversalFun.AllFiles(self,self.rootDir)
    #3.递归遍历所有文件，并提供具体文件操作功能
    def AllFiles(self,rootDir):
    #返回指定目录包含的文件或文件夹的名称列表
        for lists in os.listdir(rootDir):
        #待处理文件夹名称集合
            path = os.path.join(rootDir,lists)  #核心算法，对文件具体操作
            if os.path.isfile(path):
                print(os.path.abspath(path))  #递归遍历目录文件
            elif os.path.isdir(path):
                TraversalFun.AllFiles(self,path)
#main主函数里调用
if __name__=='__main__':
    time_start=time.time()
    #根目录文件路径
    rootDir = r"C:/Users/pc/Desktop/data/list2/chinesepoetry"
    #案例资料/数据集/chinesepoetry"
    tra=TraversalFun(rootDir)    #默认参数输出所有文件路径
```

< 71 >

```
#遍历文件并进行相关操作
tra.TraversalDir()
time_end=time.time()
print('totally cost',time_end-time_start,'s')
```

本程序主要遍历目录处理子文件，其中参数 rootDir 是目标文件的根目录。将文件保存为 ExtractTxt.py。文件的数据集使用的是 chinesepoetry 文件夹。

程序运行结果如图 2.14 所示。

```
F:\千锋高教\chinesepoetry\chinesepoetry\poet.tang.45000.json
F:\千锋高教\chinesepoetry\chinesepoetry\poet.tang.46000.json
F:\千锋高教\chinesepoetry\chinesepoetry\poet.tang.47000.json
F:\千锋高教\chinesepoetry\chinesepoetry\poet.tang.48000.json
F:\千锋高教\chinesepoetry\chinesepoetry\poet.tang.49000.json
F:\千锋高教\chinesepoetry\chinesepoetry\poet.tang.5000.json
F:\千锋高教\chinesepoetry\chinesepoetry\poet.tang.50000.json
F:\千锋高教\chinesepoetry\chinesepoetry\poet.tang.51000.json
F:\千锋高教\chinesepoetry\chinesepoetry\poet.tang.52000.json
F:\千锋高教\chinesepoetry\chinesepoetry\poet.tang.53000.json
F:\千锋高教\chinesepoetry\chinesepoetry\poet.tang.54000.json
F:\千锋高教\chinesepoetry\chinesepoetry\poet.tang.55000.json
F:\千锋高教\chinesepoetry\chinesepoetry\poet.tang.56000.json
F:\千锋高教\chinesepoetry\chinesepoetry\poet.tang.57000.json
F:\千锋高教\chinesepoetry\chinesepoetry\poet.tang.6000.json
F:\千锋高教\chinesepoetry\chinesepoetry\poet.tang.7000.json
F:\千锋高教\chinesepoetry\chinesepoetry\poet.tang.8000.json
F:\千锋高教\chinesepoetry\chinesepoetry\poet.tang.9000.json
totally cost 0.057120323181152344 s
```

图 2.14　程序运行结果

2．遍历抽取新闻文本信息

（1）遍历抽取文件。

```
#初始化方法参数
import ExtractTxt as ET
#其中 ExtractTxt 就是前面的 ExtractTxt.py 文件的名称，ET 是模块的简写名，这样就可以调用其下
所有的方法了。
#1.初始化
def __init__(self,rootDir,func=None,saveDir=""):
    self.rootDir = rootDir  #目录路径
    #参数方法
    self.func = func
    #保存路径
    self.saveDir = saveDir
```

以上代码中有 3 个参数：第一个参数 rootDir 是必选参数，是待处理文件的根目录；第二个参数 func 是可选参数，也是方法参数，这里即为传入的 ET.Files2Txt 方法（一个用来抽取文本内容的核心方法）；第三个参数 saveDir 也是可选参数，是文档抽取后保存到的根目录，默认为空，即保存在当前目录下，支持用户自定义路径。

（2）遍历目录文件。

遍历抽取文件时传入了 1 个参数，即根目录，这里需要传入 2 个参数，rootDir 为原始文本的根目录，save_dir 为遍历后文本保存到的根目录。

< 72 >

对前面给出的代码做如下修改。

```
#2.遍历目录文件
import time
import os
def TraversalDir(self):
    #切分文件上级目录和文件名
    dirs,latername = os.path.split(self.rootDir)
    #print(rootDir,'\n',dirs,'\n',latername)
    #保存目录
    save_dir = ""
    if self.saveDir=="":   #默认文件保存路径
        save_dir = os.path.abspath(os.path.join(dirs,'new_'+latername))
    else:
        save_dir = self.saveDir
    #创建目录文件
    if not os.path.exists(save_dir):
        os.makedirs(save_dir)
        print("保存目录\n"+save_dir)
    #遍历文件并将其转换为TXT格式文件
        TraversalFun.AllFiles(self,self.rootDir,save_dir)
```

（3）遍历目录子文件。

子文件操作过程中有两点变化：第一，判断是否为目标文件，如果是目标文件，则传入文本抽取方法 func 进行处理；第二，如果是文件夹，则对保存子目录进行修改。具体代码修改如下。

```
#3.递归遍历所有文件，并提供具体文件的操作功能
def AllFiles(self,rootDir,save_dir=''):
    #返回指定目录包含的文件或文件夹的名称列表
    for lists in os.listdir(rootDir):
    #待处理文件夹名称的集合
        path = os.path.join(rootDir,lists)
        #核心算法，对文件具体操作
        if os.path.isfile(path):
            self.func(os.path.abspath(path),os.path.abspath(save_dir))
            #递归遍历文件目录
        if os.path.isdir(path):
            newpath = os.path.join(save_dir, lists)
        if not os.path.exists(newpath):
            os.mkdir(newpath)
            TraversalFun.AllFiles(self,path,newpath)
```

（4）批量抽取文本信息。

最后，在主函数里面运行根目录并抽取所有文本信息，代码如下。

```
if __name__=='__main__':
    time_start=time.time()
    #根目录文件路径
    rootDir = r"F:/千锋高教/chinesepoetry/chinesepoetry/"
    #saveDir = r"./Corpus/TxtEnPapers"
    tra=TraversalFun(rootDir,ET.Files2Txt)
    tra.TraversalDir()
```

< 73 >

```
time_end=time.time()
print('totally cost',time_end-time_start,'s')
```

执行以上程序，得到抽取的文本内容，如图 2.15 所示。

```
F:\千锋高教\chinesepoetry\chinesepoetry\poet.tang.50000.json
F:\千锋高教\chinesepoetry\chinesepoetry\poet.tang.51000.json
F:\千锋高教\chinesepoetry\chinesepoetry\poet.tang.52000.json
F:\千锋高教\chinesepoetry\chinesepoetry\poet.tang.53000.json
F:\千锋高教\chinesepoetry\chinesepoetry\poet.tang.54000.json
F:\千锋高教\chinesepoetry\chinesepoetry\poet.tang.55000.json
F:\千锋高教\chinesepoetry\chinesepoetry\poet.tang.56000.json
F:\千锋高教\chinesepoetry\chinesepoetry\poet.tang.57000.json
F:\千锋高教\chinesepoetry\chinesepoetry\poet.tang.6000.json
F:\千锋高教\chinesepoetry\chinesepoetry\poet.tang.7000.json
F:\千锋高教\chinesepoetry\chinesepoetry\poet.tang.8000.json
F:\千锋高教\chinesepoetry\chinesepoetry\poet.tang.9000.json
totally cost 0.05788564682006836 s
```

图 2.15　程序运行结果

3. 任务总结

（1）代码功能描述：将 Word 文件转存为 TXT 格式文件，默认存储在当前路径下，可以指定存储文件的路径。

（2）参数描述：其中 filePath 表示文件路径，savePath 表示指定的保存路径。

（3）结果分析：首先对文件路径进行处理，将其分割成根目录和文件名，其目的是实现文件扩展名的修改，并设置新的保存路径；然后加载 win32.com 内置函数 Dispatch()对文本信息进行提取。

2.6 本章小结

本章首先介绍了数据预处理常见的数据类型和准备数据的过程；然后介绍了网络爬虫采集数据的原理和一般过程；接着介绍了对数据进行读写的过程，利用 Pandas 读写 CSV 数据、JSON 数据、Excel 数据、XML 数据和数据库文件等，以及数据库存储数据的方法；最后介绍了文本抽取的方法，一般自然语言的处理方法。通过本章的学习，读者能够学会采集不同种类数据和存储数据，为数据处理奠定基础。

2.7 习题

1. 填空题

（1）大数据领域主要有三种数据类型，分别是_____、_____和_____。

（2）在 pandas.read_csv()函数参数中，如果读取的文件含有中文，则 encoding 参数通常设置

< 74 >

为_____。

（3）网络爬虫基本执行流程的 3 个阶段：_____、_____与_____。

（4）常见的文本文件可分为 3 种：_____、_____与_____。

（5）Python 处理 JSON 格式文件的函数有_____、_____、_____与_____。

2．选择题

（1）下面有关 SQL 说法不正确的是（　　）。

    A．删除表可用 DROP　　　　　　　　B．修改表结构可用 UPDATE

    C．增加数据可用 INSERT INTO　　　　D．切换数据库可用 USE

（2）以下说法错误的是（　　）。

    A．可以通过 pymysql.connect(host,user,password,database) 连接到 MySQL 数据库

    B．cursor.execute(sq)执行 SQL 语句

    C．cursor.fetchall()获取一行执行结果

    D．若改变了数据库里的数据，需要调用 commit()来提交

（3）下列关于 pandas 数据读/写的说法错误的是（　　）。

    A．read_csv()能够读取所有文本文档的数据

    B．read_sql()能够读取数据库的数据

    C．to_csv()能够将结构化数据写入.csv 文件

    D．to_excel()能够将结构化数据写入 Excel 文件

（4）数据的存储方式有（　　）。

    A．Excel　　　　　B．CSV　　　　　C．数据库　　　　　D．Python

（5）阅读下面一段程序：

```
import jieba
sentence = '人生苦短，我用 Python'
terms_list = jieba.cut(sentence,cut_all=True)
print(' '.join(terms_list))
```

执行上述程序，最终输出的结果为（　　）。

    A．人生 苦短 我用 Python　　　　　B．人生 苦短 我 用 Python

    C．人生苦短 我 用 Python　　　　　D．人 生 苦 短 我 用 Python

（6）从互联网获取数据的不足之处有（　　）。

    A．大数据时代很难获得大量的有效数据

    B．大数据获取的速度比较慢

    C．大数据时代的数据也不是百分之百真实的

    D．有效地挖掘数据中隐含的关联有一定难度

（7）【多选】三维地图数据获取的技术手段有（　　）。

    A．大地测量与工程测量技术　　　　B．三维激光扫描测量技术

    C．SAR 与 InSAR 技术　　　　　　　D．摄影测量与遥感技术

（8）【多选】数据预处理的初始数据获取，包括（　　）。

    A．文件　　　　　B．数据库　　　　　C．网页　　　　　D．大数据平台

（9）下列不属于常见爬虫类型的是（　　　　）。

    A. 增量式网络爬虫   B. 通用网络爬虫

    C. 浅层网络爬虫   D. 聚焦网络爬虫

（10）网络数据采集法主要通过网络爬虫或网站公开 API 获取数据，网络爬虫从网页的（　　　　）开始获取数据。

    A. HTML   B. WWW   C. URL   D. XML

3．简答题

（1）常用的 Excel 解析数据包分别是什么，各有什么作用？

（2）简述 XML 数据与 HTML 数据的区别。

4．操作题

利用 pandas 包读取本地文件：~ \Desktop\data\list2 文件夹中的上海餐饮数据.xlsx。将数据写入 CSV 格式文件，保存在本地 ~ \Desktop\data\list2 文件夹中，名称为上海餐饮分析.csv。

< 76 >

第 3 章 数据清洗

本章学习目标

- 了解数据清洗的意义。
- 掌握检测与处理缺失值的 3 种方法。
- 掌握检测与处理重复值的方法。
- 掌握检测与处理异常值的方法，了解 3σ 原则和箱形图的原理。
- 了解常见时间日期格式与处理格式不一致的方法。

数据清洗

数据清洗是指发现并纠正数据文件中可识别的错误。本章系统地讲解数据清洗的重要性和清洗方法，尤其是检测和处理缺失值、重复值和异常值的方法。了解脏数据的检测与处理方法，对于得到高质量数据至关重要。

3.1 数据清洗概述

3.1.1 初识数据清洗

1．数据清洗的概念

数据清洗又叫数据清理或数据净化，是指在数据文件中发现和纠正可识别的错误，包括检查数据一致性、处理无效值和缺失值等。

哪些数据被称为脏数据？例如，你需要从数据仓库中提取一些数据，但由于数据仓库通常是针对某一主题的数据集合，这些数据是从多个业务系统中提取的，不可避免地包含不完整的数据、错误的数据和重复数据，这些数据被称为"脏数据"。

借助工具按照一定的规则清理这些脏数据，以确保后续分析结果的准确性，这个过程就是数据清洗。通俗地说，数据清洗就是检测到数据中的异常部分，然后将"脏"数据清洗成满足实际需求的质量较高的"干净"数据。

2．数据清洗的目标

数据清洗的目标包括格式标准化、异常数据清除、错误纠正和重复数据清除。

3．数据清洗的原理

数据清洗本质上是利用相关技术如数据统计、数据挖掘等将脏数据转化为满足质量要求的数据。数据清洗的原理如图 3.1 所示。

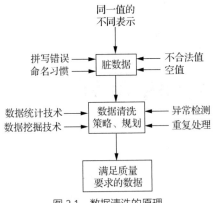

图 3.1　数据清洗的原理

4．一致性检查

一致性检查是根据每个变量的合理取值范围和相互关系，检查数据是否合乎要求，发现超出正常范围、逻辑上不合理或者相互矛盾的数据。例如，用 1～7 级量表测量的数据中出现了 0 值，体重出现了负数，都应视为超出正常范围。

SPSS、SAS、Excel 等计算机软件都能够根据定义的取值范围，自动识别每个超出范围的数据。逻辑上不合理的数据可能以多种形式出现，例如，调查对象说自己开车上班，又报告没有汽车，或者调查对象称自己是某品牌的重度购买者和使用者，同时又在熟悉程度量表上给了很低的分值。发现这类情况时，要列出问卷序号、记录序号、变量名称、错误类别等，以便进一步核对和纠正。

3.1.2　数据清洗必要性

有些获取的数据格式良好且方便使用，但大部分数据会有格式不一致、可读性差等问题。当数据来自多个数据集时，数据特别容易出现首字母缩写或描述性标题不匹配等问题。

数据清洗可以让数据更容易存储、搜索和复用。例如，一个数据集中有多列，最好将它们分别保存成特定的数据类型，如日期、手机号码、电子邮件地址。如果能将数据格式标准化、清洗或删除不合格的数据，就可以保证数据的一致性，在需要查询数据集时也比较方便。

数据清洗是数据预处理的关键环节，占整个数据分析过程 50%～70%的时间。

3.1.3　导入与审视数据

1．读入 CSV 数据

以泰坦尼克号乘客数据为例，读入 CSV 数据程序如下。

```
import pandas as pd
data=pd.read_csv('C:/Users/pc/Desktop/data/list3/test.csv')
print(data)
```

程序运行结果如下。

	PassengerId	Survived	Pclass \
0	1	0	3
1	2	1	1
2	3	1	3
3	4	1	1
4	5	0	3

< 78 >

```
  ..          ...       ...     ...
886         887         0       2
887         888         1       1
888         889         0       3
889         890         1       1
890         891         0       3


                                        Name      Sex       Age SibSp  \
0                      Braund, Mr. Owen Harris   male      22.0     1
1      Cumings, Mrs. John Bradley (Florence Briggs Th...  female  38.0  1
2                      Heikkinen, Miss. Laina   female    26.0     0
3      Futrelle, Mrs. Jacques Heath (Lily May Peel)   female  35.0  1
4                      Allen, Mr. William Henry   male     35.0     0
..                                      ...       ...       ...   ...
886                    Montvila, Rev. Juozas   male       27.0     0
887                    Graham, Miss. Margaret Edith  female  19.0   0
888      Johnston, Miss. Catherine Helen "Carrie"   female   NaN    1
889                    Behr, Mr. Karl Howell   male       26.0     0
890                    Dooley, Mr. Patrick    male       32.0     0

     Parch          Ticket        Fare    Cabin     Embarked
0       0         A/5 21171      7.2500    NaN         S
1       0          PC 17599     71.2833    C85         C
2       0     STON/O2. 3101282   7.9250    NaN         S
3       0           113803      53.1000   C123         S
4       0           373450       8.0500    NaN         S
..    ...            ...          ...  ...   ...       ...
886     0           211536      13.0000    NaN         S
887     0           112053      30.0000    B42         S
888     2         W./C. 6607    23.4500    NaN         S
889     0           111369      30.0000   C148         C
890     0           370376       7.7500    NaN         Q

[891 rows x 12 columns]
```

可以发现，Jupyter 将其分为上下两部分显示，上半部分有 3 列索引数据：PassengerId、Pclass、Name；下半部分有 8 列索引数据：Sex、Age、SibSp、Parch、Ticket、Fare、Cabin、Embarked。

2．审视整体数据

审视数据的目的是观察各数据字段的数据类型，分清楚连续型数据、分类型数据和时间型数据，查看数据有无缺失。

（1）查看数据集前 5 行。

```
data.head()   #查看数据集前 5 行
```

程序运行结果如图 3.2 所示。

	PassengerId	Survived	Pclass	Name	Sex	Age	SibSp	Parch	Ticket	Fare	Cabin	Embarked
0	1	0	3	Braund, Mr. Owen Harris	male	22.0	1	0	A/5 21171	7.2500	NaN	S
1	2	1	1	Cumings, Mrs. John Bradley (Florence Briggs Th...	female	38.0	1	0	PC 17599	71.2833	C85	C
2	3	1	3	Heikkinen, Miss. Laina	female	26.0	0	0	STON/O2. 3101282	7.9250	NaN	S
3	4	1	1	Futrelle, Mrs. Jacques Heath (Lily May Peel)	female	35.0	1	0	113803	53.1000	C123	S
4	5	0	3	Allen, Mr. William Henry	male	35.0	0	0	373450	8.0500	NaN	S

图 3.2　程序运行结果

< 79 >

（2）查看数据集后 5 行。

```
data.tail()    #查看数据集后 5 行
```

程序运行结果如图 3.3 所示。

	PassengerId	Survived	Pclass	Name	Sex	Age	SibSp	Parch	Ticket	Fare	Cabin	Embarked
886	887	0	2	Montvila, Rev. Juozas	male	27.0	0	0	211536	13.00	NaN	S
887	888	1	1	Graham, Miss. Margaret Edith	female	19.0	0	0	112053	30.00	B42	S
888	889	0	3	Johnston, Miss. Catherine Helen "Carrie"	female	NaN	1	2	W./C. 6607	23.45	NaN	S
889	890	1	1	Behr, Mr. Karl Howell	male	26.0	0	0	111369	30.00	C148	C
890	891	0	3	Dooley, Mr. Patrick	male	32.0	0	0	370376	7.75	NaN	Q

图 3.3　程序运行结果

（3）查看数据集维度。

```
data.shape    #查看数据集维度
```

程序运行结果如下。

```
(418, 11)
```

可以看到，共有 418 行、11 列数据。

（4）查看数据集数据类型。

```
data.dtypes    #查看数据集数据类型
```

程序运行结果如下。

```
PassengerId    int64
Pclass         int64
Name           object
Sex            object
Age            float64
SibSp          int64
Parch          int64
Ticket         object
Fare           float64
Cabin          object
Embarked       object
dtype: object
```

可以看到，数据集中各列的数据类型有 int（数字）、float（数字）、object（字符、时间）。

（5）查看数据集基本信息。

```
data.info()    #查看数据集基本信息
```

程序运行结果如下。

```
<class 'pandas.core.frame.DataFrame'>
RangeIndex: 418 entries, 0 to 417
Data columns (total 11 columns):
 #   Column        Non-Null Count   Dtype
---  ------        --------------   -----
 0   PassengerId   418 non-null     int64
 1   Pclass        418 non-null     int64
 2   Name          418 non-null     object
 3   Sex           418 non-null     object
 4   Age           332 non-null     float64
```

< 80 >

```
 5  SibSp       418 non-null   int64
 6  Parch       418 non-null   int64
 7  Ticket      418 non-null   object
 8  Fare        417 non-null   float64
 9  Cabin        91 non-null   object
10  Embarked    418 non-null   object
dtypes: float64(2), int64(4), object(5)
memory usage: 36.0+ KB
```

（6）查看数据集列名。

```
data.columns   #查看数据集列名
```

程序运行结果如下。

```
Index(['PassengerId', 'Pclass', 'Name', 'Sex', 'Age', 'SibSp', 'Parch',
    'Ticket', 'Fare', 'Cabin', 'Embarked'],
    dtype='object')
```

（7）查看数据集统计描述信息。

```
data.describe()    #查看数据集的统计描述信息
```

程序运行结果如图 3.4 所示。

可见，可以查看数据集的 count（每一列非空值数）、mean（每一列均值）、std（每一列标准差）、min（每一列最小值）、25%（25%分位数，即排序之后排在 25%位置的数）、50%（50%分位数）、75%（75%分位数）、max（每一列最大值）。

Out[56]:	PassengerId	Pclass	Age	SibSp	Parch	Fare
count	418.000000	418.000000	332.000000	418.000000	418.000000	417.000000
mean	1100.500000	2.265550	30.272590	0.447368	0.392344	35.627188
std	120.810458	0.841838	14.181209	0.896760	0.981429	55.907576
min	892.000000	1.000000	0.170000	0.000000	0.000000	0.000000
25%	996.250000	1.000000	21.000000	0.000000	0.000000	7.895800
50%	1100.500000	3.000000	27.000000	0.000000	0.000000	14.454200
75%	1204.750000	3.000000	39.000000	1.000000	0.000000	31.500000
max	1309.000000	3.000000	76.000000	8.000000	9.000000	512.329200

图 3.4　程序运行结果

（8）查看数据集每一列有无空值。

```
data.isna().sum()    #查看数据集每一列有无空值
```

程序运行结果如下。

```
PassengerId      0
Pclass           0
Name             0
Sex              0
Age             86
SibSp            0
Parch            0
Ticket           0
Fare             1
Cabin          327
Embarked         0
dtype: int64
```

可见，Age 列有 86 个空值，Fare 列有 1 个空值，Cabin 列有 327 个空值，其余列均无空值。

3. 审视局部数据

（1）筛选指定列数据。

```
data.Age   #筛选 Age 列数据
```

程序运行结果如下。

< 81 >

```
0        34.5
1        47.0
2        62.0
3        27.0
4        22.0
        ...
413       NaN
414      39.0
415      38.5
416       NaN
417       NaN
Name: Age, Length: 418, dtype: float64
```

（2）查看指定列去重后的唯一值。

```
data.Age.unique()    #查看 Age 列去重后的唯一值
```

程序运行结果如下。

```
array([34.5 , 47.  , 62.  , 27.  , 22.  , 14.  , 30.  , 26.  , 18.  ,
       21.  ,  nan, 46.  , 23.  , 63.  , 24.  , 35.  , 45.  , 55.  ,
        9.  , 48.  , 50.  , 22.5, 41.  , 33.  , 18.5, 25.  , 39.  ,
       60.  , 36.  , 20.  , 28.  , 10.  , 17.  , 32.  , 13.  , 31.  ,
       29.  , 28.5, 32.5,  6.  , 67.  , 49.  ,  2.  , 76.  , 43.  ,
       16.  ,  1.  , 12.  , 42.  , 53.  , 26.5, 40.  , 61.  , 60.5,
        7.  , 15.  , 54.  , 64.  , 37.  , 34.  , 11.5,  8.  ,  0.33,
       38.  , 57.  , 40.5,  0.92, 19.  , 36.5,  0.75,  0.83, 58.  ,
        0.17, 59.  , 14.5, 44.  ,  5.  , 51.  ,  3.  , 38.5 ])
```

（3）查看数据集中指定列各值的个数。

```
data.Age.value_counts(dropna =False)    #查看 Age 列各值的个数，True 为不包含空值，False
为包含空值
```

程序运行结果如下。

```
NaN      86
24.0     17
21.0     17
22.0     16
30.0     15
        ...
76.0      1
28.5      1
22.5      1
62.0      1
38.5      1
Name: Age, Length: 80, dtype: int64
```

（4）筛选指定行列数据。

```
data.iloc[4]    #筛选第 4 行数据
```

```
data.iloc[0:4]    #筛选第 0 行～第 3 行数据
```

```
data.iloc[:,0:4]    #筛选第 0 列～第 3 列数据
```

```
data.iloc[[0,2,4],[3,4]]    #筛选第 0 行、第 2 行、第 4 行中第 3 列、第 4 列数据
```

< 82 >

（5）数据排序。

```
data.sort_values(by=['Age'],ascending=False)    #按照 Age 列的值从大到小排序，True 为从
小到大，False 为从大到小
```

程序运行结果如图 3.5 所示。

	PassengerId	Pclass	Name	Sex	Age	SibSp	Parch	Ticket	Fare	Cabin	Embarked
96	988	1	Cavendish, Mrs. Tyrell William (Julia Florence...	female	76.0	1	0	19877	78.8500	C46	S
81	973	1	Straus, Mr. Isidor	male	67.0	1	0	PC 17483	221.7792	C55 C57	S
236	1128	1	Warren, Mr. Frank Manley	male	64.0	1	0	110813	75.2500	D37	C
305	1197	1	Crosby, Mrs. Edward Gifford (Catherine Elizabe...	female	64.0	1	1	112901	26.5500	B26	S
179	1071	1	Compton, Mrs. Alexander Taylor (Mary Eliza Ing...	female	64.0	0	2	PC 17756	83.1583	E45	C
...	...	...	...	...	...	...	...	...	...	...	...
408	1300	3	Riordan, Miss. Johanna Hannah""	female	NaN	0	0	334915	7.7208	NaN	Q
410	1302	3	Naughton, Miss. Hannah	female	NaN	0	0	365237	7.7500	NaN	Q
413	1305	3	Spector, Mr. Woolf	male	NaN	0	0	A.5. 3236	8.0500	NaN	S
416	1308	3	Ware, Mr. Frederick	male	NaN	0	0	359309	8.0500	NaN	S
417	1309	3	Peter, Master. Michael J	male	NaN	1	1	2668	22.3583	NaN	C

418 rows × 11 columns

图 3.5　程序运行结果

3.2 缺失值处理

3.2.1 缺失值产生原因

缺失值是指样本数据中某个属性或某些属性的值不全，若使用存在缺失值的数据进行分析，会降低结果的准确率，因此必须对缺失值予以处理。

生活中总有一些数据会因某些因素而缺失，有时是人们不愿意过多透露自己的信息，有时是机器故障如系统崩溃导致文件丢失，有时是数据录入人员工作过程中产生疏漏。

Pandas 中的 NaN 值来自 NumPy。NumPy 中缺失值有几种表示形式：NaN、NAN 和 nan。缺失值和其他数据类型不同，缺失值毫无意义，并且 NaN 不等于 0，也不等于空串。

> **注意**
>
> NaN、NAN 和 nan 是互不相等的。

3.2.2 检测缺失值

Pandas 可以使用 isnull()、notnull()、isna() 和 notna() 来检测缺失值。若要直观地统计表中各列的缺失率，可以使用自定义函数或 missingno 库来实现。检测缺失值函数如表 3.1 所示。

表 3.1　检测缺失值函数

函数	说明
isnull()	若返回的值为 True，说明存在缺失值
notnull()	若返回的值为 False，说明存在缺失值
isna()	若返回的值为 True，说明存在缺失值
notna()	若返回的值为 False，说明存在缺失值

< 83 >

1．isnull()与 notnull()

例 3-1 创建并输出二维表数据，并判断数据中有无缺失值。

① 创建并输出二维表数据。

```
import pandas as pd
import numpy as np   #要使用 NaN、NAN 或 nan 都必须导入 NumPy 库
#手动创建一个 DataFrame
#注意：手动创建的时候，缺失值必须用 NumPy 中的 NaN、NAN 或 nan 占位
df=pd.DataFrame({'序号':['S1','S2','S3','S4'],
                '姓名':['张千','李峰','王诗','赵德'],
                '性别':['男','男','女','男'],
                '年龄':[15,16,15,14],
                '住址':[np.nan,np.nan,np.nan,np.nan]})
print(df)
```

程序运行结果如下。

	序号	姓名	性别	年龄	住址
0	S1	张千	男	15	NaN
1	S2	李峰	男	16	NaN
2	S3	王诗	女	15	NaN
3	S4	赵德	男	14	NaN

② 利用 isnull()函数检测缺失值。

```
import pandas as pd
import numpy as np   #要使用 NaN、NAN 或 nan 都必须导入 NumPy 库
#手动创建一个 DataFrame 或读取文件
#注意：手动创建的时候，缺失值必须用 NumPy 中的 NaN、NAN 或 nan 占位
df=pd.DataFrame({'序号':['S1','S2','S3','S4'],
                '姓名':['张千','李峰','王诗','赵德'],
                '性别':['男','男','女','男'],
                '年龄':[15,16,15,14],
                '住址':[np.nan,np.nan,np.nan,np.nan]})
df.isnull()
```

检测 DataFrame 中的缺失值，用 isnull()函数，True 代表这个格子数值为空。

程序运行结果如下。

序号	姓名	性别	年龄	住址	
0	False	False	False	False	True
1	False	False	False	False	True
2	False	False	False	False	True
3	False	False	False	False	True

✏️ **练习**

使用 notnull()函数检测缺失值，并思考两者的异同。

< 84 >

2．isna()与 notna()

例 3-2 导入本地文件上海餐饮数据.csv，查看数据中是否有缺失值。

① 导入数据并查看数据集是否含有缺失值。

```
import pandas as pd
data=pd.read_csv('C:/Users/pc/Desktop/data/list3/上海餐饮数据.csv')
data.notna()  #查看数据集是否含有缺失值
```

程序的运行结果如图 3.6 所示。

	类别	行政区	点评数	口味	环境	服务	人均消费	城市	Lng	Lat	Unnamed: 10	Unnamed: 11
0	True	True	True	True	True	True	True	True	True	True	False	False
1	True	True	True	True	True	True	True	True	True	True	False	False
2	True	True	True	True	True	True	True	True	True	True	False	False
3	True	True	True	True	True	True	True	True	True	True	False	False
4	True	True	True	True	True	True	True	True	True	True	False	False
...	...	...	...	...	...	...	...	...	...	...	...	...
96393	True	True	True	True	True	True	True	True	True	True	False	False
96394	True	True	True	True	True	True	True	True	True	True	False	False
96395	True	True	True	True	True	True	True	True	True	True	False	False
96396	True	True	True	True	True	True	True	True	True	True	False	False
96397	True	True	True	True	True	True	True	True	True	True	False	False

96398 rows × 12 columns

图 3.6　程序运行结果

可以看到，数据集共 96398 行、12 列数据，但最后两列均是缺失值。

② 查看数据集每一列是否有缺失值。

```
data.isna().sum()   #查看数据集每一列是否有缺失值
```

程序运行结果如下。

```
类别            140
行政区           143
点评数            0
口味             0
环境             0
服务             0
人均消费           0
城市             0
Lng            0
Lat            0
Unnamed: 10   96398
Unnamed: 11   96398
dtype: int64
```

sum()函数表示求和，可以看到，"类别"列有 140 个缺失值，"行政区"列有 143 个缺失值，最后两列缺失值数与行数相同，说明均是缺失值。数据类型为 int64。

如果数据是从文件中加载的，"-1.#IND""1.#QNAN""1.#IND""-1.#QNAN""#N/A N/A""#N/A""N/A""NA""#NA""NULL""NaN""-NaN""nan""-nan"等字符串会被默认判定为缺失值，转换为 NaN。若不想自动转换，可以添加参数 keep_default_na = False。

若想将指定内容转换为 NaN，例如，将文件中的"无"作为缺失值处理，可以添加参数 na_values=["无"]，读取文件的时候就会将所有的"无"都处理成 NaN。

< 85 >

3.2.3 填充缺失值 fillna()

填充缺失值是比较流行的处理方式，一般会将平均数、中位数、众数、缺失值前后数据等填充至空缺位置。连续类数据如年龄、身高等可以简单填充；离散类数据通常是填充不了的，只能删除。

1. 简单填充缺失值 fillna()

fillna()函数语法格式如下。

```
DataFrame.fillna(value=None, method=None, axis=None, inplace=False, limit=None,
downcast=None)
```

参数说明如表 3.2 所示。

表 3.2　fillna()参数说明

参数	说明	取值与解释
value	表示填充的数据	可以为变量、字典、Series 类对象或 DataFrame 类对象
method	表示填充的方式，默认为 None	'pad'或'ffill'表示将最后一个有效值向后传播，也就是使用缺失值前面的有效值填充缺失值。'backfill'或'bfill'表示将最后一个有效值向前传播，也就是使用缺失值后面的有效值填充缺失值。例如，连续的学号，中间有缺失值，可以尝试用此类方式填充
axis	表示填充包含缺失值的行或列	默认为 0 或'index'表示填充包含缺失值的行，1 或'columns'表示填充包含缺失值的列
limit	表示连续填充的最大数量	取值为数值，如 limit=5
inplace	是否修改原对象的值	True 表示修改。默认是 False，表示创建一个副本，修改副本，原对象不变
downcast	表示类型向下转换规则	字典数据，默认是 None 或字符串 "infer"，此时会在合适的等价类型之间进行向下转换，如 float 64 to int 64

例 3-3　学生信息表如表 3.3 所示，使用数据的平均值自动填充缺失值。

表 3.3　学生信息表

学号	姓名	性别	年龄
S001	怠涵	女	23
S002	婉清	女	nan
S003	溪榕	男	25
S004	漠涓	女	23
S005	祈博	男	nan
S006	孝冉	女	21

① 创建 DataFrame。

```
import pandas as pd
import numpy as np   #要使用 NaN、NAN 或 nan 都必须导入 NumPy 库
#手动创建一个 DataFrame
#注意：手动创建的时候，空值必须用 NumPy 中的 NaN、NAN 或 nan 占位
df=pd.DataFrame({'学号':['S001','S002','S003','S004','S005','S006'],
                '姓名':['怠涵','婉清','溪榕','漠涓','祈博','孝冉'],
                '性别':['女','女','男','女','男','女'],
                '年龄':[23,np.nan,25,23,np.nan,21]})
print(df)   #输出数据，用于验证
```

< 86 >

程序运行结果如下。

	学号	姓名	性别	年龄
0	S001	怠涵	女	23.0
1	S002	婉清	女	NaN
2	S003	溪榕	男	25.0
3	S004	漠涓	女	23.0
4	S005	祈博	男	NaN
5	S006	孝冉	女	21.0

② 使用平均数填充年龄数据。

```
#计算年龄列的平均数,并保留一位小数
col_age=np.around(np.mean(df['年龄']),1)
#将计算的平均数填充到指定列
df.fillna({'年龄':col_age})
```

程序运行结果如图 3.7 所示。

	学号	姓名	性别	年龄
0	S001	怠涵	女	23.0
1	S002	婉清	女	23.0
2	S003	溪榕	男	25.0
3	S004	漠涓	女	23.0
4	S005	祈博	男	23.0
5	S006	孝冉	女	21.0

图 3.7 程序运行结果

> **注意**
>
> np.mean()函数用于求平均值,np.around()函数用于返回五舍六入后的值,可指定精度。fillna()函数填充的数据为字典数据。

2. 随机森林回归填充缺失值

如果连续类数据是受其他特征数据影响而产生的,例如,天气质量指数是受降雨量、二氧化碳值等共同影响的,这样的连续类数据的缺失值就可以使用算法来填充。

随机森林回归原理如下。

任何回归都是从特征矩阵中学习,然后求连续型标签 y 的过程,之所以能够实现这个过程,是因为回归算法认为,特征矩阵和标签之间存在着某种联系。实际上,标签和特征是可以相互转换的。

例 3-4 使用随机森林回归原理填充连续类数据缺失值。

① 创建 DataFrame。

```
import pandas as pd
import numpy as np
df=pd.DataFrame({'height':[1.56,1.52,1.78,1.67,1.90,1.84],
            'age':[23,20,16,18,45,24],
            'weight':[120,150,105,90,169,110],
            "BMI":[3.9,4.0,4.4,np.nan,np.nan,np.nan]})
print(df)
```

< 87 >

程序运行结果如下。

```
   height  age  weight  BMI
0    1.56   23     120  3.9
1    1.52   20     150  4.0
2    1.78   16     105  4.4
3    1.67   18      90  NaN
4    1.90   45     169  NaN
5    1.84   24     110  NaN
```

② 使用随机森林回归填充缺失值。

```
from sklearn.ensemble import RandomForestRegressor
df_x=df.drop(['BMI'],axis=1)
df_y=df.loc[:,'BMI']
y_train=df_y[df_y.notnull()]
y_test=df_y[df_y.isnull()]
x_train=df_x.iloc[y_train.index]
x_test=df_x.iloc[y_test.index]
rfc=RandomForestRegressor(n_estimators=100)
rfc=rfc.fit(x_train,y_train)
y_predict=rfc.predict(x_test)
df_y[df_y.isnull()]=y_predict
df
```

程序运行结果如图 3.8 所示。

	height	age	weight	BMI
0	1.56	23	120	3.900
1	1.52	20	150	4.000
2	1.78	16	105	4.400
3	1.67	18	90	4.193
4	1.90	45	169	4.075
5	1.84	24	110	4.152

图 3.8　程序运行结果

3.2.4　删除缺失值 dropna()

删除缺失值是指通过删除属性或实例来忽略缺失值，是最简单的处理方式。通过直接删除包含缺失值的行或列来达到目的，适用于删除缺失值后产生较小偏差的样本数据。

Pandas 提供了删除缺失值的函数 dropna()，用于删除缺失值所在的行或列，并返回删除缺失值后的新对象。其语法格式如下。

```
DataFrame.dropna(axis=0, how='any', thresh=None, subset=None, inplace=False)
```

参数说明如表 3.4 所示。

表 3.4　dropna()参数说明

参数	说明	取值与解释
axis	表示删除包含缺失值的行或列	默认为 0 或'index'，表示按行删。1 或'columns'表示按列删
how	表示删除缺失值的方式	any 表示当任何值为 NaN 时删除整行或整列，all 表示当所有值都为 NaN 值时删除整行或整列
thresh	表示保留至少有 n 个非 NaN 值的行或列	取值为数值，例如，thresh=3 表示只要这行或这列有 3 个及以上的非 NaN 值，就不删除这行或这列
subset	表示删除指定列的缺失值	可选参数，默认为 None，表示不指定
inplace	表示是否修改原数据	True 表示直接修改原数据，False 表示修改原数据的副本

< 88 >

例 3-5　创建 DataFrame，检测缺失值并保留至少有 3 个非缺失值的行，删除缺失值所在列。
① 检测缺失值。

```
import pandas as pd
import numpy as np    #要使用 NaN、NAN 或 nan 都必须导入 NumPy 库
#手动创建一个 DataFrame
#注意：手动创建的时候，缺失值必须用 NumPy 中的 NaN、NAN 或 nan 占位
df=pd.DataFrame({'学号':['S001','S002','S003','S004','S005','S006'],
                '姓名':['怠涵','婉清','溪榕','漠涓','祈博','孝冉'],
                '性别':['女','女','男','女','男','女'],
                '年龄':[23,np.nan,25,23,np.nan,21],
                '住址':['苏州','南京',np.nan,np.nan,'北京','郑州']})
#检测 DataFrame 中的缺失值，用 isna()，True 代表缺失值
df.isna()
```

程序运行结果如图 3.9 所示。
② 保留至少有 3 个非缺失值的行。

```
df.dropna(thresh=3)
```

程序运行结果如图 3.10 所示。
③ 删除缺失值所在的列。

```
df.dropna(axis='columns')
```

程序运行结果如图 3.11 所示。

	学号	姓名	性别	年龄	住址
0	False	False	False	False	False
1	False	False	False	True	False
2	False	False	False	False	True
3	False	False	False	False	True
4	False	False	False	True	False
5	False	False	False	False	False

图 3.9　程序运行结果

	学号	姓名	性别	年龄	住址
0	S001	怠涵	女	23.0	苏州
1	S002	婉清	女	NaN	南京
2	S003	溪榕	男	25.0	NaN
3	S004	漠涓	女	23.0	NaN
4	S005	祈博	男	NaN	北京
5	S006	孝冉	女	21.0	郑州

图 3.10　程序运行结果

	学号	姓名	性别
0	S001	怠涵	女
1	S002	婉清	女
2	S003	溪榕	男
3	S004	漠涓	女
4	S005	祈博	男
5	S006	孝冉	女

图 3.11　程序运行结果

> **拓展**
>
> ```
> data.dropna(how ='all')    #传入这个参数后将只删除全为缺失值的那些行
> data.dropna(axis = 1)    #删除有缺失值的列（一般不会这么做，这样会删掉一个特征）
> data.dropna(axis=1,how="all")    #删除全为缺失值的那些列
> data.dropna(axis=0,subset = ["年龄","住址"])    #删除"年龄"和"住址"这两列中有缺
> 失值的行
> ```

3.2.5　插补缺失值 interpolate()

插补缺失值是一种相对复杂且灵活的处理方式，这种方式主要基于一定的插补算法来填充缺失值。

< 89 >

SciPy 提供了插补缺失值的函数 interpolate()。

```
DataFrame.interpolate(method='linear', axis=0, limit=None, inplace=False,
limit_direction=None, limit_area=None, downcast=None, **kwargs)
```

部分参数说明如表 3.5 所示。

表 3.5 interpolate()部分参数说明

参数	说明	取值与解释
method	表示使用的插值方法	'linear'为默认值，表示采用线性插值法；'time'表示根据时间长短进行填充，适用于索引为日期和时间的对象；'index'或'values'表示采用索引的实际数据进行填充；'nearest'表示采用最近邻插值法进行填充；'barycentric'表示采用重心坐标插值法进行填充
limit	表示连续插值的最大数量	取值为数值，如 limit=5
limit_direction	表示按照指定方向对连续的 NaN 值进行填充	'forward'表示向前填充，'backforword'表示向后填充，'both'表示同时向前、向后填充

常用的插值方法有线性插值法、多项式插值法和样条插值法。

1. 线性插值法

线性插值法是根据两个已知量的连线来确定两个已知量之间的一个未知量的方法，即根据两点间距离以等距离方式确定要插补的值。

线性插值法原理如图 3.12 所示。

点 A 对应的值为 1，点 B 对应的值为 3，点 C 对应的值为 6。如果 A 与 B 之间存在需要插补的缺失值，则取 A 与 B 两点之间的等距离点对应的值 2，也就是说插补的值为 2；同理，B 与 C 之间插补的值为 4.5。

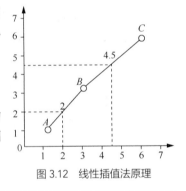

图 3.12 线性插值法原理

例 3-6 线性插值法举例。

```
import numpy as np
from scipy.interpolate import interp1d
x=np.array([1,2,3,4,5,8,9,10])  #创建自变量 x
y1=np.array([2,8,18,32,50,128,162,200])   #创建因变量 y1
y2=np.array([3,5,7,9,11,17,19,21])   #创建因变量 y2
LinearInsValue1 = interp1d(x,y1,kind='linear')  #线性插值拟合 x,y1
LinearInsValue2 = interp1d(x,y2,kind='linear')  #线性插值拟合 x,y2
print('当 x 为 6、7 时，使用线性插值 y1: ',LinearInsValue1([6,7]))
print('当 x 为 6、7 时，使用线性插值 y2: ',LinearInsValue2([6,7]))
```

程序运行结果如下。

```
当 x 为 6、7 时，使用线性插值 y1: [76. 102.]
当 x 为 6、7 时，使用线性插值 y2: [13. 15.]
```

2. 多项式插值法

多项式插值法是利用已知的值拟合一个多项式，再利用该多项式求缺失值。常见的有牛顿插值法、拉格朗日插值法等。

< 90 >

例 3-7　拉格朗日插值法举例。

```
import numpy as np
from scipy.interpolate import lagrange
x=np.array([1,2,3,4,5,8,9,10])  #创建自变量 x
y1=np.array([2,8,18,32,50,128,162,200])  #创建因变量 y1
y2=np.array([3,5,7,9,11,17,19,21])  #创建因变量 y2
LargeInsValue1 = lagrange(x,y1)  #拉格朗日插值拟合 x,y1
LargeInsValue2 = lagrange(x,y2)  #拉格朗日插值拟合 x,y2
print('当 x 为 6,7 时，使用拉格朗日插值 y1: ',LargeInsValue1([6,7]))
print('当 x 为 6,7 时，使用拉格朗日插值 y2: ',LargeInsValue2([6,7]))
```

程序运行结果如下。

```
当 x 为 6,7 时，使用拉格朗日插值 y1:  [72. 98.]
当 x 为 6,7 时，使用拉格朗日插值 y2:  [13. 15.]
```

3．样条插值法

样条插值法以可变样条来做出一条经过一系列点的光滑曲线。插值样条由一些多项式构成，每一个多项式都由相邻的两个数据点决定，以保证两个相邻多项式及其导数在连接处连续。

例 3-8　样条插值法举例。

```
import numpy as np
from matplotlib import pyplot as plt
from scipy.interpolate import make_interp_spline
x = np.array([6, 7, 8, 9, 10, 11, 12])
y = np.array([1.53E+03, 5.92E+02, 2.04E+02, 7.24E+01, 2.72E+01, 1.10E+01,
4.70E+00])
x_smooth = np.linspace(x.min(), x.max(), 300)
y_smooth = make_interp_spline(x, y)(x_smooth)
plt.plot(x_smooth, y_smooth)
plt.show()
```

程序运行结果如图 3.13 所示。

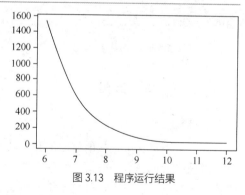

图 3.13　程序运行结果

3.3 重复值处理

重复值是指样本数据中某个或某些数据记录完全相同。

产生原因：人为失误、机械故障等导致部分数据重复录入。

3.3.1 检测重复值

常见的数据重复分为如下两种。

① 记录重复：一个或几个特征的某几条记录值完全相同。

② 特征重复：一个或多个特征的名称不同，但是数据完全相同。

< 91 >

Pandas 中使用 duplicated()函数来检测数据中的重复值。检测完数据后会返回一个由布尔值组成的 Series 类对象，该对象若包含 True，说明该值对应的一行数据为重复值。该函数语法格式如下。

```
DataFrame.duplicated(subset=None, keep='first')
```

参数 subset 表示检测指定列的重复值，默认检测所有列的重复值。

参数 keep 表示采用哪种方式保留重复项，默认为'first'，表示删除重复值，仅保留第一次出现的该数据；'last'表示删除重复值，仅保留最后一次出现的该数据；'False'表示将所有相同的数据都标记为重复值。

例 3-9 检测学生信息中的重复值。

```
import pandas as pd
import numpy as np
stu_info=pd.DataFrame({'序号':['S1','S2','S3','S4','S4'],
                ' 姓名':['张三','李四','王五','赵六','赵六'],
                '性别':['男','男','女','男','男'],
                '年龄':[15,16,15,14,14],
                '住址':['苏州','南京',np.nan,np.nan,np.nan]})
#检测 stu_info 对象中的重复值
stu_info.duplicated()
```

程序运行结果如下。

```
0    False
1    False
2    False
3    False
4     True
dtype: bool
```

学生信息中行索引号为 4 的数据和行索引号为 5 的数据完全相同，所以调用 duplicated()函数会默认保留第一次出现的数据，将后面出现重复值的行标记为 True。

若想筛选出重复值标记为 True 的所有数据，可以用如下代码。

```
stu_info[stu_info.duplicated()]   #筛选 stu_info 中重复值标记为 True 的数据
```

程序运行结果如图 3.14 所示。

	序号	姓名	性别	年龄	住址
4	S4	赵六	男	14	NaN

图 3.14　程序运行结果

3.3.2　处理重复值

1．概述

在一个数据集中，找出重复值并将其删除，最终只保存唯一值，这就是数据去重的过程。删除重复值是我们在数据分析中经常会遇到的一个问题，通过数据去重，不仅可以节省内存空间、提高写入性能，还可以提升数据集的精确度，使数据集不受重复值的影响。

2．Pandas 去除重复值

Pandas 中一般使用 drop_duplicates()函数删除重复值。

```
DataFrame.drop_duplicates(subset=None, keep='first', inplace=False,
ignore_index=False)
```

参数说明如表 3.6 所示。

< 92 >

表 3.6　drop_duplicates()参数说明

参数	说明	取值与解释
subset	表示要删除重复值的列索引或列索引序列	可选参数，默认为 None，表示删除所有列的重复值
keep	表示采用哪种方式保留重复项	默认为'first'，表示删除重复值，仅保留第一次出现的该数据；'last'表示删除重复值，仅保留最后一次出现的该数据；'False'表示将所有相同的数据都标记为重复值
inplace	表示是否更新原数据	True 表示放弃副本，更新原数据；默认为 False，表示不更新原数据
ignore_index	表示是否对删除重复值后的对象的行索引重新排序	True 表示重新排序；默认为 False，表示不重新排序

📖 **思考**

在例 3-9 中，应如何删除 stu_info 对象中的重复值呢？

💡 **提示**

一般来说，删除重复值后，需要重新检测数据中的重复值，故需要再次使用 drop_duplicated()函数进行检测。

```
stu_info.drop_duplicates()
```

3. 处理记录重复

例 3-10　处理记录重复。

① 利用 list 去重。

```
import pandas as pd
data = pd.read_csv('C:/Users/pc/Desktop/data/list3/上海餐饮数据.csv',index_col=1,
encoding='utf8')
def delRep(list1):  # 定义去重函数
    list2=[]
    for i in list1:
        if i not in list2:
            list2.append(i)
    return list2
#去重，提取"类别"列所有数据转化为 list
dishes = list(data['类别'])
print('去重之前的所有菜品种类总数：',len(dishes))
dish = delRep(dishes)
print('去重之后的所有菜品种类总数：',len(dish))
```

程序运行结果如下。

```
去重之前的所有菜品种类总数： 96398
去重之后的所有菜品种类总数： 29
```

② 利用 set 唯一性去重。

```
print('去重之前的所有菜品总数：',len(dishes))
dish_set = set(dishes)
print('去重之后的所有菜品总数：',len(dish_set))
```

< 93 >

程序运行结果如下。

去重之前的所有菜品种类总数： 96398
去重之后的所有菜品种类总数： 29

---

③ drop_duplicates()函数去重。

```
dishes = data['类别'].drop_duplicates()   #对类别去重
print('去重之后的所有菜品种类总数: ',len(dishes))
```

程序运行结果如下。

去重之后的所有菜品种类总数： 29

去重前数据和去重后数据分别如图 3.15 和图 3.16 所示。

	A	B	C	D	E	F	G	H	I	J	K
1	类别	行政区	点评数	口味	环境	服务	人均消费	城市	Lng	Lat	
2	烧烤	浦东新区	176	8	8.6	7.9	124	上海市	121.967863	0.884477	
3	美食	闵行区	2	6.1	6.5	6.3	0	上海市	121.967783	0.883818	
4	粤菜	浦东新区	141	6.7	7.2	6.6	141	上海市	121.933143	0.893224	
5	海鲜	浦东新区	76	7.2	7.2	7.3	148	上海市	121.926063	0.899868	
6	烧烤	浦东新区	600	7.2	7.6	7	143	上海市	121.92588	30.9011	
7	本菜	嘉定区	69	8.2	8.9	8.4	66	上海市	121.925873	0.906384	
8	本菜	嘉定区	69	8.2	8.9	8.4	66	上海市	121.925873	0.906384	
9	浙菜	浦东新区	21	7	7	6.9	146	上海市	121.923573	0.900464	
10	海鲜	浦东新区	46	6.1	6.2	6	77	上海市	121.922623	0.899486	
11	烧烤	浦东新区	4	6.9	6.9	6.9	0	上海市	121.92259	30.89901	
12	浙菜	浦东新区	54	7.1	7.1	7	50	上海市	121.9225	30.901877	
13	快餐	浦东新区	50	6.8	7	6.9	31	上海市	121.922033	0.898962	
14	西餐	浦东新区	1321	8.5	8.3	7.8	70	上海市	121.921863	0.898837	
15	西餐	浦东新区	1321	8.5	8.3	7.8	70	上海市	121.921863	0.898837	
16	西餐	浦东新区	636	7.6	9.1	8	68	上海市	121.9213	30.898409	
17	西餐	浦东新区	636	7.6	9.1	8	68	上海市	121.9213	30.898409	
18	西餐	浦东新区	4	7.1	7.1	7.1	0	上海市	121.921243	0.898657	
19	粤菜	浦东新区	1421	7.4	7.7	7.5	108	上海市	121.92112	30.90117	
20	料理	浦东新区	251	7.7	7.4	7.8	83	上海市	121.920953	0.901101	
21	海鲜	浦东新区	336	7.5	7.5	7.3	121	上海市	121.9208	30.901221	
22	疆菜	浦东新区	1	6.9	6.9	6.9	0	上海市	121.920673	0.900343	
23	北菜	浦东新区	0	0	0	0	0	上海市	121.920563	0.903995	
24	北菜	浦东新区	0	0	0	0	0	上海市	121.920563	0.903995	
25	浙菜	浦东新区	302	7.2	7	6.8	75	上海市	121.92045	30.90106	
26	美食	浦东新区	1	7.2	6.8	6.8	0	上海市	121.920453	0.900863	
27	快餐	浦东新区	10	7.5	7.5	7.6	0	上海市	121.920443	0.900504	
28	浙菜	浦东新区	243	7.9	7.5	7.3	64	上海市	121.920313	0.899585	
29	咖厅	浦东新区	121	6.6	6.9	6.6	55	上海市	121.920273	0.899264	
30	快餐	浦东新区	41	6.5	6.5	6.5	28	上海市	121.92022	30.89829	
31	料理	浦东新区	62	7.7	7.7	7.7	92	上海市	121.920213	0.899526	
32	粤菜	浦东新区	115	6.2	6.3	6.4	77	上海市	121.920213	0.899104	
33	火锅	浦东新区	259	6.8			6.8		121.920193	0.899081	

图 3.15　去重前数据

	A	B	C	D	E	F	G	H	I	J	K	L
1	行政区	类别	点评数	口味	环境	服务	人均消费	城市	Lng	Lat	Unnamed:	Unnamed: 11
2	浦东新区	烧烤	176	8	8.6	7.9	124	上海市	121.967863	0.884477		
3	闵行区	美食	2	6.1	6.5	6.3	0	上海市	121.967783	0.883818		
4	浦东新区	粤菜	141	6.7	7.2	6.6	141	上海市	121.933143	0.893224		
5	浦东新区	海鲜	76	7.2	7.2	7.3	148	上海市	121.926063	0.899868		
6	嘉定区	本菜	69	8.2	8.9	8.4	66	上海市	121.925873	0.906384		
7	浦东新区	浙菜	21	7	7	6.9	146	上海市	121.923573	0.900464		
8	浦东新区	快餐	50	6.8	7	6.9	31	上海市	121.922033	0.898962		
9	浦东新区	西餐	1321	8.5	8.3	7.8	70	上海市	121.921863	0.898837		
10	浦东新区	料理	251	7.7	7.4	7.8	83	上海市	121.920953	0.901101		
11	浦东新区	疆菜	1	6.9	6.9	6.9	0	上海市	121.920673	0.900343		
12	浦东新区	北菜	0	0	0	0	0	上海市	121.920563	0.903995		
13	浦东新区	咖厅	121	6.6	6.9	6.6	55	上海市	121.920273	0.899264		
14	浦东新区	火锅	259	6.8	6.9	6.8	92	上海市	121.920193	0.899081		
15	浦东新区	湘菜	606	7.2	7.3	7.2	64	上海市	121.920113	0.897873		
16	浦东新区	川菜	8	7.2	7.2	7.3	0	上海市	121.915893	0.887214		
17	浦东新区	助餐	60	7	7.7	7.6	282	上海市	121.915893	0.887214		
18	浦东新区	龙虾	0	0	0	0	0	上海市	121.915733	0.887492		
19	浦东新区	常菜	0	0	0	0	0	上海市	121.913553	0.886259		
20	浦东新区	甜点	0	0	0	0	0	上海市	121.902263	0.897369		
21	浦东新区	甜点	29	7.7	7.7	7.5	22	上海市	121.902263	0.897369		
22	浦东新区	州菜	0	0	0	0	0	上海市	121.897033	0.882498		
23	浦东新区	西菜	0	0	0	0	0	上海市	121.888123	0.892792		
24	浦东新区	素宴	0	0	0	0	0	上海市	121.851413	0.865455		
25	浦东新区	鳖宴	19	6.7	6.8	6.7	74	上海市	121.811983	0.908699		
26			26	8	7.8	7.6	0	上海市	121.798663	1.152113		
27	浦东新区	亚菜	0	0	0	0	0	上海市	121.763743	1.114331		
28	浦东新区	南菜	359	6.8	7.5	7.1	88	上海市	121.693033	1.186325		
29	浦东新区	面馆	6	7.3	7.1	7.7	20	上海市	121.626233	1.188559		
30	徐汇区	午茶	2569	7.5	8.6	7.7	150	上海市	121.447393	1.210268		

图 3.16　去重后数据

< 94 >

参数"index_col=1"表示将"行政区"列作为数据集的行索引，去重后的数据集行索引显示在第 1 列，而"类别"是对应的值，因此，"行政区"列与"类别"列互换位置。

④ 多列去重。

```
print('去重之前数据表的形状: ',data.shape)
shapeDet = data.drop_duplicates(subset=['类别','服务'])   #去除"类别"与"服务"列的
重复数据
print('去重之后数据表的形状: ',shapeDet.shape)
shapeDet.to_csv('C:/Users/pc/Desktop/data/list3/shapeDet.csv',sep=',',index=
True)
```

程序运行结果如下。

```
去重之前数据表的形状:  (96398, 11)
去重之后数据表的形状:  (29, 11)
```

4．处理特征重复

要去除特征的重复，可以利用特征间的相似度将两个相似度为 1 的特征去掉一个。去除特征重复的函数主要有两个：corr()和 DataFrame.equals()。

例 3-11　处理特征重复。

① corr()。

在 Pandas 中，计算相似度的函数为 corr()，使用该函数计算相似度的时候，默认采用 pearson 法，也可以选用 kendall 法或 spearman 法。

- corr()的 kendall 法计算相似度。

```
import pandas as pd
data = pd.read_csv('C:/Users/pc/Desktop/data/list3/上海餐饮数据.csv',index_col=1,
encoding='utf8')
#求取口味和人均消费的相似度
corrDet = data[['口味','人均消费']].corr(method='kendall')
print('口味和人均消费的 Kendall 法相似度矩阵: \n',corrDet)
```

程序运行结果如下。

```
口味和人均消费的 Kendall 法相似度矩阵:
           口味          人均消费
口味        1.000000    0.471967
人均消费      0.471967    1.000000
```

- corr()的 spearman 法计算相似度。

```
corrDet2 = data[['口味','人均消费']].corr(method='spearman')
print('口味和人均消费的 spearman 法相似度矩阵: \n',corrDet2)
```

程序运行结果如下。

```
口味和人均消费的 spearman 法相似度矩阵:
           口味          人均消费
口味        1.000000    0.612681
人均消费      0.612681    1.000000
```

< 95 >

　　通过相似度矩阵去重只能够对数值型重复特征去重，类别型特征之间无法通过计算相似度系数来衡量相似度，例如，"类别"为类别型数据，无法计算出其相似度矩阵。

```
corrDet1 = data[['口味','人均消费','类别']].corr(method='kendall')
print('口味和人均消费与类别的 Kendall 法相似度矩阵：\n',corrDet1)
```

　　程序运行结果如下。

```
口味和人均消费与类别的 Kendall 法相似度矩阵：
              口味          人均消费
口味        1.000000      0.471967
人均消费    0.471967      1.000000
```

　　② DataFrame.equals()。

```
import pandas as pd
data = pd.read_csv('C:/Users/pc/Desktop/data/list3/上海餐饮数据.csv',index_col=0,
encoding='utf8')
#定义判断特征是否完全相同的函数
def featureequals(df):
    dfequals = pd.DataFrame([],columns=df.columns,index=df.columns)
    for i in df.columns:
        for j in df.columns:
            dfequals.loc[i,j] = df.loc[:,i].equals(df.loc[:,j])
    return dfequals
detequals = featureequals(data)
print('data 特征相等矩阵的前 5 行 5 列：\n',detequals.iloc[:5,:5])
detequals.to_csv('C:/Users/pc/Desktop/data/list3/detequals.csv',sep=',',index=
True)
```

　　程序运行结果如下。

```
data 特征相等矩阵的前 5 行 5 列：
          行政区      点评数      口味      环境      服务
行政区      True      False    False    False    False
点评数      False     True     False    False    False
口味        False     False    True     False    False
环境        False     False    False    True     False
服务        False     False    False    False    True
```

　　遍历所有数据。

```
lendet = detequals.shape[0]    #18
dupcol = []
for k in range(lendet):    #(0-17)
    for l in range(k+1,lendet):    #(1-18)
        if detequals.iloc[k,l] & (detequals.columns[l] not in dupcol):
            dupcol.append(detequals.columns[l])
print('需要删除的列：',dupcol)    #进行去重操作
data.drop(dupcol,axis=1,inplace=True)
print('删除多余列后 data 的特征数目：',data.shape[1])
data.to_csv('C:/Users/pc/Desktop/data/list3/data_drop.csv',sep=',',index=True)
```

< 96 >

　　程序运行结果如下。

需要删除的列：　['Unnamed: 11']
删除多余列后 data 的特征数目：　10

5．保留重复值

　　在分析演变规律、样本不均衡处理、业务规则等场景中，重复值是有价值的，需要保留。

3.4　异常值处理

3.4.1　检测异常值

　　异常值是指样本数据中处于特定范围之外的值，这些值明显偏离所属样本的观测范围。例如，学生成绩单里一个学生的语文成绩是 1 000 分，这明显不合常理，这个样本数据就属于异常值。异常值有可能是真异常，也有可能是伪异常，需要根据实际情况处理。

　　产生原因：人为疏忽、失误或仪器异常。

1．使用 3σ 原则检测异常值

　　（1）3σ 原则。

　　3σ 原则又被称为拉依达准则，先假设一组检测数据只含有随机误差，对原始数据进行计算处理得到标准差，然后按照一定的概率确定一个区间，认为误差超过这个区间就属于异常。不过这种方法仅适用于对正态分布或近似正态分布的样本数据进行处理。正态分布的 3σ 原则如图 3.17 所示。

　　正态分布是指数值接近均值的概率最大，就像班级中一般 90 分以上和不及格的学生都比较少，中间分数的学生最多。通过图 3.17 可以发现，正负 3 个标准差之内的数据合起来占 99.6%。也就是说，大部分数据都集中在 $(\mu-3\sigma, \mu+3\sigma)$ 这个区间。

　　（2）标准差。

　　所有数减去其均值 μ 的平方和，所得结果除以该组数的个数（或个数减一，即变异数），再把所得值开方，所得之数就是这组数据的标准差，记为 σ。正态分布标准差如图 3.18 所示。

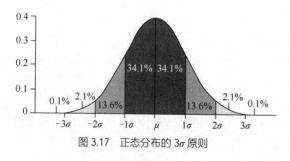

图 3.17　正态分布的 3σ 原则

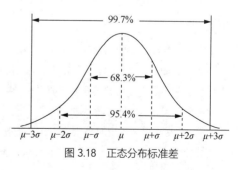

图 3.18　正态分布标准差

　　例 3-12　检测学生信息中的异常值。假设有学生信息表.xlsx 文件，记录了班级同学的基本信息，部分数据如图 3.19 所示。

　　很明显，S001 行年龄列数据超出正常范围，希望通过 3σ 原则用代码把这个"例外"找出来。

< 97 >

	A	B	C	D	E
1	学号	姓名	性别	年龄	籍贯
2	S001	怠涵	女	70	山东
3	S002	婉清	女	22	河南
4	S003	溪榕	女	25	湖北
5	S004	漠涓	女	23	陕西
6	S005	祈博	女	19	山东
7	S006	孝冉	女	21	河南
8	S007	乾名	女	18	湖北
9	S008	炜然	女	25	陕西
10	S009	晨阳	男	22	山东
11	S010	轻涵	男	19	河南
12	S011	晨洋	男	22	湖北
13	S012	馨懿	男	22	陕西
14	S013	冉莼	男	18	山东
15	S014	晨艳	男	25	河南
16	S015	云良	男	24	湖北
17	S016	力博	男	18	陕西
18	S017	惟然	男	24	山东
19	S018	清林	女	25	河南
20	S019	冬梅	女	22	湖北
21	S020	箐莲	女	22	陕西
22	S021	仪博	女	23	山东
23	S022	馨苒	男	25	河南
24	S023	云霖	男	21	湖北
25	S024	海彤	男	23	陕西

图 3.19　学生信息表部分数据

```
import pandas as pd
import numpy as np
def three_sigma(ser):
    #计算均值
    mean_data=ser.mean()
    #计算标准差
    std_data=ser.std()
    #小于μ-3σ或大于μ+3σ的数据均为异常值
    rule=(mean_data-3*std_data > ser) | (mean_data+3*std_data < ser)
    #用np.arange()生成一个从0开始，到ser长度-1结束的连续索引，再根据rule列表中的True
值，直接保留所有为True的索引，也就是异常值的行索引
    index=np.arange(ser.shape[0])[rule]
    #获取异常值
    outliers=ser.iloc[index]
    return outliers
#读取data.xlsx文件
excel_data=pd.read_excel('C:/Users/pc/Desktop/data/list3/学生信息表.xlsx')
#对value列进行异常值检测，只要传入一个数据列
three_sigma(excel_data['年龄'])
```

注意

① ser 参数：被检测数据接收 DataFrame 的一列数据，返回异常值及其对应的行索引。

② df.loc[]：只能使用标签索引，不能使用整数索引。当通过标签索引的切片方式来筛选数据时，它的取值前闭后闭，也就是包括边界值标签（开始和结束）。loc[] 接收两个参数，并以逗号“,”分隔，第一个参数表示行，第二个参数表示列。

③ df.iloc[]：只能使用整数索引，不能使用标签索引。当通过整数索引切片选择数据时，它的取值前闭后开（不包含边界结束值）。同 Python 和 NumPy 一样，索引都是从 0 开始。

程序运行结果如下。

```
0    70
Name: 年龄, dtype: int64
```

⚠ **注意**

此方法只适用于正态分布的数据，并且数据量不能太少。

（3）3σ 原则检测异常值的思路。

① 确认数据集是否为正态分布，正态分布的数据集才能使用 3σ 原则。

② 计算需要检验的数据列的均值 mean_data 和标准差 std_data。

③ 写一个 3σ 检测函数，传入一个 DataFrame 类对象的一个列，检测数据列的每个值，小于 $\mu-3\sigma$ 或大于 $\mu+3\sigma$ 的数据均为异常值，返回异常值序列。

④ 如果是真异常，则剔除异常值，得到规范的数据。

2．使用箱形图检测异常值

（1）箱形图。

箱形图提供了识别异常值的一个标准，即异常值通常被定义为小于 QL-1.5IQR 或大于 QU+1.5IQR 的值，其判断异常值的标准以四分位数和上下四分位数之差为基础。

① QL 被称为下四分位数，表示全部观测值中有 1/4 的数据值比它小。

② QU 被称为上四分位数，表示全部观测值中有 1/4 的数据值比它大。

③ IQR 称为四分位数间距，是上四分位数 QU 与下四分位数 QL 之差。

四分位数给出了对数据分布的中心、发散和形状的某种指示，具有一定的稳健性，即 1/4 的数据可以任意远而不会很大地扰动四分位数，所以异常值通常不能对这个标准施加影响。

箱形图是一种用于显示一组数据分散情况的统计图。箱形图结构如图 3.20 所示。

可以发现，箱形图主要包含 6 个数据节点。将一组数据从大到小排列，可分别计算出它的上界、上四分位数 Q3、中位数、下四分位数 Q1、下界和离群点（异常值）。

假设有一个数据集，有 10 万条数据，先将数据按从大到小的顺序排序，那么前 5 万条数据的中位数就是 Q3，后 5 万条数据的中位数就是 Q1，四分位数间距 IQR 就是 Q3-Q1。异常值范围通常为小于 Q1-1.5IQR 或者大于 Q3+1.5IQR。

（2）箱形图检测异常值的思路。

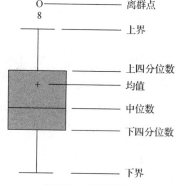

图 3.20　箱形图结构

编写一个箱形图检测函数，将数据从小到大排序，前一半数据的中位数，就是下四分位数 Q1，后一半数据的中位数，就是上四分位数 Q3，然后看数据列的每个值，小于 Q1-1.5IQR 或者大于 Q3+1.5IQR 的值均为异常值，返回异常值序列。如果是真异常，则剔除异常值，得到规范的数据。

异常值被检测出来之后，需要进一步确认是真异常。

📋 **拓展**

为了能够直观地从箱形图中查看异常值，Pandas 提供了两个用于绘制箱形图的函数——plot()和 boxplot()。

plot()函数能够根据 Series 类对象和 DataFrame 类对象绘制箱形图，默认不显示网格线。boxplot()函数只能根据 DataFrame 类对象绘制箱形图，默认显示网格线，其语法格式如下。

```
DataFrame.boxplot(column=None, by=None, ax=None, fontsize=None, rot=0,
grid=True, figsize=None, layout=None, return_type=None, backend=None, **kwargs)
```

< 99 >

部分参数说明如表 3.7 所示。

表 3.7　boxplot()部分参数说明

参数	说明
column	表示被检测的列名
fontsize	表示箱形图坐标轴的字体大小
rot	表示箱形图坐标轴的旋转角度
grid	表示箱形图窗口的大小
return_type	表示返回的对象类型

其中，return_type 的取值与解释如下。

'axes'，默认值，表示返回箱形图的绘图区域（matplotlib 的 Axes 类对象）。

'dict'，返回一个字典，其值是箱形图的线条（matplotlib 的 Line 类对象）。

'both'，表示返回一个包含 Axes 类对象和 Line 类对象的元组。

例 3-13　根据学生信息表.xlsx 文件中 "年龄" 列的数据，画一个箱形图。

```
import pandas as pd
excel_data=pd.read_excel('C:/Users/pc/Desktop/data/list3/学生信息表.xlsx')
#根据学生信息表.xlsx文件中年龄列的数据，画一个箱形图
excel_data.boxplot(column='年龄')
```

程序运行结果如图 3.21 所示。

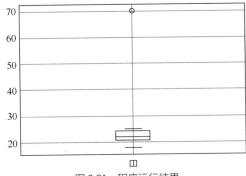

图 3.21　程序运行结果

可以看到，一个圆圈表示出了异常值，大小为 70。

⚠️ 注意

与 3σ 原则不同，箱形图并不局限于正态分布，任何数据集都可以用箱形图来检测异常值。

3.4.2　处理异常值

异常值的清洗方法主要包括使用统计分析的方法识别可能的异常值（如偏差分析、识别不遵守分布或回归方程的值）、使用简单规则（即常识性规则、业务特定规则等）检测出异常值、使用不同属性间的约束及外部数据等方法检测和处理异常值。

1．删除异常值——drop()

Pandas 提供 drop()函数，可按指定行索引或列索引来删除异常值。

< 100 >

```
DataFrame.drop(labels=None, axis=0, index=None, columns=None, level=None,
inplace=False, errors='raise')
```

部分参数说明如表 3.8 所示。

表 3.8　drop()部分参数说明

参数	说明
labels	表示要删除异常值的行索引或列索引，可以删除一行/列或多行/列。例如，删除第 1 行和第 2 行：df.drop([0,1])
axis	指定删除异常值所在的行或列。0 或'index'，删除行。1 或'columns'，删除列
index	指定要删除异常值的行
columns	指定要删除异常值的列

删除异常值后，可以再次调用自定义的异常值检测函数，以确保数据中的异常值全部被删除，若输出以下结果，则说明异常值已经全部删除成功。

```
Series([], Name: value, dtype: int64)
```

2．替换异常值——replace()

最常用的处理异常值方式是用指定的值或根据算法计算出来的值替换检测出的异常值。replace()函数语法格式如下。

```
DataFrame.replace(to_replace=None, value=None, inplace=False, limit=None,
regex=False, method='pad')
```

部分参数说明如表 3.9 所示。

表 3.9　replace()部分参数说明

参数	说明
to_replace	表示被替换的值
value	表示被替换后的值，默认为 None
inplace	表示是否修改原数据。True，表示直接修改原数据；False，表示修改原数据的副本
method	表示替换方式。'pad/ffill'，向前填充；'bfill'，向后填充

例 3-14　对例 3-13 中的年龄异常值进行处理，将 20 岁以下修改为 20 岁，超过 30 岁的统一按 30 岁计算。程序设计如下。

```
import pandas as pd
excel_data=pd.read_excel('C:/Users/pc/Desktop/data/list3/学生信息表.xlsx')
replace_data=excel_data.replace({70:30,19:20})
#根据行索引获取替换后的值
print(replace_data.loc[0])
print(replace_data.loc[4])
```

程序运行结果如下。

```
学号    S001
姓名    怠涵
性别    女
```

< 101 >

```
年龄        30
籍贯        山东
Name: 0, dtype: object
学号      S005
姓名        祈博
性别         女
年龄        20
籍贯        山东
Name: 4, dtype: object
```

3．其他处理异常值的方法

① 删除含有异常值的记录：直接将含有异常值的记录删除。

② 视为缺失值：将异常值视为缺失值，利用处理缺失值的方法进行处理。

③ 平均值修正：用前后两个数据的平均值修正该异常值。

④ 不处理：直接对有异常值的数据集进行数据挖掘。

3.5 时间日期格式处理

3.5.1 常见的时间日期格式

我们在进行数据分析时，会遇到很多带有日期、时间格式的数据集，在处理这类数据集时，可能会遇到时间、日期格式不统一的情况，此时就需要对其做格式化处理。例如，"Wednesday, June 6, 2022" 又可以写成 "6/6/22"，还可以写成 "06-06-2022"。

1．Python 关于时间日期的描述

Python 能用很多方式处理时间和日期，转换日期格式是一个常见的功能。Python 提供了 time 模块和 calendar 模块，可以用于格式化时间和日期，每个时间戳都以自 1970 年 1 月 1 日零点经过了多长时间来表示，形式为以秒为单位的浮点数。

Python 的 time 模块有很多函数可以转换日期格式。

例 3-15 使用函数 time.time() 获取当前时间戳。

```
#!/usr/bin/python3
import time;   #引入 time 模块
ticks = time.time()
print ("当前时间戳为:", ticks)
```

程序运行结果如下。

```
当前时间戳为: 1661237821.4398022
```

⚠️ **注意**

时间戳适用于日期运算，但是 1970 年之前的日期就无法以此表示了。太遥远的未来日期也不行，UNIX 和 Windows 的时间戳只支持到 2038 年。

< 102 >

从浮点数时间戳向时间元组转换，只需要将浮点数传递给 localtime() 之类的函数。

时间元组：Python 用一个元组装起来的 9 组数字处理时间如表 3.10 所示。

表 3.10　时间元组

序号	字段	值
0	4 位数年	2022
1	月	1 到 12
2	日	1 到 31
3	小时	0 到 23
4	分钟	0 到 59
5	秒	0 到 61（60 或 61 是闰秒）
6	一周的第几日	0 到 6（0 是周日）
7	一年的第几日	1 到 366
8	夏令时	1（夏令时）、0（不是夏令时）、-1（未知）。默认为-1

例 3-16　获取当前时间。

```
#!/usr/bin/python3
import time
localtime = time.localtime(time.time())
print ("本地时间为 :", localtime)
```

程序运行结果如下。

```
本地时间为 : time.struct_time(tm_year=2022, tm_mon=8, tm_mday=23, tm_hour=14,
tm_min=59, tm_sec=20, tm_wday=1, tm_yday=235, tm_isdst=0)
```

例 3-17　获取格式化时间。

```
import time
localtime = time.asctime( time.localtime(time.time()) )
print ("本地时间为 :", localtime)
```

程序运行结果如下。

```
本地时间为 : Tue Aug 23 15:26:12 2022
```

time 模块的 strftime() 函数可用于格式化日期。

```
time.strftime(format[, t])
```

Python 中常见的时间日期格式化符号如表 3.11 所示。

表 3.11　Python 中常见的时间日期格式化符号

符号	说明	符号	说明
%y	两位数的年份表示（00～99）	%B	本地完整月份名称
%Y	四位数的年份表示（0000～9999）	%c	本地相应的日期表示和时间表示

< 103 >

续表

符号	说明	符号	说明
%m	月份（01～12）	%j	年内的一天（001～366）
%d	月内的一天（0～31）	%p	本地 A.M.或 P.M.的等价符
%H	24 小时制小时数（0～23）	%U	一年中的星期数（00～53），星期天为星期的开始
%I	12 小时制小时数（01～12）	%w	星期（0～6），星期天为星期的开始
%M	分钟数（00～59）	%W	一年中的星期数（00～53），星期一为星期的开始
%S	秒数（00～59）	%x	本地相应的日期表示
%a	本地简化星期名称	%X	本地相应的时间表示
%A	本地完整星期名称	%Z	当前时区的名称
%b	本地简化月份名称	%%	%号本身

✎ 练习

利用时间日期格式化符号，以不同格式来表示时间和日期。

① 格式化成 2022-04-26 08:08:06 形式。

② 格式化成 Tue Apr 26 08:08:06 2022 形式。

③ 将格式字符串转换为时间戳。

例 3-18 获取 2022 年 8 月日历。

```
import calendar
cal = calendar.month(2022, 8)
print ("以下输出 2022 年 8 月的日历:")
print (cal)
```

程序运行结果如下。

```
以下输出 2022 年 8 月的日历:
    August 2022
Mo Tu We Th Fr Sa Su
 1  2  3  4  5  6  7
 8  9 10 11 12 13 14
15 16 17 18 19 20 21
22 23 24 25 26 27 28
29 30 31
```

calendar 模块有大量函数可用来处理年历和月历，在例 3-18 中，输出 2022 年 8 月的日历，星期一是默认的每周第一天，星期天是默认的最后一天。更改设置需调用 calendar.setfirstweekday() 函数。

2. Python 的 datetime 模块

Pandas 最基本的时间序列类型就是以时间戳（通常以 Python 字符串或 datetime 对象表示）为索引的 Series。datetime 是 Python 的内置模块，用来处理日期和时间。datetime 模块常见的类如表 3.12 所示。

< 104 >

表 3.12   datetime 模块常见的类

类名	说明
Date	日期
Time	时间
Datetime	日期时间
Timedelta	时间间隔
Tzinfo	时区信息

datetime 对象是 date 对象与 time 对象的结合体，涵盖了 date 对象和 time 对象的所有信息。datetime 有两个常量，MAXYEAR 和 MINYEAR，分别是 9999 和 1。

（1）静态函数和字段。

```
datetime.today()  #返回一个表示当前本地时间的 datetime 对象
datetime.now([tz])  #返回一个表示当前本地时间的 datetime 对象，如果提供了参数 tz，则获取
tz 参数所指时区的本地时间
datetime.utcnow()  #返回一个当前 UTC 时间的 datetime 对象，格林威治时间
datetime.fromtimestamp(timestamp[, tz])  #根据时间戳创建一个 datetime 对象，参数 tz 指
定时区信息
datetime.utcfromtimestamp(timestamp)  #根据时间戳创建一个 datetime 对象
datetime.combine(date, time)  #根据 date 和 time 创建一个 datetime 对象
datetime.strptime(date_string, format)  #将格式字符串转换为 datetime 对象
```

（2）函数和属性。

```
dt=datetime.now()  #datetime 对象
dt.date()  #获取 date 对象
dt.time()  #获取 time 对象
dt.replace([year[,month[,day[,hour[,minute[,second[,microsecond[,tzinfo]]]]]]]])
#替换时间，返回一个具有同样属性值的 datetime，除非某个属性被指定了新的值；tzinfo 指定时区
dt.timetuple()  #当前日期的时间元组信息
dt.utctimetuple()  #返回 UTC 对象的时间元组部分
dt.toordinal()  #返回公历日期的序数
dt.weekday()  #0 代表星期一，以此类推
dt.isocalendar()  #返回一个元组，一年中的第几周、星期几
dt.isoformat([ sep] )  #以 ISO 8601 格式 YYYY-MM-DD 返回 date 的字符串形式
dt.ctime()  #返回一个日期时间的 C 格式字符串,等效于 time.ctime(time.mktime(dt.timetuple()))
dt.strftime(format)  #返回一个日期时间的 C 格式字符串
```

3.5.2 Python 处理时间日期格式

datetime 对象提供将日期对象格式化为可读字符串的 strftime()函数，而 strptime()函数将字符串解析为给定格式的日期时间对象，语法格式如下。

< 105 >

```
time.strptime(string[, format])
```

例 3-19 处理不同格式的时间数据，以相同的格式输出。

```
from datetime import datetime
#将日期定义为字符串
date_str1 = 'Wednesday,July20,2022'
date_str2 = '20/7/22'
date_str3 = '20-07-2022'
#将日期转化为datetime对象
dmy_dt1 = datetime.strptime(date_str1, '%A,%B%d,%Y')
dmy_dt2 = datetime.strptime(date_str2, '%d/%m/%y')
dmy_dt3 = datetime.strptime(date_str3, '%d-%m-%Y')
#处理为相同格式，并输出
print(dmy_dt1)
print(dmy_dt2)
print(dmy_dt3)
```

程序运行结果如下。

```
2022-07-20 00:00:00
2022-07-20 00:00:00
2022-07-20 00:00:00
```

3.5.3 Pandas 转换数据

除了使用 Python 内置的 strptime()，还可以使用 Pandas 模块的 pd.to_datetime()和 pd.DatetimeIndex()
对时间和日期数据进行转换。

1．pd.to_datetime()

例 3-20 使用 pd.to_datetime()直接转换为 datetime 类型。

```
import pandas as pd
import numpy as np
date = ['2022-08-16 11:00:00','2022-08-16 11:00:00']
pd_date=pd.to_datetime(date)
df=pd.Series(np.random.randn(2),index=pd_date)
print(df)
```

程序运行结果如下。

```
2022-08-16 11:00:00    1.193598
2022-08-16 11:00:00   -1.082839
dtype: float64
```

2．pd.DatetimeIndex()

例 3-21 使用 pd.DatetimeIndex()设置时间序。

```
import pandas as pd
date = pd.DatetimeIndex(['1/8/2022','2/8/2022','5/8/2022','6/8/2022','6/9/2022'])
dt = pd.Series(np.random.randn(5),index = date)
print(dt)
```

程序运行结果如下。

< 106 >

```
2022-01-08   -0.764053
2022-02-08    1.463638
2022-05-08   -1.859593
2022-06-08   -0.275007
2022-06-09   -0.686797
dtype: float64
```

3.6　实战 2：用户用电数据清洗

3.6.1　任务说明

1．案例背景

随着居民生活水平的提高，各种用电设备持续增加，大大增加了城市的电力供应压力。本案例准备了某地居民近几年的用电量数据，分析每户的月用电量、周用电量和日用电量有助于电力公司进行电能调度。

2．主要功能

本案例主要实现数据集的导入和数据清洗工作。

① 导入数据，并读取数据。

② 审视整体数据和各列数据。

③ 识别和处理数据集中的异常值。

④ 识别和处理数据集中的缺失值。

⑤ 保存为 CSV 格式文件。

3．实现思路

工作环境：Windows 10（64bit）、Anaconda 和 Jupyter Notebook。

① 利用 pd.read_csv()函数导入数据。

② 审视数据是否有缺失值、异常值和重复值。

③ 处理数据缺失值。

④ 处理数据异常值。

3.6.2　任务分析

1．pd.pivot_table()函数创建数据透视表

函数语法格式如下。

```
pd.pivot_table(df, values=None, index=None, columns=None, aggfunc=None)
```

- df：DataFrame，需要用来做透视的数据源。
- values：需要聚合的值。
- index：行维度。
- columns：列维度。
- aggfunc：聚合依据，默认为 np.mean。

< 107 >

函数示例如下。

```
pd.pivot_table(df, index='city',columns='category',values='sales',aggfunc=
[np.sum,np.mean])
```

数据透视表是一种交互式的表，可以进行某些计算，如求和、计数等；可以动态地改变版面布置，以便按照不同方式分析数据；可以重新安排行号、列标和页字段。

2. 箱形图识别异常值

箱形图提供了识别异常值的标准，此案例可以使用箱形图来检测异常值。

3.6.3 任务实现

（1）数据读取与透视表的创建。

```
import pandas as pd
import numpy as np
#数据读取与透视表的创建
data=pd.read_csv('C:/Users/pc/Desktop/data/list3/data_etr.csv',parse_dates=
['DATA_DATE'],encoding='gbk')
```

（2）审视数据。

```
data.head()
#对数据进行转置，转置后，行为用户编号，列为日期，值为用电量
data_new=pd.pivot_table(data=data,values='KWH',index='CONS_NO',columns='DATA_DATE')
data.info()    #查看 DataFrame 信息
data.isnull().sum()    #每个列里有多少个缺失值
data = data.dropna(axis=1, how='all')    #全部为缺失值的列舍弃
```

（3）识别异常值。

对数据中的异常值进行识别和处理。

```
def clear_(x=None):
    QL=x.quantile(0.25)    #下四分位数
    QU=x.quantile(0.75)    #上四分位数
    IQR=QU-QL
    x[((x>QU+1.5*IQR)|(x<QL-1.5*IQR))]=None
    return x
data_new.apply(clear_,axis=0)    #对每一行操作
data_new.isnull().sum()
```

（4）计算每个用户用电数据的基本统计量。

基本统计量包括最大值、最小值、均值、中位数、和、方差、偏度、峰度。

```
feature1=data_new.T.agg(['max','min','mean','median','sum','var','skew',
'kurt'],axis=0).T
```

（5）每个用户用电数据按日差分，并求取差分结果的基本统计量。

```
feature2=data_new.T.diff(axis=1).agg(['max','min','mean','median','sum','var',
'skew','kurt'],axis=0).T
```

< 108 >

（6）求取每个用户的 5%分位数。

```
feature3=data_new.quantile(0.05,axis=1)
```

（7）每个用户用电数据按周求和并差分（一周 7 天，年度分开），并求取差分结果的基本统计量，统计量同（5）。

```
data_new.columns.week
feature4=(data_new.T.resample('W').sum()).T.diff(axis=1).T.agg(['max','min',
'mean','median','sum','var','skew','kurt'],axis=0).T
```

（8）统计每个用户的日用电量在其最大值 0.9 倍以上的次数。

```
feature5=data_new.apply(lambda x:sum(x>x.max()*0.9),axis=1)
```

（9）求取每个用户日用电量为最大值/最小值的索引月份。

若最大值/最小值存在于多个月中，则输出含有最大值/最小值最多的那个月。例如，1 号用户的日用电量最小值为 0，12 个月每个月都有 0，则看哪个月的 0 最多。

```
feature6=data_new.apply(lambda x: x==x.min(),axis=1).groupby(by=data_new.
columns.month,axis=1).sum().idxmax(axis=1)    #最小值
print(feature6)
feature7=data_new.apply(lambda x: x==x.max(),axis=1).groupby(by=data_new.
columns.month,axis=1).sum().idxmax(axis=1)    #最大值
```

（10）保存为新文件 etrl.csv。

```
data_new.to_csv('C:/Users/pc/Desktop/data/list3/etrl.csv', index_label=False)
```

3.7　本章小结

本章首先介绍数据清洗的概念和必要性，以及如何导入并审视数据；然后介绍缺失值的检测和处理方法，并介绍了填充、删除和插补缺失值的方法；接着介绍了重复值和异常值的检测与处理；最后介绍了时间日期格式的处理方法。通过本章的学习，读者能够学会对重复数据、缺失数据和异常数据的检测与处理，为以后的数据处理奠定基础。

3.8　习题

1．填空题

（1）导入数据集时，读取 CSV 格式文件的函数为_____。

（2）检测异常值常用的两种方式为_____和_____。

（3）常见的缺失值的 3 种处理方式为_____、_____和_____。

（4）删除、填充、插补缺失值的函数分别是_____、_____和_____。

（5）3σ 原则（拉依达准则）只适用于检测符合或近似符合_____的数据集。

（6）检查重复值和删除重复值的函数分别是_____和_____。

< 109 >

2．选择题

（1）下面程序运行的结果是（　　　）。

```
import datetime
x = datetime.datetime.now()
print(x)
```

　　A．2022/8/24 17:30:56　　　　　　　B．2022-08-24 17:30:56.917084

　　C．8/24/2022 17/30/56　　　　　　　D．08-24-2022 17:30:56.917084

（2）关于为什么要做数据清洗，下列说法不正确的是（　　　）。

　　A．数据有重复　　　　　　　　　　B．数据有缺失

　　C．数据有错误　　　　　　　　　　D．数据量太大

（3）以下说法错误的是（　　　）。

　　A．数据清洗能完全解决数据质量差的问题

　　B．数据清洗在数据分析过程中是不可或缺的一个环节

　　C．数据清洗的目的是提高数据质量

　　D．可以借助 Pandas 来完成数据清洗工作

（4）以下关于缺失值检测的说法中，正确的是（　　　）。

　　A．null()和 notnull()可以对缺失值进行处理

　　B．dropna()既可以删除观测记录，又可以删除特征

　　C．fillna()中用来替换缺失值的值只能是数据库

　　D．Pandas 库中的 interpolate 模块包含了多种插值方法

（5）以下关于异常值检测的说法中错误的是（　　　）。

　　A．3σ 原则利用了统计学中小概率事件的原理

　　B．使用箱形图方法时要求数据服从或近似正态分布

　　C．基于聚类的方法可以进行离群点检测

　　D．基于分类的方法可以进行离群点检测

（6）以下关于 drop_duplicates()函数的说法中错误的是（　　　）。

　　A．仅对 DataFrame 和 Series 类型的数据有效

　　B．仅支持单一特征的数据去重

　　C．数据重复时默认保留第一个数据

　　D．该函数不会改变原始数据排列

（7）下列关于时间相关类的说法错误的是（　　　）。

　　A．Timestamp 是存放某个时间点的类

　　B．Period 是存放某个时间段的类

　　C．Timestamp 数据可以使用标准的时间字符串转换得来

　　D．两个数值上相同的 Period 和 Timestamp 所代表的意义相同

（8）下列选项中，描述不正确的是（　　　）。

　　A．数据清洗的目的是提高数据质量

　　B．异常值一定要删除

　　C．可使用 drop_duplicates()删除重复数据

　　D．concat()函数可以沿着一条轴将多个对象进行堆叠

< 110 >

（9）下列选项中，可以删除缺失值或空值的是（　　　）。

    A．isnull()　　　　　B．notnull()　　　　　C．dropna()　　　　　D．fillna()

（10）下列选项中，描述不正确的是（　　　）。

    A．concat()函数可以沿着一条轴将多个对象进行堆叠

    B．merge()函数可以根据一个或多个键将不同的 DataFrame 合并

    C．可以使用 rename()对索引进行重命名操作

    D．unstack()可以将列索引旋转为行索引

3．简答题

简述使用 3σ 原则检测异常值的思路。

4．操作题

打开本地文件 2020 年各省人口数量.xlsx，检测其中的缺失值和异常值，并利用均值填充缺失值。

< 111 >

第4章 数据集成

本章学习目标

- 了解数据集成、实体识别与冗余属性识别的含义。
- 掌握主键合并数据的 merge()函数和 join()函数。
- 掌握堆叠合并数据的 concat()函数，并了解 concatenate()函数和 append() 函数。
- 掌握重叠合并数据的 combine()函数，并了解 combine_first()函数。
- 认识机器学习库 sklearn，并了解常见的数据集成方法与数据集拆分方法。

数据集成

通过数据采集与数据清洗，我们已经对问题数据进行了简单处理，而获得高质量的数据还需要进行数据集成、变换或规约。本章将讲解数据集成的意义，并通过 3 种合并数据的方法来整合多渠道的数据，以满足数据分析、挖掘或其他需要。

4.1 数据集成概述

据统计，大数据项目中 80%的工作都和数据集成有关，这里所说的数据集成有更广泛的意义，包括了数据清洗、数据抽取、数据集成、数据变换等操作。这是因为数据分析的目标数据往往分布在不同的数据源中，需要考虑字段表达是否一样，以及属性是否冗余。

4.1.1 初识数据集成

1．概念

数据集成是把不同来源、格式、特点和性质的数据在逻辑或物理上有机地集中，从而提供全面的数据共享，即将多个数据源合并存放在一个数据存储空间中的过程。

2．核心任务与目的

数据集成的核心任务是将互相关联的异构数据源集中到一起，使用户能够以透明的方式访问这些数据。

数据集成的目的是维护数据源整体上的数据一致性，解决"信息孤岛"的问题，提高信息共享和利用的效率。"信息孤岛"是指不同软件间、不同部门间数据不能共享，造成系统中存在大量冗余数据、垃圾数据，无法保证数据的一致性，严重地阻碍信息化建设的整体进程。

3．数据集成系统

实现数据集成的系统称作数据集成系统，数据集成系统模型如图 4.1 所示。

数据集成系统为用户提供统一的数据源访问接口，响应用户对数据源的访问请求。

4．常见的数据集成架构

数据集成有两种架构：ETL 和 ELT。

（1）ETL。

ETL 过程是依次进行抽取（Extract）、转换（Transform）和加载（Load）。ETL 在对数据源进行数据抽取后，进行数据转换，然后将转换的结果写入目标数据集。目前数据集成的主流架构是 ETL，如图 4.2 所示。

图 4.1　数据集成系统模型

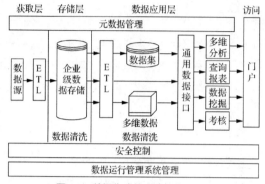

图 4.2　数据集成的主流架构 ETL

数据集成的主要内容是数据抽取、加载、转化和输出服务，因此需要建立一个面向主题的、集成的、相对稳定的、反映历史变化的数据集成管理平台，用于支持管理决策，实现对数据的存储、查询、提取等。

数据集成管理平台用于支持决策，面向分析型数据处理，它不同于业务单位现有的操作型数据库，是对多个异构数据源的有效集成，集成后按照主题进行重组，并包含历史数据，而且存放在数据集成管理平台中的数据一般不再修改。

（2）ELT。

ELT 过程则是依次进行抽取（Extract）、加载（Load）和转换（Transform），在抽取后将结果先写入目标数据集，然后利用数据库的聚合分析能力或者外部计算框架（如 Spark）来完成转换步骤。ELT 作为数据集成架构越来越受欢迎。

ELT 的优点如下。

① ELT 和 ETL 相比，重抽取和加载，轻转换，从而可以用更轻量的方案搭建起一个数据集成管理平台。

② ELT 在数据抽取完成之后，会立即开始数据加载，不但更省时，而且允许 BI（business intelligence，商业智能）分析人员无限制地访问整个原始数据，为分析人员提供了更高的灵活性，使之能更好地支持业务。

拓展

集成是指维护数据源整体上的数据一致性、提高信息共享利用的效率。透明的方式是指用户无须关心如何实现对异构数据源数据的访问，只关心以何种方式访问何种数据。

4.1.2　冗余属性识别

1．数据集成需要解决的问题

数据来源于各种渠道，有的是连续的数据，有的是离散的数据，有的是定性数据，有的是定

< 113 >

量数据。

数据集成一般需要考虑冗余属性识别、实体识别、数据不一致等问题。

2．冗余属性

数据集成往往会导致数据冗余，常见形式如下。

① 同一属性多次出现，例如，两个数据源都记录每天的最高温度和最低温度，当数据集成时，这些属性就出现了两次。

② 同一属性命名不一致导致重复。

> **注意**
>
> 仔细整合不同源数据能减少甚至避免数据冗余与不一致的问题，从而提高数据挖掘的速度和质量。对于冗余属性要先分析，检测到后再将其删除。可以使用相关分析检测方法：给定两个数值型的属性 A 和 B，根据其属性值，用相关系数度量属性 A 在多大程度上蕴含属性 B。

4.1.3 实体识别

实体是指客观存在并可相互区别的事物，可以是具体的人、事、物，也可以是概念。

实体识别是指从不同数据源识别出现实世界的实体，它的任务是统一不同源数据的矛盾之处，常见形式如下。

① 同名异义：数据源 A 和数据源 B 的某个数据特征名称一样，但是表示的内容不一样。例如，属性 ID 分别描述的是菜品编号和订单编号，即描述的是不同的实体。

② 异名同义：数据源 A 和数据源 B 的某个数据特征名称不一样，但是表达的内容一样。例如，数据源 A 中的 sales_dt 和数据源 B 中的 sales_date 都是描述销售日期的，即 A.sales_dt= B.sales_date。

③ 单位不统一：不同的数据源数据的单位不一样。例如，统计身高，一个数据源以米为单位，一个以尺（1 尺=0.33 米）为单位，描述同一个实体分别用的是国际单位和中国传统的计量单位。

> **注意**
>
> 检测和解决这些冲突就是实体识别的任务。

4.1.4 数据不一致

数据不一致包括编码使用不一致和数据表示不一致，例如，旧的身份证号是 15 位，而新的身份证号是 18 位。

4.2 主键合并数据

4.2.1 Pandas 的 merge()函数

Pandas 提供的 merge()函数能够进行高效的合并操作，与 SQL 关系数据库的 MERGE 语句用法非常相似。

< 114 >

merge()函数将两个 DataFrame 按照指定的规则拼接成一个新的 DataFrame。merge()函数语法格式如下。

```
pd.merge(left, right, how='inner', on=None, left_on=None, right_on=None,
left_index=False, right_index=False, sort=True,suffixes=('_x', '_y'), copy=True)
```

参数说明如表 4.1 所示。

表 4.1　merge()参数说明

参数	说明
left/right	两个不同的 DataFrame 类对象
on	指定用于连接的键（即列名），该键必须同时存在于左右两个 DataFrame 中，如果此参数没有指定，其他参数也未指定，则以两个 DataFrame 的列名交集作为连接键
left_on	指定左侧 DataFrame 中用作连接键的列名。该参数在左右列名不同但含义相同时非常有用
right_on	指定右侧 DataFrame 中用作连接键的列名
left_index	布尔值参数，默认为 False。如果为 True，则使用左侧 DataFrame 的行索引引作为连接键，若 DataFrame 具有多层索引，则层的数量必须与连接键的数量相等
right_index	布尔值参数，默认为 False。如果为 True，则使用右侧 DataFrame 的行索引引作为连接键
how	要执行的合并类型，从 {'left', 'right', 'outer', 'inner'}中取值，默认为'inner'，内连接
sort	布尔值参数，默认为 True，会将合并后的数据排序。若设置为 False，则按照 how 给定的合并类型进行排序
suffixes	字符串组成的元组。当左右两个 DataFrame 中存在相同列名时，通过该参数可以在相同的列名后附加后缀，默认为('_x','_y')
copy	默认为 True，表示对数据进行复制

 注意

　　Pandas 库的 merge()函数支持各种内外连接（默认为左外连接），与之相似的还有 join()函数。

例 4-1　合并两个 DataFrame。

```
import pandas as pd
df_left=pd.DataFrame({'学号':['S01','S02','S03','S04'],
                '姓名':['张千','李峰','王诗','吴芸'],
                '年龄':[16,15,14,17]})
df_right=pd.DataFrame({'学号':['S01','S02','S05'],
                '姓名':['张千','李峰','白松'],
                '语文':[86,85,84],
                '数学':[86,75,74],
                '英语':[96,85,94]})
print (df_left)
print (df_right)
print(pd.merge(df_left,df_right,on='学号'))   #通过 on 参数指定连接键
```

程序运行结果如下。

```
   学号    姓名    年龄
0  S01   张千    16
```

< 115 >

1	S02	李峰	15	
2	S03	王诗	14	
3	S04	吴芸	17	

	学号	姓名	语文	数学	英语
0	S01	张千	86	86	96
1	S02	李峰	85	75	85
2	S05	白松	84	74	94

	学号	姓名	年龄	语文	数学	英语
0	S01	张千	16	86	86	96
1	S02	李峰	15	85	75	85

当两个 DataFrame 含有相同的数据时，可以通过 on 参数在多个键上进行合并操作。

4.2.2 join()函数

join()函数也可以实现部分主键合并的功能，默认的连接键是 DataFrame 的行索引，并且合并两个 DataFrame 时不能有相同的列名。

```
join(other, on=None, how="left", lsuffix=" ", rsuffix=" ", sort=False)
```

参数说明如下。

- on：用于指定连接键，如果两个表中行索引和列名重叠，那么当使用 join()进行合并时，使用参数 on 指定重叠的列名即可。
- how：可以从"left" "right" "outer" "inner"中任选一个，默认使用"left"。
- lsuffix：接收字符串，用于在左侧重叠的列名后添加后缀。
- rsuffix：接收字符串，用于在右侧重叠的列名后添加后缀。
- sort：接收布尔值，根据连接键对合并的数据进行排序，默认为 False。

注意

① join()默认使用左外连接方式，即以左表为基准，合并后左表的数据会全部展示。如果索引不一致，则会用 NaN 值填充。

② join()不像 merge()会自动给相同的列名加后缀。

例 4-2 索引一致时，左外连接。

```
#索引一致
import pandas as pd
x = pd.DataFrame({'A':['x1','x2','x3'],
                'B':['y1','y2','y3']}, index=[0,1,2])
y = pd.DataFrame({'C':['z1','z2','z3'],
                'D':['m1','m2','m3']}, index=[0,1,2])
x.join(y)
```

程序运行结果如下。

```
   A   B   C   D
0  x1  y1  z1  m1
1  x2  y2  z2  m2
2  x3  y3  z3  m3
```

< 116 >

例 4-3　索引不一致时，使用 NaN 值填充。

```
import pandas as pd
x = pd.DataFrame({'A':['x1','x2','x3'],
                  'B':['y1','y2','y3']}, index=[0,1,2])
y = pd.DataFrame({'C':['z1','z2','z3'],
                  'D':['m1','m2','m3']}, index=[1,2,3])
x.join(y)
```

程序运行结果如下。

```
    A    B    C    D
0   x1   y1   NaN  NaN
1   x2   y2   z1   m1
2   x3   y3   z2   m2
```

例 4-4　合并的列名相同，指定 lsuffix、rsuffix 进行区分。

```
import pandas as pd
x = pd.DataFrame({'A':['x1','x2','x3'],
                  'B':['y1','y2','y3']}, index=[0,1,2])
y = pd.DataFrame({'B':['z1','z2','z3'],
                  'D':['m1','m2','m3']}, index=[0,1,2])
x.join(y, lsuffix='_xx', rsuffix='_yy')
```

程序运行结果如下。

```
    A    B_xx    B_yy    D
0   x1   y1      z1      m1
1   x2   y2      z2      m2
2   x3   y3      z3      m3
```

!) 注意

　　lsuffix 和 rsuffix 默认为空字符串，合并两个 DataFrame 时 join()不会自动给相同的列名加后缀进行区分，这样合并会报错，给 lsuffix 和 rsuffix 指定值之后合并才会成功。

4.2.3　Pandas 的 merge()函数使用 how 参数合并数据

　　通过 how 参数可以确定 DataFrame 要包含哪些键，如果是左表、右表中都不存在的键，那么合并后该键对应的值为 NaN。

1. 左外连接

以左侧的学号为键连接两个 DataFrame。

```
print(pd.merge(df_left,df_right,on='学号',how="left"))
```

程序运行结果如下。

	学号	姓名_x	年龄	姓名_y	语文	数学	英语
0	S01	张千	16	张千	86.0	86.0	96.0
1	S02	李峰	15	李峰	85.0	75.0	85.0
2	S03	王诗	14	NaN	NaN	NaN	NaN
3	S04	吴芸	17	NaN	NaN	NaN	NaN

< 117 >

2. 右外连接

以右侧的学号为键连接两个 DataFrame。

```
print(pd.merge(df_left,df_right,on='学号',how="right"))
```

程序运行结果如下。

	学号	姓名_x	年龄	姓名_y	语文	数学	英语
0	S01	张千	16.0	张千	86	86	96
1	S02	李峰	15.0	李峰	85	75	85
2	S05	NaN	NaN	白松	84	74	94

3. 全外连接

求出两侧学号的并集，并作为键连接两个 DataFrame。

```
print(pd.merge(df_left,df_right,on='学号',how="outer"))
```

程序运行结果如下。

	学号	姓名_x	年龄	姓名_y	语文	数学	英语
0	S01	张千	16.0	张千	86.0	86.0	96.0
1	S02	李峰	15.0	李峰	85.0	75.0	85.0
2	S03	王诗	14.0	NaN	NaN	NaN	NaN
3	S04	吴芸	17.0	NaN	NaN	NaN	NaN
4	S05	NaN	NaN	白松	84.0	74.0	94.0

4. 内连接

求出两侧学号的交集，并作为键连接两个 DataFrame。

```
print(pd.merge(df_left,df_right,on='学号',how="inner"))
```

程序运行结果如下。

	学号	姓名_x	年龄	姓名_y	语文	数学	英语
0	S01	张千	16	张千	86	86	96
1	S02	李峰	15	李峰	85	75	85

！注意

当对象 a 与对象 b 进行内连接操作时，a.join(b)不等于 b.join(a)。

例 4-5 合并两个 CSV 格式文件的数据，并保存至本地文件 data2.csv。

```
import pandas as pd
df = pd.read_csv('C:/Users/pc/Desktop/data/list3/train.csv')
dd = pd.read_csv('C:/Users/pc/Desktop/data/list3/titanic.csv')
data = pd.merge( df, dd,on=['PassengerId'], how='left')  #左外连接，dd 和 df 谁在前
以谁为准，"姓名"为公共列名
data = data[['PassengerId', 'Pclass', 'Name', 'Sex', 'Age']]
print(data)
#写入表格数据
data.to_csv('C:/Users/pc/Desktop/data/list3/data2.csv', encoding='utf-8-sig')
```

< 118 >

程序运行结果如下。

```
     PassengerId Pclass                                                  Name  \
0              1      3                               Braund, Mr. Owen Harris
1              2      1   Cumings, Mrs. John Bradley (Florence Briggs Th...
2              3      3                                Heikkinen, Miss. Laina
3              4      1        Futrelle, Mrs. Jacques Heath (Lily May Peel)
4              5      3                              Allen, Mr. William Henry
...          ...    ...                                                   ...
886          887      2                                 Montvila, Rev. Juozas
887          888      1                          Graham, Miss. Margaret Edith
888          889      3        Johnston, Miss. Catherine Helen "Carrie"
889          890      1                                 Behr, Mr. Karl Howell
890          891      3                                   Dooley, Mr. Patrick

        Sex   Age
0      male  22.0
1    female  38.0
2    female  26.0
3    female  35.0
4      male  35.0
...     ...   ...
886    male  27.0
887  female  19.0
888  female   NaN
889    male  26.0
890    male  32.0

[891 rows x 5 columns]
```

4.3 堆叠合并数据

4.3.1 Pandas 的 concat()函数

Pandas 的 concat()函数能够轻松地将 Series 类对象与 DataFrame 类对象组合在一起,用于沿某个特定的轴执行连接操作。concat()函数可用于数据集的合并。

concat()函数的语法格式如下。

```
pd.concat(objs, axis=0, join="outer", join_axes=None, ignore_index=False,
keys=None, levels=None, names=None, verify_integrity=False, sort=None, copy=True)
```

部分参数说明如表 4.2 所示。

表 4.2　concat()部分参数说明

参数	说明
objs	一个序列或者 Series、DataFrame 类对象
axis	表示在哪个轴方向上(跨行或者跨列)进行拼接操作,默认 axis=0 表示跨行方向,也就是纵向拼接;axis=1 表示跨列方向,也就是横向拼接
join	指定连接方式,取值为{"inner","outer"},默认为"outer",表示取并集,"inner"表示取交集
join_axes	表示索引对象的列表
ignore_index	布尔值参数,默认为 False。如果为 True,表示不在连接的轴上使用索引

< 119 >

例 4-6　利用 concat() 合并数据。

```
import pandas as pd
a= pd.DataFrame({'A': ['A0', 'A1', 'A2', 'A3'],
                 'B': ['B0', 'B1', 'B2', 'B3'],
                 'C': ['C0', 'C1', 'C2', 'C3'],
                 'D': ['D0', 'D1', 'D2', 'D3']},
                   index=[0, 1, 2, 3])
b= pd.DataFrame({'A': ['A4', 'A5', 'A6', 'A7'],
                 'B': ['B4', 'B5', 'B6', 'B7'],
                 'C': ['C4', 'C5', 'C6', 'C7'],
                 'D': ['D4', 'D5', 'D6', 'D7']},
                index=[2,3,4,5])
print(pd.concat([a,b]))    #连接 a 与 b
```

程序运行结果如下。

```
    A   B   C   D
0  A0  B0  C0  D0
1  A1  B1  C1  D1
2  A2  B2  C2  D2
3  A3  B3  C3  D3
2  A4  B4  C4  D4
3  A5  B5  C5  D5
4  A6  B6  C6  D6
5  A7  B7  C7  D7
```

例 4-7　利用 concat()，指定连接键与使用 keys 参数连接例 4-6 中的两个 DataFrame 类对象。

```
print(pd.concat([a,b],keys=['x','y']))    #连接对象 a 与对象 b，并指定连接键
```

程序运行结果如下。

```
      A   B   C   D
x 0  A0  B0  C0  D0
  1  A1  B1  C1  D1
  2  A2  B2  C2  D2
  3  A3  B3  C3  D3
y 2  A4  B4  C4  D4
  3  A5  B5  C5  D5
  4  A6  B6  C6  D6
  5  A7  B7  C7  D7
```

可以看出，行索引 index 存在重复使用的现象。如果想让输出的行索引遵循依次递增的规则，那么需要将 ignore_index 设置为 True。程序如下。

```
print(pd.concat([a,b],keys=['x','y'],ignore_index=True))
```

程序运行结果如下。

```
    A   B   C   D
0  A0  B0  C0  D0
1  A1  B1  C1  D1
2  A2  B2  C2  D2
3  A3  B3  C3  D3
4  A4  B4  C4  D4
5  A5  B5  C5  D5
6  A6  B6  C6  D6
7  A7  B7  C7  D7
```

< 120 >

> **注意**
>
> 此时，索引顺序被改变，keys 指定的键也被覆盖了。

如果想在 axis=1 方向上直接连接两个对象，那么将会追加新的列。程序如下。

```python
import pandas as pd
a= pd.DataFrame({'A': ['A0', 'A1', 'A2', 'A3'],
                 'B': ['B0', 'B1', 'B2', 'B3'],
                 'C': ['C0', 'C1', 'C2', 'C3'],
                 'D': ['D0', 'D1', 'D2', 'D3']},
                 index=[0, 1, 2, 3])
b= pd.DataFrame({'A': ['A4', 'A5', 'A6', 'A7'],
                 'B': ['B4', 'B5', 'B6', 'B7'],
                 'C': ['C4', 'C5', 'C6', 'C7'],
                 'D': ['D1', 'D2', 'D5', 'D6']},
                 index=[4,5,6,7])
#在 axis=1 方向上连接对象 a 与对象 b
print(pd.concat([a,b],axis=1))
```

程序运行结果如下。

```
     A    B    C    D    A    B    C    D
0   A0   B0   C0   D0  NaN  NaN  NaN  NaN
1   A1   B1   C1   D1  NaN  NaN  NaN  NaN
2   A2   B2   C2   D2  NaN  NaN  NaN  NaN
3   A3   B3   C3   D3  NaN  NaN  NaN  NaN
4  NaN  NaN  NaN  NaN   A4   B4   C4   D1
5  NaN  NaN  NaN  NaN   A5   B5   C5   D2
6  NaN  NaN  NaN  NaN   A6   B6   C6   D5
7  NaN  NaN  NaN  NaN   A7   B7   C7   D6
```

> **注意**
>
> 对于 DataFrame 中不存在的列，连接结果为 NaN。

4.3.2　NumPy 的 concatenate()函数

在项目实践的过程中，我们经常会遇到数组拼接的问题，基于 NumPy 库的 concatenate()函数是一个非常好用的数组操作函数。

concatenate()函数语法格式如下。

```python
numpy.concatenate((a1, a2, ...), axis)
```

参数说明如下。

- a1, a2, …: 表示一系列相同类型的数组。
- axis：沿着该参数指定的方向拼接数组，默认 axis=0。

例 4-8　纵向、横向合并数组数据。

```python
import pandas as pd
import numpy as np
from pandas import Series, DataFrame
arr1 = np.arange(9).reshape(3,3)   #3 行 3 列数据，范围：0～8
arr2 = np.arange(9).reshape(3,3)   #3 行 3 列数据，范围：0～8
```

< 121 >

纵向结合程序如下。

```
#默认 axis=0，纵向结合
np.concatenate([arr1, arr2])
```

程序运行结果如下。

```
array([[0, 1, 2],
       [3, 4, 5],
       [6, 7, 8],
       [0, 1, 2],
       [3, 4, 5],
       [6, 7, 8]])
```

可以发现，纵向合并后，两个 3 行 3 列数组合并成一个 6 行 3 列数组。

横向结合程序如下。

```
np.concatenate([arr1, arr2], axis=1)    #横向结合
```

程序运行结果如下。

```
array([[0, 1, 2, 0, 1, 2],
       [3, 4, 5, 3, 4, 5],
       [6, 7, 8, 6, 7, 8]])
```

可以发现，横向合并后，两个 3 行 3 列数组合并成一个 3 行 6 列数组。

4.3.3 append()函数

如果要连接 Series 类对象和 DataFrame 类对象，最方便、快捷的方法就是使用 append()函数。该函数在 axis=0 方向上进行操作，可接收多个对象。

例 4-9　利用 append()函数，连接 DataFrame 类对象。

```
import pandas as pd
a= pd.DataFrame({'A': ['A0', 'A1', 'A2', 'A3'],
                 'B': ['B0', 'B1', 'B2', 'B3'],
                 'C': ['C0', 'C1', 'C2', 'C3'],
                 'D': ['D0', 'D1', 'D2', 'D3']},
                 index=[0, 1, 2, 3])
b= pd.DataFrame({'A': ['A4', 'A5', 'A6', 'A7'],
                 'B': ['B4', 'B5', 'B6', 'B7'],
                 'C': ['C4', 'C5', 'C6', 'C7'],
                 'D': ['D1', 'D2', 'D5', 'D6']},
                 index=[4,5,6,7])
#在 axis=0 方向上使用 apppend()函数连接 a 与 b
print(a.append(b))
```

程序运行结果如下。

```
   A   B   C   D
0  A0  B0  C0  D0
1  A1  B1  C1  D1
2  A2  B2  C2  D2
3  A3  B3  C3  D3
4  A4  B4  C4  D1
5  A5  B5  C5  D2
```

< 122 >

```
6  A6  B6  C6  D5
7  A7  B7  C7  D6
```

> ⚠️ **注意**
>
> append()函数将在未来的 Pandas 版本中被取缔，现在多使用 concat()函数来进行堆叠合并。

4.4 重叠合并数据

4.4.1 combine()函数

当两组数据的索引完全重合或部分重合，且数据中存在缺失值时，可以采用重叠合并的方式组合数据，重叠合并能将一组数据的空值填充为另一组数据中对应位置的值，如图 4.3 所示。

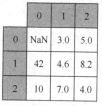

（a）重叠合并前　　　　　　　　　　　　　　（b）重叠合并后

图 4.3　重叠合并数据

重叠合并数据主要达到如下目标：格式标准化、异常数据清除、错误纠正与重复数据清除。其语法格式如下。

```
df1.combine(df2, func, fill_value=None, overwrite=True)
```

参数说明如下。

- func：以两个标量为输入并返回一个元素的函数。
- fill_value：填充缺失值。
- overwrite：默认为 True，如果调用 combine()的 DataFrame 中存在的列在传入 combine()的 DataFrame 中不存在，则先在传入的 DataFrame 中添加一列空值。如果将 overwrite 参数设置成 False，则不会在传入 combine()的 DataFrame 添加原本不存在的列，合并时也不会处理调用 combine()的 DataFrame 中多出的列，多出的列直接原样返回。

例 4-10　比较数据并返回数值较小的列。

```
import pandas as pd
df1 = pd.DataFrame({'A': [0, 0], 'B': [4, 4]})
df2 = pd.DataFrame({'A': [1, 1], 'B': [3, 3]})
take_smaller = lambda x, y: x if x.sum() < y.sum() else y  #整列比较
df1.combine(df2, take_smaller)
```

程序运行结果如图 4.4 所示。

本程序利用 lambda 匿名函数进行数值比较，取出 DataFrame 中数值较小的元素。

例 4-11　比较数据并返回对应位置的较小值。

```
import pandas as pd
import numpy as np
```

< 123 >

```
df1 = pd.DataFrame({'A': [5, 0], 'B': [2, 4]})
df2 = pd.DataFrame({'A': [1, 1], 'B': [3, 3]})
df1.combine(df2, np.minimum)
```

程序运行结果如图 4.5 所示。

图 4.4　程序运行结果　　　　图 4.5　程序运行结果

本程序使用 np.minimum 返回对应位置的较小值。

例 4-12　比较数据并填充缺失值。

```
import pandas as pd
import numpy as np
df1 = pd.DataFrame({'A': [0, 0], 'B': [None, 4]})
df2 = pd.DataFrame({'A': [1, 1], 'B': [3, 3]})
take_smaller = lambda x, y: x if x.sum() < y.sum() else y   #整列比较
df1.combine(df2, take_smaller, fill_value=-5)
```

程序运行结果如图 4.6 所示。

本程序使用 fill_value 在数据缺失的位置填充数值-5。

例 4-13　比较数据并填充缺失值。

```
import pandas as pd
import numpy as np
df1 = pd.DataFrame({'A': [1, 1], 'B': [4, 4]})
df2 = pd.DataFrame({'B': [3, 3], 'C': [1, 1]}, index=[1, 2])
take_smaller = lambda x, y: x if x.sum() < y.sum() else y   #整列比较
df1.combine(df2, take_smaller, overwrite=False)
```

程序运行结果如图 4.7 所示。

本例共计 3 行 3 列数据，当变量 df1 中存在某列而变量 df2 中不存在时，通过 overwrite 参数确定不在 df2 中添加不存在的列，并且合并时不会处理 df1 中多出的列，多出的列直接原样返回。

例 4-14　比较数据并返回数值较大的列。

```
import pandas as pd
import numpy as np
x = pd.DataFrame({'A':[3,4],'B':[1,4]})
y = pd.DataFrame({'A':[1,2],'B':[5,6]})
x.combine(y, lambda a, b: np.where(a > b, a, b))
```

程序运行结果如图 4.8 所示。

图 4.6　程序运行结果　　　　图 4.7　程序运行结果　　　　图 4.8　程序运行结果

numpy.where(condition, x, y)：满足条件（condition）则输出 x，不满足条件则输出 y。

< 124 >

4.4.2　combine_first()函数

在处理数据的过程中，当一个 DataFrame 中出现了缺失值，想要使用其他 DataFrame 中的数据填充时，可以使用 combine_first()函数。该函数的作用既不是行之间的连接，也不是列之间的连接，它为数据"打补丁"，即用参数对象中的数据为调用者对象中的缺失值"打补丁"。

combine_first()函数语法格式如下。

```
combine_first(other)
```

参数 other 用于接收要填充缺失值的 DataFrame 类对象。

例 4-15　重叠合并填充数据。

```
import pandas as pd
import numpy as np
x = pd.DataFrame([[np.nan, 3., 5.], [-4.6, np.nan, np.nan],[np.nan, 7., np.nan]])
y = pd.DataFrame([[-42.6, np.nan, -8.2], [-5., 1.6, 4]], index=[1, 2])
#如果 x 数据缺失，则用 y 数据填充
x.combine_first(y)
```

程序运行结果如图 4.9 所示。

图 4.9　程序运行结果

⚠️**注意**

不存在的列直接用 NaN 替代。

合并数据函数对比如表 4.3 所示。

表 4.3　合并数据函数对比

函数	说明
join()	主要用于基于索引的横向合并拼接
merge()	主要用于基于指定列的横向合并拼接（类似 SQL 的 INNER JOIN 等）
concat()	可用于横向和纵向合并拼接
append()	主要用于纵向追加
combine()	将 2 个 DataFrame 按列进行组合
combine_first()	为数据打补丁

小结：通过 merge()和 join()合并后的数据的列变多；通过 concat()合并后的数据的行、列都可以变多；而 combine_first()可以用一个数据集填充另一个数据集的缺失值。

4.5　集成方法介绍

机器学习常常需要对数据进行集成，本节通过机器学习库 sklearn 来认识不同的数据集成方法。

< 125 >

4.5.1 认识机器学习库 sklearn

1．概述

scikit-learn 简称 sklearn，是基于 Python 实现的机器学习库，它包含了常用的机器学习算法，如回归、分类、聚类、支持向量机、随机森林等，同时使用 NumPy 库进行高效的科学计算，如线性代数计算、矩阵计算等。

（1）sklearn 中常用的算法库。

① linear_model：线性模型算法族库，包含了线性回归算法及 Logistic 回归算法，它们都基于线性模型。

② naiv_bayes：朴素贝叶斯模型算法库。

③ tree：决策树模型算法库。

④ svm：支持向量机模型算法库。

⑤ neural_network：神经网络模型算法库。

⑥ neighbors：最近邻模型算法库。

（2）集成学习。

集成学习通过聚集多个基分类器来完成学习任务，即训练数据构建一组基分类器，然后通过对每个基分类器的预测进行投票来分类，颇有点"三个臭皮匠顶个诸葛亮"的意味。基分类器一般采用的是弱可学习分类器（简称弱学习器），通过集成学习，组合成一个强可学习分类器（简称强学习器）。弱可学习，指学习的正确率仅略优于随机猜测的多项式学习算法；强可学习指正确率较高的多项式学习算法。集成学习的泛化能力一般比单一的基分类器要好，这是因为大部分基分类器分类错误的概率远低于单一基分类器分类错误的概率。

集成学习的目标是把多个使用给定学习算法构建的基估计器的预测结果结合起来，从而获得比单个估计器更好的泛化能力或稳健性。

sklearn 库的集成方法有 Bagging、Boosting、RF（random forest）、AdaBoost 和 GBDT（gradient boosting decision tree）。可以通过认识这些集成方法，来了解数据集成对于数据预处理的意义。

2．Bagging

Bagging（元估计器）对训练数据采用自助采样，即有放回地采样；每一次的采样数据集训练出一个基分类器，经过 M 次采样得到 M 个基分类器，然后根据最大表决原则组合基分类器的分类结果。Bagging 的原理如图 4.10 所示。

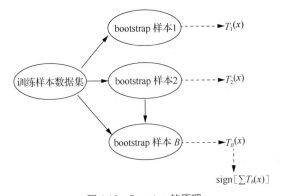

图 4.10　Bagging 的原理

< 126 >

例 4-16　Bagging 的准确率。

```
#产生样本数据集
from sklearn.model_selection import cross_val_score
from sklearn import datasets
iris = datasets.load_iris()
X, y = iris.data[:, 1:3], iris.target
#=================Bagging 元估计器=============
from sklearn.ensemble import BaggingClassifier
from sklearn.neighbors import KNeighborsClassifier
bagging = BaggingClassifier(KNeighborsClassifier(),max_samples=0.5,
max_features=0.5)
scores = cross_val_score(bagging, X, y)
print('Bagging 准确率: ',scores.mean())
```

程序运行结果如下。

```
Bagging 准确率: 0.9133333333333333
```

在 sklearn 中，Bagging 集成方法使用统一的 BaggingClassifier（或者 BaggingRegressor）元估计器，输入的参数和随机子集抽取策略由用户指定。

对于样例和特征，max_samples 和 max_features 控制着子集的大小。

3．Boosting

Boosting 的思路则是采用重赋权法迭代地训练基分类器，即对每一轮的训练样本赋予一个权重，并且每一轮样本的权值分布依赖上一轮的分类结果；基分类器之间采用序列式的线性加权方式进行组合，迭代地训练一系列分类器，每个分类器采用的样本分布都和上一轮的学习结果有关。Boosting 的原理如图 4.11 所示。

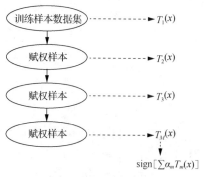

图 4.11　Boosting 的原理

例 4-17　Boosting 的准确率。

```
#产生样本数据集
from sklearn.datasets import make_regression
from sklearn.ensemble import GradientBoostingRegressor
from sklearn.model_selection import train_test_split
X, y = make_regression(random_state=0)
X_train, X_test, y_train, y_test = train_test_split(X, y, random_state=0)
reg = GradientBoostingRegressor(random_state=0)
reg.fit(X_train, y_train)
reg.predict(X_test[1:2])
print('Boosting 准确率: ',reg.score(X_test, y_test))
```

程序运行结果如下。

```
Boosting 准确率: 0.43848663277068134
```

对于样例和特征，bootstrap 和 bootstrap_features 控制着抽取是有放回还是无放回的。

4．RF

随机森林（RF）是 Bagging 的进化版，它的思想仍然是 Bagging，但是进行了独有的改进。

< 127 >

首先，RF 使用了 CART 决策树作为弱学习器；其次，在使用决策树的基础上，RF 对决策树的建立做了改进，进一步增强了模型的泛化能力。

RF 调参策略如图 4.12 所示。

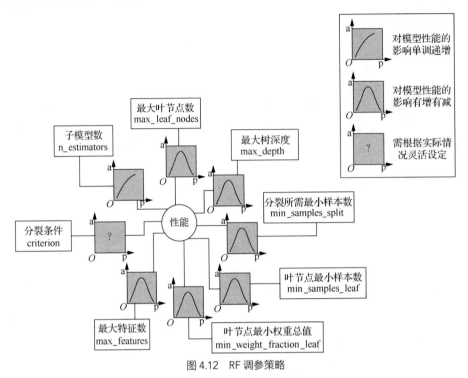

图 4.12　RF 调参策略

RF 的准确率可以和 AdaBoost 相媲美，但是对错误和离群点更稳健。RF 中树的个数增加，RF 的泛化误差收敛，因此过拟合不是问题。

RF 的准确率取决于个体分类器的实力和它们之间的依赖性，集成分类器的预测结果就是单个分类器预测结果的均值。

例 4-18　准确率比较。

```
#==================决策树、随机森林、极限随机树对比==============
#产生样本数据集
from sklearn.model_selection import cross_val_score
from sklearn import datasets
iris = datasets.load_iris()
X, y = iris.data[:, 1:3], iris.target
#决策树
from sklearn.tree import DecisionTreeClassifier
clf = DecisionTreeClassifier(max_depth=None, min_samples_split=2,random_
state=0)
scores = cross_val_score(clf, X, y)
print('决策树准确率: ',scores.mean())
#随机森林
from sklearn.ensemble import RandomForestClassifier
clf = RandomForestClassifier(n_estimators=10,max_features=2)
clf = clf.fit(X, y)
scores = cross_val_score(clf, X, y)
```

< 128 >

```
print('随机森林准确率: ',scores.mean())
#极限随机树
from sklearn.ensemble import ExtraTreesClassifier
clf = ExtraTreesClassifier(n_estimators=10, max_depth=None,min_samples_split=2,
random_state=0)
scores = cross_val_score(clf, X, y)
print('极限随机树准确率: ',scores.mean())
```

程序运行结果如下。

```
决策树准确率: 0.9133333333333333
随机森林准确率: 0.9466666666666667
极限随机树准确率: 0.9266666666666667
```

参数 n_estimators 是随机森林里树的数量，通常数量越大效果越好，但计算时间也会随之增加。注意，树的数量超过一个临界值之后，算法的效果不再显著变好。

参数 max_features 是分割节点时考虑的特征对应的随机子集的大小。这个值越低，方差减小得越多，偏差的增大也越显著。根据经验，设置其默认值时，回归问题使用 max_features = n_features（n_features 是特征的个数），分类问题使用 max_features = sqrt。

建议 max_depth = None 和 min_samples_split = 2 结合，即生成完全的树。

> **！注意**
>
> ① 默认值通常不是最佳参数值，还可能消耗大量的内存。最佳参数值应由交叉验证获得。
>
> ② 在随机森林中，默认使用自助采样法（bootstrap = True），而极限随机树的默认策略是使用整个数据集（bootstrap = False）。
>
> ③ RF 还支持树的并行构建和预测结果的并行计算，可以通过 n_jobs 参数实现。
>
> ④ feature_importances 属性保存了各特征的重要程度。一个元素的值越高，其对应的特征对预测函数的贡献越大。

5．AdaBoost

AdaBoost 由弗伦德（Freund）与夏皮尔（Schapire）提出，用于解决二分类问题 $y \in \{1, -1\}$，其定义损失函数为指数损失函数，即

$$L\ (y, f(x)) = \exp(-yf(x))$$

则整个样本数据集（n 个样本）的整体损失函数或目标函数如下。

$$L\ (y, f(x)) = \frac{1}{n}\sum_{i=1}^{n}\exp(-y_i f(x_i))$$

AdaBoost 分类提升模型如图 4.13 所示。

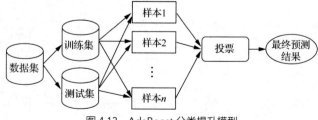

图 4.13　AdaBoost 分类提升模型

< 129 >

例 4-19 AdaBoost 分类提升的准确率。

```
#产生样本数据集
from sklearn.model_selection import cross_val_score
from sklearn import datasets
iris = datasets.load_iris()
X, y = iris.data[:, 1:3], iris.target
#===================AdaBoost=====================
from sklearn.ensemble import AdaBoostClassifier
clf = AdaBoostClassifier(n_estimators=100)
scores = cross_val_score(clf, X, y)
print('AdaBoost 准确率: ',scores.mean())
```

程序运行结果如下。

AdaBoost 准确率:　0.72

6．GBDT

（1）概述。

梯度提升决策树（gradient boosting decision tree，GBDT）是对于任意的可微损失函数提升算法的泛化。

GBDT 也是 Boosting 家族的成员，但又与传统的 AdaBoost 有很大的不同。AdaBoost 是利用前一轮迭代弱学习器的误差率来更新训练样本的权重，这样一轮轮地迭代下去。GBDT 又叫 MART（multiple additive regression tree），也是一种迭代累加的决策树算法，该算法由多棵决策树组成，通过构造一组弱学习器（树），并把多棵决策树的结果累加起来作为最终预测结果输出，即所有树的结论累加起来作为最终答案。

GBDT 是一个准确高效的现有程序，它既能用于分类问题，也能用于回归问题。GBDT 在被提出之初就和支持向量机一起被认为是泛化能力较强的算法。梯度提升决策树的模型被应用到各种领域，包括网页搜索排名和生态领域。

（2）GBDT 的优点。

① 防止过拟合。

② 每一步的残差计算其实变相地提高了分错样本的权重，而已经分对的样本的权重则都趋向于 0。

③ 残差作为全局最优的绝对方向。

④ 使用的损失函数对异常值的稳健性非常强，如胡伯损失函数和分位数损失函数。

（3）GBDT 的缺点。

① 提升是一个串行过程且不好并行化，而且计算复杂度高，大数据量非常耗时。

② 提升不太适合高维特征，数据维度较高会增加算法的计算复杂度。

> **注意**
>
> 构造的弱学习器限定了只能使用 CART 回归树模型。

例 4-20 GBDT 的准确率。

```
#产生样本数据集
from sklearn.model_selection import cross_val_score
from sklearn import datasets
iris = datasets.load_iris()
```

< 130 >

```
X, y = iris.data[:, 1:3], iris.target
#=========Gradient Tree Boosting（梯度树提升）===========
#分类
from sklearn.ensemble import GradientBoostingClassifier
clf = GradientBoostingClassifier(n_estimators=100, learning_rate=1.0,
max_depth=1, random_state=0)
scores = cross_val_score(clf, X, y)
print('GDBT 准确率: ',scores.mean())
#回归
import numpy as np
import matplotlib.pyplot as plt
from sklearn.metrics import mean_squared_error
from sklearn.datasets import load_boston
from sklearn.ensemble import GradientBoostingRegressor
from sklearn.utils import shuffle
from sklearn.model_selection import train_test_split,cross_val_score,cross_validate
boston = load_boston()   #加载波士顿房价数据集
X1, y1 = shuffle(boston.data, boston.target, random_state=13)  #将数据集随机打乱
X_train, X_test, y_train, y_test = train_test_split(X1, y1, test_size=0.1,
random_state=0)   #划分训练集和测试集，test_size 为测试集所占的比例
clf = GradientBoostingRegressor(n_estimators=500, learning_rate=0.01,
max_depth=4,min_samples_split=2,loss='ls')
clf.fit(X1, y1)
print('GDBT 回归 MSE: ',mean_squared_error(y_test, clf.predict(X_test)))
#print('每次训练的得分记录: ',clf.train_score_)
print('各特征的重要程度: ',clf.feature_importances_)
plt.plot(np.arange(500), clf.train_score_, 'b-')  #绘制随着训练次数增加，训练得分的变化
plt.show()
```

程序运行结果如下，程序绘制的训练得分曲线如图 4.14 所示。

```
GDBT 准确率: 0.9066666666666666
GDBT 回归 MSE: 2.5125083436286846
各特征的重要程度: [3.12463492e-02 1.63582414e-04 2.46054190e-03 4.82675418e-04
 2.78190764e-02 4.35323414e-01 7.56939927e-03 8.10996964e-02
 2.15696487e-03 1.42707680e-02 2.35581766e-02 1.27855064e-02
 3.61063850e-01]
```

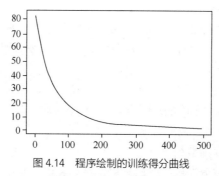

图 4.14　程序绘制的训练得分曲线

弱学习器的数量由参数 n_estimators 来控制。参数 learning_rate 用来控制每个弱学习器对最终结果的贡献程度。弱学习器默认使用决策树，不同的弱学习器可以通过参数 base_estimator 来指定。

< 131 >

获取一个好的预测结果主要需要调整的是 n_estimators 和 base_estimator 的复杂度。

小妙招

Bagging + 决策树 = 随机森林

AdaBoost + 决策树 = 提升树

Gradient Boosting + 决策树 = GBDT

4.5.2 数据集拆分

1. 数据集拆分原则

在机器学习建模时一般要将数据集划分为训练集、验证集、测试集，即分为 train、val、test 这 3 个文件夹。

（1）训练集：用于训练模型的子集。

作用：机器学习训练集为学习样本数据集，通过匹配一些参数来建立一个分类器，主要用于训练模型。

（2）验证集：用于验证模型参数效果的子集。

作用：验证确定网络结构或者控制模型复杂程度的参数（超参），验证调整分类器的参数，如在神经网络中选择隐藏单元数。

（3）测试集：需要测试分类的数据。

作用：检验最终选择的最优模型的性能如何（模型评估），主要是测试训练好的模型的分辨能力（识别率等）。

数据集拆分原则：使用测试集来测试学习器对新样本的判别能力时，测试集应尽量与训练集互斥，即测试样本尽量不在训练集中出现，未在训练集中使用过。

2. 数据集拆分原因

我们建好模型后，能够得到一个预测结果，如何来判断这个模型预测的结果是否准确呢？一般我们会将一组原始数据拆分为训练数据和测试数据两个子集，其中测试数据用于测试模型的准确度。根据二八原则，一般将 80% 的数据用于训练模型，20% 的数据用于测试模型的好坏。

构建模型首先要在训练集上训练模型，然后要在验证集上验证模型的参数效果，最后要在测试集上测试模型的泛化能力。最终的目标是使模型的泛化能力最大化，也就是泛化误差最小化。

3. 拆分数据集的方法

不同数据量的数据集的划分比例不同，如果选用的数据集样本比较少，就按照 6：2：2 的比例去划分。如果不需要 val，那么只需要将数据集划分为两部分，删除对应的 val 部分的代码。拆分比例在程序中可以自己调整。

例 4-17 将产生的样本数据集拆分为训练集和测试集，默认训练集与测试集的数据比例为 8：2（二八原则）。例 4-20 将产生的样本数据集拆分为训练集和测试集，测试集部分占 10%。

（1）留出法。

留出法适用于数据量足够的数据集。

原则：要尽可能保持数据分布的一致性，也就是训练集和测试集中样本类别比例是一致的，一般取 2/3 或 4/5 作为训练集。

缺点：只做一次分割且比例是已经确定的，分割后数据分布与原始分布有差异。

< 132 >

改进：在验证模型效果的时候，可以随机分割训练集和测试集，一般随机生成10 000次，然后生成模型准确率的分布，这样评估模型效果更加客观。

（2）k折交叉验证。

k折交叉验证适用于数据量足够的数据集。

将数据集拆分为k个分区，例如，将数据集拆分为5个分区，如图4.15所示。

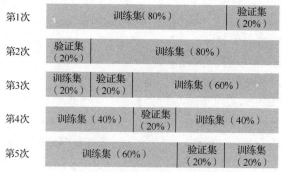

图4.15　k折交叉验证分区示例

每次选择1个分区作为验证集，而其他分区则是训练集，这样将在不同的分区上训练模型。最终获得k个不同的模型，推理预测时用数据集成的方法将这些模型一同使用，k通常设置为[3,5,7,10,20]。如果要检查模型性能的偏差，则使用较高的k [20]。如果要构建用于变量选择的模型，则使用较低的k [3,5]，模型将具有较低的方差。k一般取10。

优点：可以提高模型评估的精确度，同时保持较小的偏差。这是一种广泛使用的获取良好的生产模型的方法。可以使用不同的集成技术为数据集中的每个数据创建预测，并利用这些预测进行模型的改善。

（3）自助法。

自助法适用于数据集较小，难以有效划分训练集和测试集的情况。

自助法改变了初始数据的分布，引入了估计偏差，也就是用改变数据分布带来的误差来弥补数据量少带来的误差。

例4-21 拆分数据集。

① 加载数据。

```
#导入第三方模块
import pandas as pd
#读入数据
df = pd.read_csv(r'C:\Users\pc\Desktop\data\list4\train.csv')
df.head()
```

② 选出 X 和 Y 数据。

```
#方法1：挨个选择
X = df[['Sex','Age','SibSp','Parch','Ticket','Fare','Cabin','Embarked']]
Y = df[["PassengerId","Survived","Pclass","Name"]]
#方法2：用iloc和loc选择
X1 = df.iloc[:,[4,5,6,7,8,9,10,11]]
Y1 = df.iloc[:,[0,1,2,3]]
X2 = df.loc[:,['Sex','Age','SibSp','Parch','Ticket','Fare','Cabin','Embarked']]
Y2 = df.loc[:,["PassengerId","Survived","Pclass","Name"]]
```

< 133 >

```
#方法 3: 用 drop()选择
X3 = df.drop(['Parch'],axis=1)
Y3 = df.Survived
#方法 4: 使用 DataFrame 的 colunms 方法
col = df.columns[[4,5,6,7,8,9,10,11]]
X4 = df.loc[:,col]
X5 = df.iloc[:, df.columns != 'Name']
Y5 = df.iloc[:, df.columns == 'Name']
```

③ 使用 model_selection 拆分数据集。

```
from sklearn import model_selection
#将数据集拆分为训练集和测试集
X_train, X_test, Y_train, Y_test = model_selection.train_test_split(X, Y,
test_size = 0.2, random_state = 1234)
```

可以使用 X_train、X_test、Y_train、Y_test 来查看拆分后的数据集。

4.6 实战 3: 探索虚拟姓名数据

4.6.1 任务说明

1. 案例背景

大数据时代，许多数据是分散的、零碎的，很多时候需要对数据进行合并。假设有 3 组姓名数据，现在将选取某些数据进行合并显示。

2. 主要功能

通过 DataFrame 类对象进行数据的创建、命名、合并和显示等操作。

① 导入库并创建 DataFrame 类对象数据。

② 堆叠合并数据: 行、列。

③ 主键合并数据: 外连接和内连接。

④ 查询并保存文件。

3. 实现思路

工作环境: Windows 10 (64bit)、Anaconda、Jupyter Notebook、NumPy 和 Pandas。

① 导入相关库，使用 NumPy 库和 Pandas 库。

② 创建 3 个 DataFrame 类对象数据并重命名。

③ 堆叠合并数据，使用 concat()按行和按列合并数据。

④ 主键合并数据，使用 merge()分别进行内连接和外连接。

⑤ 对操作后的数据进行查询和保存。

4.6.2 任务分析

1. 堆叠合并数据 concat()函数

功能: 能够轻松地将 Series 类对象与 DataFrame 类对象组合在一起，用于沿某个特定的轴执

< 134 >

行连接操作，也用于数据集的合并。

参数 axis：默认 axis=0，表示纵向拼接；axis=1 表示横向拼接。

例如，pd.concat([a,b])表示直接连接对象 a 和对象 b；pd.concat([a,b],keys=['x','y'])表示连接对象 a 与对象 b，并给对象 a 和对象 b 指定连接键。

2．主键合并数据 merge()函数

功能：能够进行高效的合并操作，将两个 DataFrame 按照指定的规则进行连接，形成一个新的 DataFrame。

例如，pd.merge(df_left,df_right,on='学号')表示通过 on 参数指定用于连接的键为列名"学号"。

4.6.3　任务实现

1．导入相关库并读取数据

```
#导入相关库
import numpy as np
import pandas as pd
#按照如下元数据内容创建 DataFrame
raw_data_1 = {
        'subject_id': ['1', '2', '3', '4', '5'],
        'first_name': ['Alex', 'Amy', 'Allen', 'Alice', 'Ayoung'],
        'last_name': ['Anderson', 'Ackerman', 'Ali', 'Aoni', 'Atiches']}
raw_data_2 = {
        'subject_id': ['4', '5', '6', '7', '8'],
        'first_name': ['Billy', 'Brian', 'Bran', 'Bryce', 'Betty'],
        'last_name': ['Bonder', 'Black', 'Balwner', 'Brice', 'Btisan']}
raw_data_3 = {
        'subject_id': ['1', '2', '3', '4', '5', '7', '8', '9', '10', '11'],
        'test_id': [51, 15, 15, 61, 16, 14, 15, 1, 61, 16]}
#将上述 DataFrame 分别命名为 data1、data2、data3
data1 = pd.DataFrame(raw_data_1, columns = ['subject_id', 'first_name',
'last_name'])
data2 = pd.DataFrame(raw_data_2, columns = ['subject_id', 'first_name',
'last_name'])
data3 = pd.DataFrame(raw_data_3, columns = ['subject_id','test_id'])
```

2．堆叠合并数据

（1）行维度合并。

```
#将 data1 和 data2 两个 DataFrame 按照行维度进行合并，命名为 all_data
all_data = pd.concat([data1, data2])
all_data   #输出合并后的行数据
```

程序运行结果如图 4.16 所示。

观察可知，合并后的数据 data1 在上，data2 在下，列索引合并输出。

（2）列维度合并。

```
#将 data1 和 data2 两个 DataFrame 按照列维度进行合并，命名为 all_data_col
all_data_col = pd.concat([data1, data2], axis = 1)
all_data_col   #输出合并后的列数据
```

< 135 >

程序运行结果如图 4.17 所示。

	subject_id	first_name	last_name
0	1	Alex	Anderson
1	2	Amy	Ackerman
2	3	Allen	Ali
3	4	Alice	Aoni
4	5	Ayoung	Atiches
0	4	Billy	Bonder
1	5	Brian	Black
2	6	Bran	Balwner
3	7	Bryce	Brice
4	8	Betty	Btisan

图 4.16　程序运行结果

	subject_id	first_name	last_name	subject_id	first_name	last_name
0	1	Alex	Anderson	4	Billy	Bonder
1	2	Amy	Ackerman	5	Brian	Black
2	3	Allen	Ali	6	Bran	Balwner
3	4	Alice	Aoni	7	Bryce	Brice
4	5	Ayoung	Atiches	8	Betty	Btisan

图 4.17　程序运行结果

观察可知，合并后的数据 data1 在左，data2 在右，行索引合并输出。

3．主键合并数据

```
data3  #输出 data3
```

程序运行结果如图 4.18 所示。

```
#按照 subject_id 的值对 all_data 和 data3 做合并
pd.merge(all_data, data3, on='subject_id')
```

程序运行结果如图 4.19 所示。

	subject_id	test_id
0	1	51
1	2	15
2	3	15
3	4	61
4	5	16
5	7	14
6	8	15
7	9	1
8	10	61
9	11	16

图 4.18　程序运行结果

	subject_id	first_name	last_name	test_id
0	1	Alex	Anderson	51
1	2	Amy	Ackerman	15
2	3	Allen	Ali	15
3	4	Alice	Aoni	61
4	4	Billy	Bonder	61
5	5	Ayoung	Atiches	16
6	5	Brian	Black	16
7	7	Bryce	Brice	14
8	8	Betty	Btisan	15

图 4.19　程序运行结果

观察可知，合并后的数据 all_data 在左，data3 在右，且 subject_id 列索引合并输出。

```
#对 data1 和 data2 按照 subject_id 进行连接
pd.merge(data1, data2, on='subject_id', how='inner')
```

程序运行结果如图 4.20 所示。

	subject_id	first_name_x	last_name_x	first_name_y	last_name_y
0	4	Alice	Aoni	Billy	Bonder
1	5	Ayoung	Atiches	Brian	Black

图 4.20　程序运行结果

观察可知，合并后的数据 data1 在左，data2 在右，行索引合并并且只输出 subject_id 列数据相同的行数据。

```
#找到 data1 和 data2 合并之后的所有匹配结果
pd.merge(data1, data2, on='subject_id', how='outer')
```

程序运行结果如图 4.21 所示。

	subject_id	first_name_x	last_name_x	first_name_y	last_name_y
0	1	Alex	Anderson	NaN	NaN
1	2	Amy	Ackerman	NaN	NaN
2	3	Allen	Ali	NaN	NaN
3	4	Alice	Aoni	Billy	Bonder
4	5	Ayoung	Atiches	Brian	Black
5	6	NaN	NaN	Bran	Balwner
6	7	NaN	NaN	Bryce	Brice
7	8	NaN	NaN	Betty	Btisan

图 4.21　程序运行结果

观察可知，合并后的数据 data1 在左，data2 在右，剔除了 data2 中的 subject_id 列数据为 4、5 的行数据。

4．查询并保存数据

```
#Pandas 写入表格数据
all_data_col.to_csv('C:/Users/pc/Desktop/data/list4/data1.csv',
encoding='utf-8-sig')   #将合并后的数据保存至本地
all_data.to_csv('C:/Users/pc/Desktop/data/list4/data.csv',
encoding='utf-8-sig')   #将合并后的数据保存至本地
```

最后，将处理后的文件保存到本地桌面指定文件夹。

4.7　本章小结

本章首先介绍了数据集成的概念、冗余属性识别、实体识别和数据不一致；然后介绍了合并数据的 3 种方式，即主键合并数据、堆叠合并数据和重叠合并数据，重点介绍主键合并函数 merge() 和 join()，堆叠合并函数 concat()、concatenate() 和 append()，重叠合并函数 combine() 和 combine_first()；最后介绍了机器学习的 sklearn 库的集成方法，并介绍了数据集拆分的方法。

通过本章的学习，读者能够掌握合并数据集的方法并了解拆分数据集的方法，能更好地处理数据。

4.8　习题

1．填空题

（1）数据集成过程中，可能出现的问题有＿＿＿＿、＿＿＿＿和＿＿＿＿。

< 137 >

（2）实体识别中常见的矛盾有_____。

（3）写出 2 个常见的合并数据的函数：_____和_____。

（4）主键合并数据需要指定一个或多个_____来对两组数据进行连接。

（5）merge()函数支持 4 种连接合并方式，即内连接、左外连接、右外连接和全外连接。它们对应的参数设置分别是 how='____', how='____', how='___', how='____'。

2．选择题

（1）数据集成的过程中需要处理的问题有（　　）。

    A．实体识别　　　　　　　　　　B．冗余与相关性分析

    C．数据不一致　　　　　　　　　D．以上都是

（2）关于合并多个数据集说法错误的是（　　）。

    A．pandas.merge()基于一个或多个键连接多个 DataFrame 中的行

    B．pandas.concat()按行或按列将不同的对象叠加

    C．pandas.merge()默认的合并操作使用的是内连接，可通过传递 how 参数修改为全外连接

    D．concat()函数的 axis 参数值为 0，表示沿着横轴串接，生成一个新的 Series 类对象

（3）下列关于 concat()、append()、merge()和 join()的说法正确的是（　　）。

    A．concat()是最常用的主键合并函数，能够实现内连接和外连接

    B．append()只能用来做纵向堆叠，适用于所有纵向堆叠

    C．merge()是常用的主键合并函数，但不能够实现左外连接和右外连接

    D．join()是常用的主键合并函数之一，但不能够实现左外连接和右外连接

（4）下列关于 train_test_split()函数的说法正确的是（　　）。

    A．train_test_split()能够将数据集划分为训练集、验证集和测试集

    B．生成的训练集和测试集在赋值的时候可以调换位置，系统能够自动识别

    C．train_test_split()每次的划分结果不同，无法解决

    D．train-test_split()函数可以自行决定训练集和测试集的占比

（5）【多选】数据集成的 ETL 是指（　　）。

    A．退出　　　　　B．抽取　　　　　C．转换　　　　　D．加载

（6）（　　）是数据集成的重要问题。

    A．数据冗余　　　B．数据完整　　　C．数据完备　　　D．数据有效

（7）【多选】数据集成的合并类型包括（　　）。

    A．主键合并数据　　B．重叠合并数据　　C．堆叠合并数据　　D．数据拆分

（8）【多选】数据集成可能产生的问题有（　　）。

    A．属性冗余　　　B．元组冲突　　　C．数据值冲突　　　D．属性值缺失

（9）关于数据集成的描述，说法错误的是（　　）。

    A．数据集成的目的是增大数据量

    B．数据集成可以把不同格式的文件数据合并

    C．数据集成时不需要考虑实体识别、属性冗余、数据值冲突等问题

    D．数据集成主要是把多个数据源合并成一个数据源的过程

（10）【多选】数据集成需要注意的 3 个基本问题有（　　）。

    A．模式集成　　　　　　　　　　B．数据冗余

    C．冲突检测和消除　　　　　　　D．数据错误

< 138 >

3．简答题

（1）简述数据集成的意义。

（2）简述 merge()函数和 concat()函数的区别和联系。

4．操作题

补充完成下面的程序，以"学号"为主键，使用 merge()内连接的方法合并表 4.4 和表 4.5 的数据。

表 4.4　题 4 表 1

学号	姓名	籍贯
S001	怠涵	山东
S002	婉清	河南
S003	溪榕	湖北
S004	漠涓	陕西
S005	祈博	山东
S006	孝冉	河南

表 4.5　题 4 表 2

学号	性别	年龄	籍贯
S001	女	23	山东
S002	女	22	河南
S003	男	25	湖北
S004	女	23	陕西
S005	男	19	山东
S006	女	21	河南

主要程序如下。

```
import pandas as pd
df_left=pd.DataFrame({'学号':['S01','S02','S03','S04','S05','S06'],
                ' 姓名':['怠涵','婉清','溪榕','漠涓','祈博','孝冉'],
                '籍贯':[]})
df_right=pd.DataFrame({'学号':['S01','S02','S03','S04','S05','S06'],
                '性别':[],
                '年龄':[23,22,25,23,19,21],
                '籍贯':[]})
#以"学号"为主键，采用内连接的方式合并数据
result_inner=pd.merge()
```

< 139 >

数据变换

第 *5* 章　数据变换

本章学习目标

- 了解数据变换的几种常见操作：简单函数变换、连续属性离散化、属性构造、小波变换、数据规范化等。
- 掌握数据分组与聚合函数：groupby()函数和 aggregate()函数。
- 了解窗口函数、transform()函数和 apply()函数的应用。
- 掌握轴向旋转的 pivot()函数和 melt()函数。
- 掌握哑变量处理与面元切分的方法。

数据变换是数据预处理的重要环节，是指通过数据平滑、数据聚集、数据概化、数据规范化等方式将数据转化成适用于数据分析的形式。数据变换对于得到高质量的数据十分重要。

5.1　数据变换概述

5.1.1　初识数据变换

1．概念

数据变换主要是对数据进行规范化处理，将数据从一种表现形式变为另一种表现形式的过程。数据变换将数据转化成"适当"的形式，以满足挖掘任务及算法的需求。

如果一个人在百分制的考试中得了 95 分，你会认为他学习成绩很好；如果他得了 65 分，你就会觉得他成绩不好；如果他得了 80 分，你会觉得他成绩中等，这是因为在班级里 80 分属于大部分人的情况。

为什么你会有这样的认知呢？在对数据进行统计分析时，我们要求数据满足一定的条件，我们从小到大的考试成绩基本上满足正态分布的条件。当条件不能满足时，还可以对数据做适当的转换，如平方根转换、对数转换、平方根反正弦转换等，使数据满足要求。这些转换都是数据变换的形式。

2．优点

数据变换的优点如下。

① 方便置信区间分析或者可视化（缩放数据，对称分布）。

② 方便获取更容易解释的特征（获取线性特征）。

③ 降低数据的维度或复杂度。

④ 方便使用简单的回归模型。

5.1.2　数据变换方式

1．基本内容

在数据预处理中，我们需要先对字段进行筛选，然后对数据进行探索和相关性分析，接着是选择算法模型，继而针对算法模型对数据的需求进行数据变换，从而完成数据的准备工作。

从整个流程中可以看出，数据变换是数据准备的重要环节，它通过数据平滑、数据聚集、数据概化、数据规范化等方式将数据转化成适用于数据挖掘的形式，如图 5.1 所示。

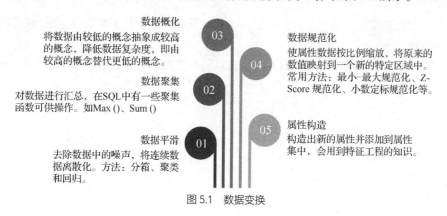

数据概化
将数据由较低的概念抽象成较高的概念，降低数据复杂度，即由较高的概念替代更低的概念。

数据规范化
使属性数据按比例缩放，将原来的数值映射到一个新的特定区域中。常用方法：最小-最大规范化、Z-Score 规范化、小数定标规范化等。

数据聚集
对数据进行汇总，在SQL中有一些聚集函数可供操作。如Max ()、Sum ()

数据平滑
去除数据中的噪声，将连续数据离散化。方法：分箱、聚类和回归。

属性构造
构造出新的属性并添加到属性集中，会用到特征工程的知识。

图 5.1　数据变换

有时候数据变换比算法选择更重要，如果数据是错的，算法再好结果也是错的。

2．一般过程

数据变换没有严格的流程，一般来说是一个试错的过程。

① 初步数据可视化和数据均值方差分析。

② 选择数据变换方法。

③ 变换后数据可视化和数据均值方差分析。

④ 假设验证。

⑤ 确认数据变换是否有效。

5.2　常见操作

数据变换的常见操作是数据的处理，例如，对原始数据进行数学函数变换、规范化、小波变换、属性构造和属性离散化操作，目的是使数据更适合应用。

思考这样一个问题：当使用梯度下降优化算法进行近似求解时，如果各个特征量的量纲不统一会如何？

5.2.1　简单函数变换

1．概述

简单函数变换是对原始数据进行某些数学函数变换，常用的变换包括平方、开方、取对数、差分运算等。

< 141 >

$$x'=x^2$$
$$x'=\sqrt{x}$$
$$x'=\log(x)$$
$$\nabla f(x_k) = f(x_{k+1}) - f(x_k)$$

数据变换的目的是将数据转化为更方便分析的数据。简单函数变换常用来将不满足正态分布的数据变换成满足正态分布的数据。

2. 连续特征变换

连续特征变换的常用方法有 3 种：基于多项式的数据变换、基于指数函数的数据变换和基于对数函数的数据变换。

连续特征变换能增加数据的非线性特征，捕获特征之间的关系，有效提高模型的复杂度。

例 5-1 函数变换。

```python
#encoding=utf-8
import numpy as np
from sklearn.preprocessing import PolynomialFeatures
from sklearn.preprocessing import FunctionTransformer
"""生成多项式"""
X = np.arange(9).reshape(3,3)
print(X)
print("_____分割线_____")
ploy = PolynomialFeatures(2)
print(ploy.fit_transform(X))
print("_____分割线_____")
ploy = PolynomialFeatures(3)
print(ploy.fit_transform(X))
print("_____分割线_____")
"""自定义转换器"""
X = np.array([[0,1],[2,3]])
transformer = FunctionTransformer(np.log1p)   #括号内的就是自定义函数
print(transformer.fit_transform(X))
print("_____分割线_____")
transformer = FunctionTransformer(np.exp)
print(transformer.fit_transform(X))
```

程序运行结果如下。

```
[[0 1 2]
 [3 4 5]
 [6 7 8]]
_____分割线_____
[[ 1.  0.  1.  2.  0.  0.  0.  1.  2.  4.]
 [ 1.  3.  4.  5.  9. 12. 15. 16. 20. 25.]
 [ 1.  6.  7.  8. 36. 42. 48. 49. 56. 64.]]
_____分割线_____
[[ 1.  0.  1.  2.  0.  0.  0.  1.  2.  4.  0.  0.  0.  0.
   0.  0.  1.  2.  4.  8.]
 [ 1.  3.  4.  5.  9. 12. 15. 16. 20. 25. 27. 36. 45. 48.
  60. 75. 64. 80. 100. 125.]
```

< 142 >

```
[ 1.   6.   7.   8.  36.  42.  48.  49.  56.  64. 216. 252. 288. 294.
 336. 384. 343. 392. 448. 512.]]
```
_____分割线_____
```
[[0.         0.69314718]
 [1.09861229 1.38629436]]
```
_____分割线_____
```
[[ 1.         2.71828183]
 [ 7.3890561  20.08553692]]
```

程序运行结果分为 5 部分，分别如下。

① 多项式 X。

```
[[0 1 2]
 [3 4 5]
 [6 7 8]]
```

② 当 degree = 2 时，以第二行为例。

```
[[ 1.  0.  1.  2.  0.  0.  0.  1.  2.  4.]
 [ 1.  3.  4.  5.  9. 12. 15. 16. 20. 25.]
 [ 1.  6.  7.  8. 36. 42. 48. 49. 56. 64.]]
```

③ 当 degree = 3 时，以第二行为例。

```
[[ 1.  0.  1.  2.  0.  0.  0.  1.  2.  4.  0.  0.  0.  0.
   0.  0.  1.  2.  4.  8.]
 [ 1.  3.  4.  5.  9. 12. 15. 16. 20. 25. 27. 36. 45. 48.
  60. 75. 64. 80. 100. 125.]
 [ 1.  6.  7.  8. 36. 42. 48. 49. 56. 64. 216. 252. 288. 294.
 336. 384. 343. 392. 448. 512.]]
```

④ 正态化处理，生成多项式。

```
[[0.         0.69314718]
 [1.09861229 1.38629436]]
```

⑤ 指数函数处理多项式。

```
[[ 1.         2.71828183]
 [ 7.3890561  20.08553692]]
```

例 5-1 演示了生成多项式特征与自定义函数（如 log1p）。在输入特征中增加非线性特征可以有效提高模型的复杂度，其中最常用的是多项式特征。

5.2.2　连续属性离散化

1. 数据离散化的意义

数据离散化是指将连续的数据分段，使其变为一段段离散化的区间。

连续属性离散化就是在数据的取值范围内设定若干个离散的划分点，将取值范围划分为一些离散化的区间，最后用不同的符号或整数代表落在每个子区间中的数据，即将连续属性变换成分类属性。分段的原则有等距、等频等。

因此，数据离散化涉及两个子任务：确定分类数和将连续属性值映射到分类值。

< 143 >

2．数据离散化的原因

数据离散化的原因如图 5.2 所示。

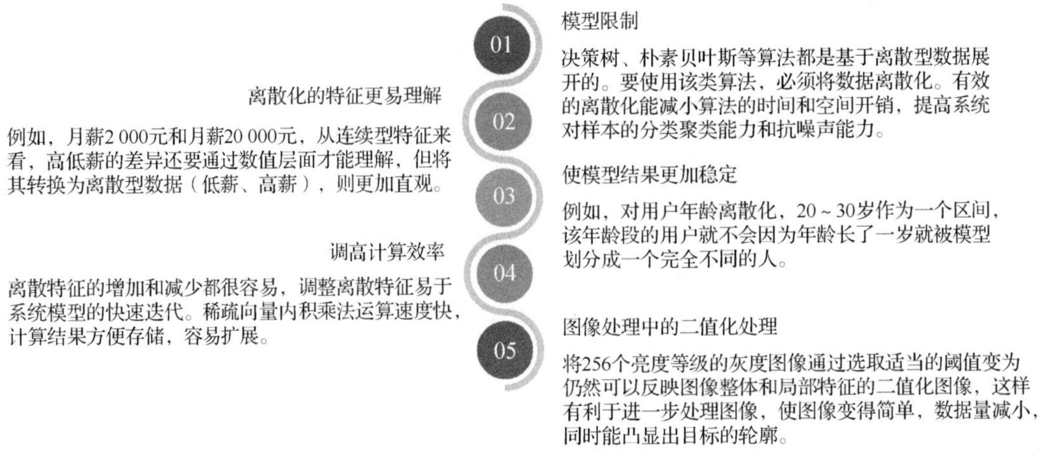

离散化的特征更易理解

例如，月薪 2 000 元和月薪 20 000 元，从连续型特征来看，高低薪的差异还要通过数值层面才能理解，但将其转换为离散型数据（低薪、高薪），则更加直观。

调高计算效率

离散特征的增加和减少都很容易，调整离散特征易于系统模型的快速迭代。稀疏向量内积乘法运算速度快，计算结果方便存储，容易扩展。

01 模型限制

决策树、朴素贝叶斯等算法都是基于离散型数据展开的。要使用该类算法，必须将数据离散化。有效的离散化能减小算法的时间和空间开销，提高系统对样本的分类聚类能力和抗噪声能力。

02

03 使模型结果更加稳定

例如，对用户年龄离散化，20～30 岁作为一个区间，该年龄段的用户就不会因为年龄长了一岁就被模型划分成一个完全不同的人。

04

05 图像处理中的二值化处理

将 256 个亮度等级的灰度图像通过选取适当的阈值变为仍然可以反映图像整体和局部特征的二值化图像，这样有利于进一步处理图像，使图像变得简单，数据量减小，同时能凸显出目标的轮廓。

图 5.2　数据离散化的原因

3．常用的数据离散化方法

常用的数据离散化方法有等宽法、等频法和（一维）聚类法。

① 等宽法：以等距区间或自定义区间进行离散，优点是灵活，保持原有数据分布。

② 等频法：根据数据的频率分布进行排序，然后按照频率进行离散，好处是数据变为均匀分布，但是会更改原有的数据结构。

③ 聚类法：使用 k 均值聚类（k-means）算法对样本进行离散处理。

拓展

其他数据离散化方法如下。

① 分位数法：使用四分位、五分位、十分位等进行离散。

② 卡方：基于卡方的离散方法，找出数据的最佳近邻区间并合并，形成较大的区间。（注：卡方检验就是统计样本的实际观测值与理论推断值之间的偏离程度，实际观测值与理论推断值之间的偏离程度决定卡方值的大小。卡方值越大，二值越不符合；卡方值越小，二值越趋于符合；二值完全相等时，卡方值为 0。）

③ 特征二值化：数据跟阈值比较，大于阈值设置为某一固定值（如 1），小于阈值设置为另一固定值（如 0），然后得到一个只拥有两个值域的二值化数据集。

4．分箱介绍

分箱是指把待处理的数据按照一定的规则放进"箱子"中，采用某种方法对各个箱子中的数据进行处理。常用的方法如下。

① 等深分箱法：每箱具有相同的记录数，每个箱子的记录数称为箱子的深度。

② 等宽分箱法：平均分割整个数据区间，使得每个箱子的区间相等，这个区间称为箱子的宽度。

③ 用户自定义分箱法：根据用户自定义的规则进行分箱处理。

5．噪声平滑处理

噪声数据是指在测量一个变量时测量值可能出现的相对于真实值的偏差或错误，这种数据会影响后续分析操作的正确性与效果。噪声数据主要包括错误数据、假数据和异常数据。异常数据

< 144 >

是指对数据分析结果有较大影响的离散数据。

在分箱之后，要对每个箱子中的数据进行平滑处理。常用的噪声平滑处理方法如下。

① 按平均值：对同一箱子中的数据求平均值，用平均值代替箱子中的所有数据。

② 按中值：取箱子中所有数据的中值，用中值代替箱子中的所有数据。

③ 按边界值：最大值和最小值被视为边界值，箱中的每一个值被较近的边界值替换。

④ 聚类：将数据分为若干个簇，在簇外的值即为孤立点，这些孤立点就是噪声数据，应对其进行删除或替换。簇是一组数据对象的集合，同一簇的数据具有相似性，不同簇的数据的差异性较大。

⑤ 回归：通过发现两个变量之间的关系，构造一个回归函数，使该函数能够最大程度地反映两个变量之间的关系，使用这个函数来平滑数据。

6．数据离散化方法详解

（1）等宽法/距离区间法。

使用等距或自定义区间的方式进行离散化，即将连续型变量的取值范围均匀划分成 n 等份。例如，将年龄字段划分为 0～10 岁为一组，10～20 岁为一组，以此类推。

特点：灵活，满足自定义需求，并能保持原有数据分布。

Pandas 的 cut()可将连续型数据转换为分类型数据，其语法格式如下。

```
pandas.cut(x, bins, right=True, labels=None, retbins=False,\
    precision=3, include_lowest=False, duplicates='raise', \
    ordered=True)
```

参数说明如表 5.1 所示。

表 5.1　cut()参数说明

参数	说明
x	要传入和切分的一维数组，可以是列表，也可以是 DataFrame 的一列
bins	代表切片的方式，可以自定义传入列表[a,b,c]，表示按照 a～b、b～c 的区间来切分，也可以是数值 n，直接指定分为 n 组
right	True/False，值为 True 表示区间左开右闭，即( ]；值为 False 表示区间左闭右开，即[ )
labels	标签参数，如['低','中','高']
retbins	True/False，值为 True 时，cut()方法会返回分组后的结果和分组的边界值；值为 False 时，cut()方法不返回分组的边界值
precision	存储和显示标签的精度，默认为 3
include_lowest	True/False，第一个区间是否左包含
duplicates	raise/drop，如果列表里有重复，报错/直接删除至保留一个
ordered	True/False，标签是否有序。适用于返回类型 Categorical 和 Series（使用 Categorical dtype）。如果为 True，则将对生成的分类进行排序。如果为 False，则生成的分类将是无序的

例 5-2　随机产生 200 个人的年龄数据，通过等宽法离散化并进行可视化。

```
import pandas as pd
def cluster_plot(d, k):  #定义可视化函数
    import matplotlib.pyplot as plt
    plt.rcParams['font.sans-serif'] = ['SimHei']
    plt.rcParams['axes.unicode_minus'] = False
    plt.figure(figsize=(12, 4))
    for j in range(0, k):
        plt.plot(data[d == j], [j for i in d[d == j]], 'o')
    plt.ylim(-0.5, k - 0.5)
    return plt
```

< 145 >

```
data = np.random.randint(1, 100, 200)
k = 5  #分为 5 个等宽区间
#等宽离散
d1 = pd.cut(data, k, labels=range(k))
cluster_plot(d1, k).show()
```

程序运行结果如图 5.3 所示。

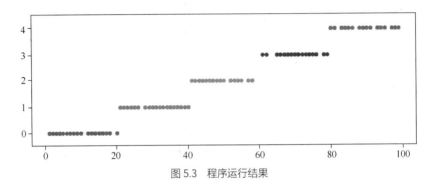

图 5.3　程序运行结果

```
#自定义离散区间
data = np.random.randint(1, 100, 200)
k = 6
bins = [0, 10, 18, 30, 60, 100]  #自定义区间
d2 = pd.cut(data, bins=bins, labels=range(k-1))
cluster_plot(d2, k).show()
```

程序运行结果如图 5.4 所示。

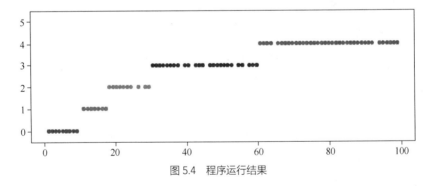

图 5.4　程序运行结果

由两段程序的运行结果可以直观地看出等宽法的缺点，其缺点在于对噪声过于敏感，倾向于不均匀地把属性值分布到各个区间，导致有些区间的数据极多，有些区间的数据极少，严重损害离散化之后建立的数据模型。

（2）等频法。

等频法是将相同数量的记录放在每个区间，保证每个区间的数据量基本一致，区间的个数 k 根据实际情况来决定。例如，有 60 个样本，要将其分为 3 部分，则每部分有 20 个样本。

特点：数据均匀分布，各个区间的观测值数量相同，改变数据原有的分布状态。

Pandas 库中的 qcut()可以把一组数字按等频法进行分区，其语法格式如下。

```
qcut(x, q, labels=None, retbins=False, precision=3, duplicates='raise')
```

< 146 >

例 5-3　随机产生 200 个人的年龄数据，然后通过等频法离散化，并进行可视化。

```
import numpy as np
import pandas as pd
data = np.random.randint(1, 100, 200)
k = 6
d3=pd.qcut(data,k)
print(d3.value_counts())
```

程序运行结果如下。

```
(0.999, 16.0]      36
(16.0, 29.0]       34
(29.0, 40.5]       30
(40.5, 57.0]       35
(57.0, 73.833]     31
(73.833, 99.0]     34
dtype: int64
```

可以看出，每个区间的数据量大致相同，但是区间的意义却不清楚。

改进程序：自行设置区间大小，实现等频离散。

```
import numpy as np
import pandas as pd
data = np.random.randint(1, 100, 200)
data = pd.Series(data)
k = 6
#等频离散
w = [1.0 * i / k for i in range(k + 1)]
w = data.describe(percentiles=w)[4:4 + k + 1]
w[0] = w[0] * (1 - 1e-10)
d4 = pd.cut(data, w, labels=range(k))
#定义可视化函数
def cluster_plot(d, k):
    import matplotlib.pyplot as plt
    plt.rcParams['font.sans-serif'] = ['SimHei']
    plt.rcParams['axes.unicode_minus'] = False
    plt.figure(figsize=(12, 4))
    for j in range(0, k):
        plt.plot(data[d == j], [j for i in d[d == j]], 'o')
    plt.ylim(-0.5, k - 0.5)
    return plt
cluster_plot(d4, k).show()
```

程序运行结果如图 5.5 所示。

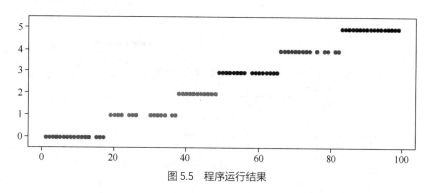

图 5.5　程序运行结果

< 147 >

Pandas 的 qcut()函数的缺点是边界易出现重复值，要删除重复值可以设置 duplicates='drop'，但易出现分片个数少于指定个数的问题。

qcut()与 cut()的主要区别如下。

- qcut：传入的参数决定要将数据分成多少组，具体的组距由代码计算。
- cut：传入的参数是分组依据。

等宽法与等频法比较，二者都简单，易于操作，但都需要人为地规定划分区间的个数。等宽法的缺点在于它对离群点比较敏感，倾向于不均匀地把属性值分布到各个区间，有些区间包含许多数据，而另外一些区间的数据极少，这样会严重损害建立的决策模型。等频离散不会像等宽离散那样出现某些区间数据极多或者极少的情况，但是为了保证每个区间的数据量一致，很有可能将原本相同的两个数据分进不同的区间，这对最终模型的损害程度一点都不亚于等宽离散。

（3）聚类法。

一维聚类离散包括两个步骤：选取聚类算法（k-means 算法）对连续属性值进行聚类；聚类之后得到 k 个簇，并得到每个簇对应的分类值（类似于这个簇的标记）。聚类法也需要用户指定簇的个数，从而决定产生的区间数。

例 5-4 使用 k-means 算法实现班级学习成绩分布聚类离散。

首先安装 sklearn 库。

```
pip install sklearn
```

然后设计程序，实现数据聚类离散。

```
#聚类离散
from sklearn.cluster import KMeans
data = np.random.randint(1, 100, 200)
data = pd.Series(data)
k=5
kmodel = KMeans(n_clusters=k)
kmodel.fit(data.values.reshape(len(data), 1))
c = pd.DataFrame(kmodel.cluster_centers_, columns=list('a')).sort_values(by='a')
w = c.rolling(2).mean().iloc[1:]   #移动平均,即对当前值和前 2 个值取平均数,使用.iloc[1:]
过滤掉空值
w = [0] + list(w['a']) + [data.max()]
d5 = pd.cut(data, w, labels=range(k))
cluster_plot(d5, k).show()
```

程序运行结果如图 5.6 所示。

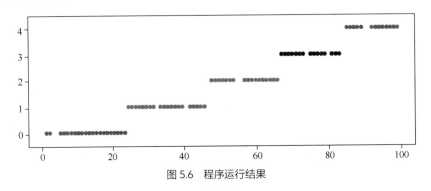

图 5.6　程序运行结果

< 148 >

> **注意**
>
> ① y = x.reshape(-1,1)表示将数据变成只有 1 列（-1 代表根据剩下的维度计算出数组的另一个 shape 属性值）。
>
> ② kmodel.cluster_centers_ 为类别的中心点，这是该方法与 jenkspy 库的差别，jenkspy 库得出的结果为类别的边界。n_clusters=k 表示类别个数。

（4）特征二值化。

特征二值化的核心在于设定一个阈值，将数据与该阈值比较后，转化为 0 或 1（只考虑某个特征出现与否，不考虑出现次数、程度），目的是将连续型数据细粒度的度量转化为粗粒度的度量。

例 5-5　特征二值化。

```
from sklearn.preprocessing import Binarizer
import numpy as np
data = [[1,2,4],[1,2,6],[3,2,2],[4,3,8]]
binar = Binarizer(threshold=3)  #设置阈值为 3，<=3 标记为 0，>3 标记为 1
print(binar.fit_transform(data))
#fit_transform(X)中的参数 X 只能是矩阵
print(binar.fit_transform(np.matrix(data[0])))
```

程序运行结果如下。

```
[[0 0 1]
 [0 0 1]
 [0 0 0]
 [1 0 1]]
[[0 0 1]]
```

可以看出，可根据阈值将数据二值化（将特征值设置为 0 或 1），用于处理连续型数据。大于阈值的值映射为 1，而小于或等于阈值的值映射为 0。默认阈值为 0 时，所有的正值都映射为 1。

特征二值化是对文本计数数据的常见操作，分析人员可以决定仅考虑某种现象的存在与否。它还可以用作考虑布尔随机变量的估计器的预处理步骤，如使用贝叶斯设置中的伯努利分布建模。

5.2.3　属性构造

在防窃漏电诊断建模中，已有的属性包括供入电量、供出电量（线路上各用户用电量之和）。理论上供入电量和供出电量应该是相等的，但是由于在传输过程中存在电能损耗，供入电量略大于供出电量，而如果该条线路上的一个或多个用户有窃漏电情况，供入电量就会明显大于供出电量。反过来，为了判断是否有用户存在窃漏电情况，可以构造出一个新的指标——线损率，该过程就是属性构造，也就是利用已有的属性集构造出新的属性，并加入现有的属性集。

新构造的属性线损率按如下公式计算。

$$线损率 = \frac{供入电量 - 供出电量}{供入电量} \times 100\%$$

线损率的正常范围一般是 3%～15%，如果远远超过该范围，就可以认为该条线路的用户存在窃漏电等用电异常情况。

< 149 >

例 5-6 线损率属性构造计算。

```
#-*- coding: utf-8 -*-
import pandas as pd
#参数初始化
inputfile='C:/Users/pc/Desktop/data/list5/electricity_data.xls'  #供入、供出电量数据
outputfile='C:/Users/pc/Desktop/data/list5/electricity_data1.xls'  #属性构造后数据文件
data = pd.read_excel(inputfile) #读入数据
data[u'线损率'] = (data[u'供入电量'] - data[u'供出电量'])/data[u'供入电量'] #线损率计算
 data.to_excel(outputfile, index = False) #保存结果
```

程序运行结果如图 5.7 和图 5.8 所示。

	供入电量	供出电量
0	986	912
1	1208	1083
2	1108	975
3	1082	934
4	1285	1102

图 5.7 属性构造前数据

	供入电量	供出电量	线损率
0	986	912	0.075051
1	1208	1083	0.103477
2	1108	975	0.120036
3	1082	934	0.136784
4	1285	1102	0.142412

图 5.8 属性构造后数据

5.2.4 小波变换

小波变换（wavelet transform，WT）可以把非平稳信号分解为表达不同层次、不同频带信息的数据序列。选取适当的小波系数，即完成了信号的特征提取。

小波变换具有多分辨率的特点，在时域和频域都具有表征信号局部特征的能力。它通过伸缩和平移等运算过程对信号进行多尺度聚焦分析，提供了一种非平稳信号的时频分析手段，可以由粗及细地逐步观察信号，从中提取有用信息。

小波变换是一种新型的数据分析工具，是近年来兴起的信号分析手段。小波变换的理论和方法在信号处理、图像处理、语音识别、模式识别、量子物理等领域得到越来越广泛的应用，被认为是近年来在工具及方法上的重大突破。

例 5-7 利用小波变换进行信号特征提取。

```
#参数初始化
input_path='C:/Users/pc/Desktop/data/list5/leleccum.mat'  #提取自 MATLAB 的信号文件
from scipy.io import loadmat  #MAT 是 MATLAB 专用格式，需要用 loadmat 读取
mat = loadmat(input_path)
signal = mat['leleccum'][0]
print("signal:")
print(signal)
import pywt  #导入 PyWavelets
coeffs = pywt.wavedec(signal, 'bior3.7', level = 5)
#返回结果为 level+1 个数字，第一个数组为逼近系数数组，后面的是细节系数数组
print('coeffs:',coeffs)
```

< 150 >

程序运行结果如图 5.9 所示。

```
signal:
[420.20278994 423.52653517 423.52271225 ... 323.96580997 323.2400761
 323.85476049]
coeffs: [array([2415.1478541 , 2395.74470824, 2402.22022728, 2408.90987352,
        2402.22022728, 2395.74470824, 2415.1478541 , 2369.53622493,
        1958.0913368 , 1983.87619596, 1901.68851538, 1651.86483216,
        1482.45129628, 1356.98779058, 1257.4459793 , 1265.75505172,
        1363.66712581, 1427.53767222, 1568.87951307, 1893.80694993,
        2295.89161125, 2555.9239482 , 2778.31817145, 2871.0940301 ,
        2954.38189098, 2981.0281365 , 2986.06286012, 3091.56214184,
        3085.0678644 , 2840.05639099, 2782.74679521, 2776.99922688,
        2833.0658032 , 2907.76710805, 2496.58749928, 2443.95791914,
        2338.50723857, 2394.15834442, 2186.86013504, 2142.10730351,
        2066.37469747, 2097.47366057, 2190.20987484, 2024.82470966,
        1999.88792082, 1761.22260043, 2012.8983115 , 1733.14320566,
        1955.69105593, 2296.53399998, 2332.11621828, 2436.91433782,
        2248.43497823, 1928.01215666, 1900.73383661, 1804.08152916,
        1596.93576991, 1375.26325034, 1301.52662997, 1239.15426738,
```

图 5.9　程序运行结果

　　小结：利用小波变换可以对声波信号进行特征提取，提取出可以代表声波信号的向量数据，即完成从声波信号到特征向量数据的变换。例 5-7 利用小波函数对声波信号进行分解，得到 5 个层次的小波系数。利用这些小波系数求得各个能量值，这些能量值即可作为声波信号的特征数据。

5.2.5　数据规范化

　　数据规范化又称归一化、无量纲化。无量纲化处理使属性数据按比例缩放，映射到一个新的特定区域中。不同的评价指标往往对应不同的量纲，数值间的差别可能很大，不进行处理可能会影响数据分析的结果。

　　数据规范化将不同范围的值映射到相同的固定范围，常见的是[0,1]，示例如下。

```
X = [[ 1, -1, 2],[ 2, 0, 0], [ 0, 1, -1]]
sklearn.preprocessing.normalize(X, norm='l2')
```

得到新的数据如下。

```
array([[ 0.40, -0.40, 0.81], [ 1, 0, 0], [ 0, 0.70, -0.70]])
```

　　可以发现，对于每一个样本都有各元素的平方之和为 1，这就是 L2-norm（L2 范数），即变换后每个样本的各维特征的平方和为 1。类似地，L1-norm（L1 范数）则是变换后每个样本的各维特征的绝对值和为 1，max-norm（最大范数）则是将每个样本的各维特征除以该样本各维特征的最大值。

　　在度量样本之间的相似性时，如果使用的是二次型内核，则需要做正则化处理。

1. min-max 规范化

min-max 规范化（最小-最大规范化）也称为离差标准化，是对原始数据做线性变换，将数据映射到[0,1]。

min-max 规范化公式如下。

$$新数值=（原数值-最小值）/（最大值-最小值）$$

　　优点：min-max 规范化保留了原来数据中存在的关系，是消除量纲和数据取值范围影响的最简单方法。

　　缺点：若数据集中，且某个数值很大，则 min-max 规范化后各值会接近于 0，且相差不大。若将来遇到超出目前属性[min,max]范围的数据，会引起系统出错，需要重新确定 min 和 max。

< 151 >

以下通过 sklearn 的 preprocessing 模块来介绍 min-max 规范化。min-max 规范化使用 MinMaxScaler() 函数，其语法格式如下。

```
min_max_scaler = sklearn.preprocessing.MinMaxScaler()
min_max_scaler.fit_transform(X_train)
```

例 5-8 使用 MinMaxScaler() 函数进行数据规范化。

```
from sklearn import preprocessing
import numpy as np
#初始化数据，每一行表示一个样本，每一列表示一个特征
x = np.array([[ 0., -3.,  1.],
              [ 3.,  1.,  2.],
              [ 0.,  1., -1.]])
#将数据进行 [0,1] 规范化
min_max_scaler = preprocessing.MinMaxScaler()
minmax_x = min_max_scaler.fit_transform(x)
print(minmax_x)
```

程序运行结果如下。

```
[[0.        0.        0.66666667]
 [1.        1.        1.        ]
 [0.        1.        0.        ]]
```

可以看出，进行[0,1]标准化后，所有数据均在 0 和 1 之间。

2. Z-Score 规范化

Z-Score 规范化（零-均值规范化）也称标准差标准化，经过处理的数据的均值为 0，标准差为 1。这是当前用得最多的数据规范化方法。

Z-Score 规范化公式如下。

$$新数值 = \frac{原数值 - 均值}{标准差}$$

Z-Score 规范化对于基于距离的挖掘算法尤为重要。在 sklearn 库中使用 preprocessing.scale() 函数，可以直接对给定数据进行 Z-Score 规范化。使用方法如下。

```
sklearn.preprocessing.scale(X)
```

Z-Score 规范化一般会把训练集和测试集放在一起做标准化，或者在训练集上做标准化后，用同样的标准去标准化测试集，此时可以用 scaler。使用方法如下。

```
scaler = sklearn.preprocessing.StandardScaler().fit(train)
scaler.transform(train)
scaler.transform(test)
```

实际应用中，需要做 Z-Score 规范化的常见情景为支持向量机模型算法。

例 5-9 使用 preprocessing.scale() 函数进行数据规范化。

```
from sklearn import preprocessing
import numpy as np
#初始化数据，每一行表示一个样本，每一列表示一个特征
x = np.array([[ 0., -3.,  1.],
              [ 3.,  1.,  2.],
              [ 0.,  1., -1.]])
```

< 152 >

```
#将数据进行 Z-Score 规范化
scaled_x = preprocessing.scale(x)
print(scaled_x)
```

程序运行结果如下。

```
[[-0.70710678 -1.41421356  0.26726124]
 [ 1.41421356  0.70710678  1.06904497]
 [-0.70710678  0.70710678 -1.33630621]]
```

可以看到，Z-Score 规范化后，数据符合均值为 0、方差为 1 的正态分布。

3．小数定标规范化

小数定标规范化就是通过移动小数点的位置来进行数据规范化，用于消除量纲影响。小数点移动多少位取决于属性 A 的取值中的最大绝对值，最终取值范围是[-1,1]。例如，属性 A 的取值范围是-999 到 88，那么最大绝对值为 999，小数点就会移动 3 位，即新数值 = 原数值/1000，A 的取值范围被规范化为-0.999 到 0.088。

例 5-10 小数定标规范化数据。

```
from sklearn import preprocessing
import numpy as np
#初始化数据
x = np.array([[ 0., -3.,  1.],
              [ 3.,  1.,  2.],
              [ 0.,  1., -1.]])
#小数定标规范化
j = np.ceil(np.log10(np.max(abs(x))))   #向上取整，绝对值最大的值取 log
scaled_x = x/(10**j)
print(scaled_x)
```

程序运行结果如下。

```
[[ 0.  -0.3  0.1]
 [ 0.3  0.1  0.2]
 [ 0.   0.1 -0.1]]
```

📖 **思考**

① 数据规范化、归一化、标准化是同一个概念吗？

② 什么时候用到数据规范化？

③ 如何使用 Z-Score 规范化将分数变成正态分布？

4．正则化

正则化（normalization）是一种为了减小测试误差的行为。当利用复杂的模型拟合数据，出现过拟合现象而导致模型的泛化能力下降时，正则化可以降低模型的复杂度。正则化的本质就是对某一问题加以先验的限制或约束以达到特定目的的一种手段或操作。正则化拟合数据过程如图 5.10 所示。

图 5.10 中，深色曲线为数据拟合前的数据分布，浅色曲线为数据拟合后的数据分布。如果后面要使用如二次型（点积）或者其他核方

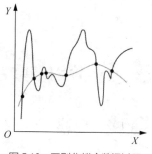

图 5.10 正则化拟合数据过程

< 153 >

法计算两个样本之间的相似性，正则化方法会很适用。

正则化的主要思想是对每个样本计算其 p-范数，然后对该样本中每个元素除以该范数，这样处理的结果是使得每个处理后样本的 p-范数（L1-norm,L2-norm）等于 1。

p-范数的计算公式如下。

$$\|X_p\| = \left(|X_1|^p + |X_2|^p + \cdots + |X_n|^p\right)^{\frac{1}{p}}$$

或者

$$\|X_p\| = \left(\sum_{i=1}^{n} |x_i|^p\right)^{\frac{1}{p}}$$

该方法主要应用于文本分类和聚类。例如，对两个 TF-IDF 向量的 L2-norm 进行点积，就可以得到这两个向量的余弦相似性。

例 5-11 对两个 TF-IDF 向量的 L2-norm 进行点积。

① 使用 preprocessing.normalize()函数对指定数据进行转换。

```
from sklearn import preprocessing
X = [[ 1., -1.,  2.],[ 2.,  0.,  0.],[ 0.,  1., -1.]]
X_normalized = preprocessing.normalize(X, norm='l2')
X_normalized
```

程序运行结果如下。

```
array([[ 0.40824829, -0.40824829,  0.81649658],
       [ 1.        ,  0.        ,  0.        ],
       [ 0.        ,  0.70710678, -0.70710678]])
```

② 使用 processing.Normalizer()实现对训练集和测试集的拟合和转换。

```
normalizer = preprocessing.normalizer().fit(X)   #拟合
normalizer.transform(X)
```

程序运行结果如下。

```
array([[ 0.40824829, -0.40824829,  0.81649658],
       [ 1.        ,  0.        ,  0.        ],
       [ 0.        ,  0.70710678, -0.70710678]])
```

③ 正则化。

```
normalizer.transform([[-1.,  1.,  0.]])
```

程序运行结果如下。

```
array([[-0.70710678,  0.70710678,  0.        ]])
```

5.3 分组与聚合

5.3.1 概述

在数据分析中，经常会遇到这样的情况：根据列标签把数据划分为不同的组，然后再对其进行

< 154 >

数据分析。例如，某网站根据注册用户的性别、年龄等对用户分组，从而研究出网站用户的画像。

分组与聚合是常见的数据变换操作。分组指根据分组条件（一个或多个键）将原数据拆分为若干个组；聚合指任何能从分组数据生成标量值的变换过程，过程中主要对各分组应用同一操作，并把操作后所得的结果整合到一起，生成一组新数据。

分组与聚合的基本过程如下。

① 拆分（split）：将数据按照一些标准划分为若干个组。拆分操作是在指定轴上进行的，既可以横向分组，也可以纵向分组。

② 应用（apply）：将某个函数应用到每个组。

③ 合并（combine）：将产生的新值整合到结果对象中。

图 5.11 为分组与聚合的过程。原始数据有两列，分别是"组别"列和"成绩"列，将成绩按组别进行分组，分为 A、B、C 这 3 组，对这 3 组数据分别应用求和功能，最后获得新数据，即 A 组总成绩 236，B 组总成绩 154，C 组总成绩 271。

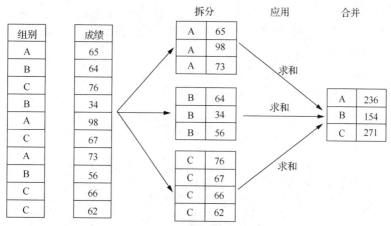

图 5.11　分组与聚合的过程

5.3.2　窗口函数

"窗口"是一种形象化的叫法，窗口函数在执行操作时，如同窗口在数据区间上移动。

目的：更好地处理数值型数据。

Pandas 提供了几种窗口函数，如移动窗口函数（rolling()）、扩展窗口函数（expanding()）和指数加权函数（ewm()）。

应用场景举例：现在有 10 天的销售额数据，想每 3 天求一次销售总和，也就是说，第五天的新销售额数据等于第三天、第四天、第五天原销售额数据之和，此时可以应用窗口函数。

下面讲解如何在 DataFrame 类对象和 Series 类对象上应用窗口函数。

1．rolling()

rolling()又称移动窗口函数，它可以与 mean()、count()、sum()、median()、std()等聚合函数一起使用。Pandas 为移动窗口函数定义了专门的聚合方法，如 rolling_mean()、rolling_count()、rolling_sum()等。rolling()语法格式如下。

```
rolling(window=n, min_periods=None, center=False)
```

参数说明如表 5.2 所示。

< 155 >

表 5.2　rolling()参数说明

参数	说明
window	默认值为 1，表示窗口的大小，也就是观测值的数量
min_periods	表示窗口的最小观测值，默认与 window 相等
center	是否把中间值作为窗口标准，默认值为 False

例 5-12　生成时间序列并求均值。

```python
import pandas as pd
import numpy as np
#生成时间序列
df = pd.DataFrame(np.random.randn(8, 4),index = pd.date_range('9/1/2022',
periods=8),columns = ['A', 'B', 'C', 'D'])
print(df)
#每 3 个数求一次均值
print(df.rolling(window=3).mean())
```

程序运行结果如下。

```
                   A          B          C          D
2022-09-01   0.392606  -0.516305   0.744674   0.693231
2022-09-02  -2.215702   0.146834   1.025358  -0.678772
2022-09-03  -0.810271  -1.210036   2.027991  -1.336645
2022-09-04   0.428406  -0.284918   0.600742   0.056361
2022-09-05  -1.008396   2.371067   0.504215   0.437245
2022-09-06   2.019546  -0.957650   0.397575   0.847016
2022-09-07   0.205006   1.318760  -0.059027  -1.742276
2022-09-08  -0.686513  -0.968008  -0.833549  -0.557126
                   A          B          C          D
2022-09-01        NaN        NaN        NaN        NaN
2022-09-02        NaN        NaN        NaN        NaN
2022-09-03  -0.877789  -0.526502   1.266008  -0.440729
2022-09-04  -0.865856  -0.449373   1.218030  -0.653019
2022-09-05  -0.463421   0.292038   1.044316  -0.281013
2022-09-06   0.479852   0.376167   0.500844   0.446874
2022-09-07   0.405385   0.910726   0.280921  -0.152672
2022-09-08   0.512679  -0.202299  -0.165000  -0.484129
```

本例中，window=3 表示每一列中依次紧邻的每 3 个数求均值。当不足 3 个数时，所求值为 NaN，因此前两行的值为 NaN，直到第三行才满足 window =3。求均值的公式如下。

$$均值 = \frac{index1 + index2 + index3}{3}$$

2．expending()

expanding()又叫扩展窗口函数，扩展是指由序列的第一个元素开始，逐个向后计算元素的聚合值。聚合值即运用聚合函数返回的值。

例 5-13　生成时间序列，每向后移动 3 个值求一次均值。

```python
import pandas as pd
import numpy as np
df = pd.DataFrame(np.random.randn(10, 4),
```

< 156 >

```
    index = pd.date_range('9/1/2022', periods=10),
    columns = ['A', 'B', 'C', 'D'])
print (df.expanding(min_periods=3).mean())
```

程序运行结果如下。

```
                   A         B         C         D
2022-09-01       NaN       NaN       NaN       NaN
2022-09-02       NaN       NaN       NaN       NaN
2022-09-03 -0.261414 -0.425998  0.128452  0.727482
2022-09-04 -0.361360 -0.509674 -0.519516  0.508967
2022-09-05 -0.209860 -0.289226 -0.305458  0.339837
2022-09-06 -0.056773 -0.144430 -0.357739  0.154703
2022-09-07  0.214542  0.013860 -0.503534  0.068253
2022-09-08  0.306850  0.285227 -0.411160 -0.069953
2022-09-09  0.164984  0.253067 -0.238126  0.026215
2022-09-10  0.226496  0.214598 -0.235513 -0.031192
```

min_periods = n 表示每向后移动 n 个值求一次均值，设置 min_periods=3，表示至少隔 3 个数求一次均值，例如，index3 的计算方式是 (index0+index1+index2+index3)/3，以此类推。

3．ewm()

ewm 表示指数加权移动（exponentially weighted moving）。ewn()函数先对序列元素做指数加权运算，再计算加权后的均值。该函数通过指定 com、span、halflife 参数来实现指数加权移动。

例 5-14　生成时间序列，并设置加权再求均值。

```
import pandas as pd
import numpy as np
df = pd.DataFrame(np.random.randn(10, 4),
   index = pd.date_range('9/1/2022', periods=10),
   columns = ['A', 'B', 'C', 'D'])
#设置 com=0.5，先加权再求均值
print(df.ewm(com=0.5).mean())
```

程序运行结果如下。

```
                   A         B         C         D
2022-09-01 -0.197177 -0.609908  0.043067  1.106267
2022-09-02 -0.153236  0.379012  0.184639  1.514509
2022-09-03 -0.167924  0.043284  0.325631  0.634726
2022-09-04 -0.189909  0.100110  0.098975  0.273156
2022-09-05  0.462704  0.450308  0.620438  0.709926
2022-09-06 -0.312273  1.061036  0.470774  0.137666
2022-09-07 -0.362399  0.755143 -1.049707 -0.752990
2022-09-08 -0.892052  0.777387  0.048244 -0.879149
2022-09-09  0.421878 -0.626308  0.268454 -1.515294
2022-09-10  0.214629  0.927591 -0.883478 -0.946487
```

在数据分析的过程中，使用窗口函数能够提升数据的准确性，并且使数据曲线更加平滑，从而让数据分析结果更加准确、可靠。

5.3.3　分组函数

1．groupby()

在 Pandas 中，要完成数据的分组操作，需要使用 groupby()函数，它和 SQL 的 GROUP BY 操

< 157 >

作非常相似。其语法格式如下。

```
groupby(by=None, axis=0, level=None, as_index=True, sort=True, group_key=True,
squeeze=< object object>, observed=False, dropna=True)
```

部分参数说明如表 5.3 所示。

表 5.3　部分 groupby()参数说明

参数	说明
by	表示分组条件
axis	表示分组操作的轴，默认为 0，沿列操作
level	表示索引的级别
as_index	表示聚合后新数据的索引是否为分组标签，默认为 True
sort	表示是否对分组标签进行排序，默认为 True
group_keys	表示是否显示分组标签，默认为 True

2. 创建分组对象

使用 groupby()可以沿着任意轴分组，可以把分组时指定的键（key）作为分组标签，示例如下。

```
df.groupby("key")
df.groupby("key",axis=1)
df.groupby(["key1","key2"])
```

例 5-15　将数据分组并以字典形式输出。

```
import pandas as pd
import numpy as np
data = {'Name': ['John', 'Helen', 'Sona', 'Ella'],
    'score': [82, 98, 91, 87],
    'option_course': ['C#','Python','Java','C']}
result = pd.DataFrame(data)
print(result)
#生成分组 groupby 对象
print(result.groupby('score'))
```

程序运行结果如下。

```
    Name   score option_course
0   John    82        C#
1   Helen   98      Python
2   Sona    91       Java
3   Ella    87        C
<pandas.core.groupby.generic.DataFrameGroupBy object at 0x000001894348C100>
```

3. groups 查看分组结果

（1）通过调用 groups 属性查看分组结果。

```
result.groupby('score').groups
```

程序运行结果如下。

```
{82: [0], 87: [3], 91: [2], 98: [1]}
```

< 158 >

（2）多个列标签分组。

```
print(result.groupby(['Name','score']).groups)
```

程序运行结果如下。

```
{('Ella', 87): [3], ('Helen', 98): [1], ('John', 82): [0], ('Sona', 91): [2]}
```

（3）通过 get_group()选择组内的具体数据项。

```
grouped=result.groupby('score')    #根据 score 来分组
print(grouped.get_group(91))     #根据对应组的数据值，选择一个组
```

程序运行结果如下。

```
   Name   score  option_course
2  Sona     91            Java
```

4．遍历分组数据

例 5-16　遍历分组数据。

```
import pandas as pd
import numpy as np
data = {'Name': ['John', 'Helen', 'Sona', 'Ella'],
   'score': [82, 98, 91, 87],
   'option_course': ['C#','Python','Java','C']}
df = pd.DataFrame(data)
grouped=df.groupby('score')   #查看分组
for label, option_course in grouped:
#其中 key 代表分组后字典的键，也就是 score
    print(label)
#字典的值是选修的科目
    print(option_course)
```

程序运行结果如下。

```
82
   Name   score  option_course
0  John     82             C#
87
   Name   score  option_course
3  Ella     87              C
91
   Name   score  option_course
2  Sona     91            Java
98
    Name   score  option_course
1  Helen     98          Python
```

可以看出：groupby()创建的分组对象的分组标签与 score 列中的元素值一一对应。

5．组的转换与数据过滤

在组的行或列上执行转换操作，会返回一个与组大小相同的索引对象。

filter()函数可以实现数据的筛选，即根据定义的条件过滤数据，并返回一个新的数据集。

< 159 >

例 5-17　对组数据进行转换。

① 对执行分组计算的数值列求均值，包括水果、蔬菜、肉类等种类，共 7 列数据。

```
import pandas as pd
import numpy as np
df = pd.DataFrame({'种类':['水果','水果','水果','蔬菜','蔬菜','肉类','肉类'],
                '产地':['朝鲜','中国','缅甸','中国','菲律宾','韩国','中国'],
                '水果':['橘子','苹果','哈密瓜','番茄','椰子','鱼肉','牛肉'],
                '数量':[3,5,5,3,2,15,9],
                '价格':[2,5,12,3,4,18,20]})
#分组求均值，水果、蔬菜、肉类
print(df.groupby('种类').transform(np.mean))   #对可执行计算的数值列求均值
```

程序运行结果如下。

```
       数量        价格
0   4.333333   6.333333
1   4.333333   6.333333
2   4.333333   6.333333
3   2.500000   3.500000
4   2.500000   3.500000
5  12.000000  19.000000
6  12.000000  19.000000
```

② transform()直接应用 demean，实现去均值操作。

```
demean = lambda arr:arr-arr.mean()
print(df.groupby('种类').transform(demean))
```

程序运行结果如下。

```
       数量        价格
0  -1.333333  -4.333333
1   0.666667  -1.333333
2   0.666667   5.666667
3   0.500000  -0.500000
4  -0.500000   0.500000
5   3.000000  -1.000000
6  -3.000000   1.000000
```

③ 将分组标签作为行索引，遍历分组前的前 n 行数据。

```
def get_rows(df,n):  #自定义函数
#从第1行到第 n 行的所有列
    return df.iloc[:n,:]   #返回分组的前 n 行数据
print(df.groupby('种类').apply(get_rows,n=1))
```

程序运行结果如下。

```
      种类  产地  水果  数量  价格
种类
水果 0  水果  朝鲜  橘子   3   2
肉类 5  肉类  韩国  鱼肉  15  18
蔬菜 3  蔬菜  中国  番茄   3   3
```

< 160 >

例 5-18　对组数据进行数据过滤，筛选出参加比赛超过 3 次（包含 3 次）的球队。

```
import pandas as pd
import numpy as np
data = {'Team': ['Riders', 'Riders', 'Devils', 'Devils', 'Kings',
   'Kings', 'Kings', 'Kings', 'Riders', 'Royals', 'Royals', 'Riders'],
   'Rank': [1, 2, 2, 3, 3,4 ,1 ,1,2 , 4,1,2],
   'Year': [2014,2015,2014,2015,2014,2015,2016,2017,2016,2014,2015,2017],
   'Points':[874,789,863,663,741,802,756,788,694,701,812,698]}
df = pd.DataFrame(data)
#定义 lambda 函数来筛选数据
print (df.groupby('Team').filter(lambda x: len(x) >= 3))
```

程序运行结果如下。

```
      Team  Rank  Year  Points
0   Riders     1  2014     874
1   Riders     2  2015     789
4    Kings     3  2014     741
5    Kings     4  2015     802
6    Kings     1  2016     756
7    Kings     1  2017     788
8   Riders     2  2016     694
11  Riders     2  2017     698
```

可见，对数据进行过滤后，数据出现的次数均大于或等于 3。

例 5-19　将数据分组并以字典形式输出。

```
import pandas as pd
df_obj=pd.DataFrame({"key":["C","B","C","A","B","B","A","C","A"],
                "data":[2,4,6,8,10,1,3,5,7]
                })
groupby_obj=df_obj.groupby(by="key")   #根据 key 列对 df_obj 进行分组
#此处必须注意，groupby()操作后得到的数据是很多元组，经过 for 循环遍历才能看到每个元组的内容
for group in groupby_obj:
    print(group)
```

程序运行结果如下。

```
82
   Name  score option_course
0  John     82            C#
87
   Name  score option_course
3  Ella     87             C
91
   Name  score option_course
2  Sona     91          Java
98
   Name  score option_course
1  Helen    98        Python
```

若只想输出指定元组内容，可先转换为字典再输出。

```
result= dict([x for x in  groupby_obj])['A']
print(result)
```

< 161 >

程序运行结果如下。

```
  key  data
3  A    8
6  A    3
8  A    7
```

5.3.4 聚合函数

1．概述

常见的聚合函数如表 5.4 所示。

表 5.4　常见的聚合函数

函数	含义	函数	含义
min()/max()	求最小值/最大值	std()	求标准差
sum()	求和	var()	求方差
mean()	求均值	count()	计数统计
median()	求中位数	avg()	求组平均值

窗口函数可以与聚合函数一起使用。聚合函数接收能够将一维数组简化为标量值的函数。

2．agg()

Pandas 中的 agg 为 aggregate 的缩写。agg()是一个功能非常强大的函数，在 Pandas 中可以利用 agg()函数对 Series、DataFrame 以及 groupby()的结果进行聚合操作。

聚合就是由多个值计算产生一个值的过程。在 Pandas 数据处理和数据分析过程中，按轴进行聚合可以将一个轴的数据聚合为一个值，一个分组的数据也可以聚合为一个值。

聚合函数 agg()语法格式如下。

```
DataFrame.agg ( func,axis = 0,* args,** kwargs )
```

该函数传入的参数为字典，键为变量名，值为对应的聚合函数名。参数说明如下。

① func：function、str、list 或 dict，用于聚合数据的函数，必须再传递给 DataFrame 或 DataFrame.apply。可接收的参数值如下。

- 函数
- 字符串形式的函数名。
- 函数和/或函数名列表，如 [np.sum, 'mean']。
- 行/列标签和函数组成的字典。

② axis：{0 or 'index', 1 or 'columns'}，默认为 0。

- 0 或'index'：将函数应用于每列。
- 1 或'columns'：将函数应用于每行。

③ *args：传递给 func 的位置参数。

④ **kwargs：传递给 func 的关键字参数。

该函数返回的数据有 scalar（标量）、Series、DataFrame。

① scalar：当 Series.agg()调用单个函数时返回。

② Series：当 DataFrame.agg()调用单个函数、Series.agg 调用多个函数时返回。

< 162 >

③ DataFrame：当 DataFrame.agg()调用多个函数时返回。

agg()聚合过程如图 5.12 所示。

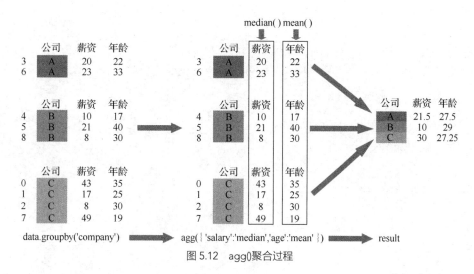

图 5.12 agg()聚合过程

agg()的很多功能用 sum()、mean()等也可以实现，但是 agg()更加简洁，而且传给它的可以是字符串形式的函数名，也可以自定义。

通过 agg()函数可以对 groupby()创建的分组对象应用多个聚合函数。对 Series 和 DataFrame 的聚合运算就是使用 agg()函数或者调用 mean()、std()等。

例 5-20 创建一个 DataFrame 类对象，然后应用聚合函数进行数据聚合。

① 创建一个 DataFrame 类对象。

```
import pandas as pd
import numpy as np
df = pd.DataFrame(np.random.randn(5, 4),index = pd.date_range('9/14/2022',
periods=5),columns = ['A', 'B', 'C', 'D'])
print (df)
```

程序运行结果如下。

```
                   A         B         C         D
2022-09-14 -0.259389  0.482048 -0.829569 -0.933002
2022-09-15  1.200869 -0.426977  1.924975  0.834803
2022-09-16 -0.478355  0.461497 -0.382723  0.050983
2022-09-17  0.001302 -0.179470  0.883951  0.571208
2022-09-18  0.170300  1.179247  0.237008  0.842346
```

② 窗口大小为 3，min_periods 最小观测值为 1。

```
r = df.rolling(window=3,min_periods=1)
print(r)
```

程序运行结果如下。

```
Rolling [window=3,min_periods=1,center=False,axis=0,method=single]
```

③ 整体聚合，把一个聚合函数传递给 DataFrame。

```
print(r.aggregate(np.sum))   #使用 aggregate()聚合操作
```

< 163 >

程序运行结果如下。

```
              A          B          C          D
2022-09-14  0.522227   1.612056   0.437590  -0.705618
2022-09-15  0.458181   3.797642  -0.904457  -1.703483
2022-09-16  0.725658   2.770948   0.031558  -2.147243
2022-09-17  0.475221   0.740443  -0.571124  -2.135198
2022-09-18  1.450825  -0.232864   1.382001  -0.347411
```

④ 对任意某一列数据进行聚合。

```
print(r['A'].aggregate(np.sum))   #对 A 列聚合
```

程序运行结果如下。

```
2022-09-14   -1.318136
2022-09-15   -0.958278
2022-09-16   -0.512797
2022-09-17   -0.507869
2022-09-18   -0.099918
Freq: D, Name: A, dtype: float64
```

⑤ 对多列数据进行聚合。

```
print(r['A','B'].aggregate(np.sum))   #对 A、B 两列聚合，应用一个函数
```

程序运行结果如下。

```
              A          B
2022-09-14  -1.275002   0.649189
2022-09-15  -2.593417  -0.142876
2022-09-16  -2.708743   0.329252
2022-09-17  -1.105240  -0.593948
2022-09-18   0.901024   1.167355
```

⑥ 对单列数据应用多个函数。

```
print(r['A','B'].aggregate([np.sum,np.mean]))   #对A、B两列聚合，应用多个函数
```

程序运行结果如下。

```
                  A                        B
             sum       mean        sum        mean
2022-09-14  -0.907614  -0.907614  -1.402253  -1.402253
2022-09-15  -0.706502  -0.353251  -0.295587  -0.147793
2022-09-16   0.051880   0.017293  -0.407965  -0.135988
2022-09-17  -0.984088  -0.328029   3.639463   1.213154
2022-09-18  -0.313552  -0.104517   1.599562   0.533187
```

⑦ 对不同列数据应用多个函数。

```
print( r['A','B'].aggregate([np.sum,np.mean]))
```

程序运行结果如下。

```
                  A                        B
             sum       mean        sum        mean
2022-09-14  -0.337422  -0.337422   0.391796   0.391796
2022-09-15   1.797720   0.898860   2.422115   1.211057
2022-09-16   1.489766   0.496589   3.049594   1.016531
```

< 164 >

```
2022-09-17  0.675577  0.225192  2.228760  0.742920
2022-09-18 -1.954577 -0.651526  0.684500  0.228167
```

⑧ 对不同列数据应用不同函数。

```
df = pd.DataFrame(np.random.randn(3, 4),
    index = pd.date_range('9/14/2022', periods=3),
    columns = ['A', 'B', 'C', 'D'])
r = df.rolling(window=3,min_periods=1)
print(r.aggregate({'A': np.sum,'B': np.mean}))
```

程序运行结果如下。

```
                   A         B
2022-09-14  0.205468  1.600516
2022-09-15  0.593450  2.157715
2022-09-16 -0.337002  1.597781
```

注意，在对不同列数据应用不同函数时，要注意数据的对应，A 列对应求和函数 sum()，B 列对应求均值函数 mean()。

3．transform()

transform()是 Pandas 的转换函数，对 DataFrame 执行传入的函数后返回形状不变的 DataFrame，用于对 DataFrame 中的数据进行转换，如转换值、组合 groupby()、过滤数据、在组级别处理缺失值等。

执行 groupby()后，transform()的转换过程如图 5.13 所示。

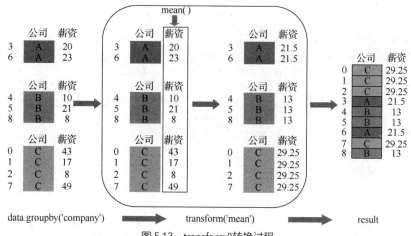

图 5.13　transform()转换过程

图 5.13 中，"公司"列包含 A、B、C，"薪资"列为每个员工的工资数额。框内是 transform()和 agg()不一样的地方，agg()会计算并聚合得到公司 A、B、C 对应的均值并直接返回结果，每个公司一条数据，transform()则会对每一条数据求得相应的结果，同一组内的样本会有相同的值，组内求完均值后会按照原索引的顺序返回结果。

transform()语法格式如下。

```
Series.transform(func, axis=0, *args, **kwargs)
```

参数说明如下。

- func：函数，在传递给 Series 或 Series.apply 时起作用。

< 165 >

- axis：与 DataFrame 兼容所需的参数。
- *args：传递给 func 的位置参数。
- ** kwargs：传递给 func 的关键字参数。

该函数返回的数据是与原数据长度相同的序列。

例 5-21 采用 DataFrame.transform()函数转换给定的 DataFrame 中的数据。

```
#导入 Pandas 库
import pandas as pd
#创建 DataFrame 对象
df = pd.DataFrame({'Date':['10/2/2011', '11/2/2011', '12/2/2011', '13/2/2011'],
'Event':['Music', 'Poetry', 'Theatre', 'Comedy'],
'Cost':[10000, 5000, 15000, 2000]})
print(df)    #输出 DataFrame
```

程序运行结果如下。

```
        Date       Event     Cost
0   10/2/2011    Music     10000
1   11/2/2011    Poetry     5000
2   12/2/2011    Theatre   15000
3   13/2/2011    Comedy     2000
```

现在使用 DataFrame.transform()将 "Cost" 增加 1 000。

```
import pandas as pd   #导入 Pandas 库
#创建 DataFrame 对象
df = pd.DataFrame({'Date':['10/2/2011', '11/2/2011', '12/2/2011', '13/2/2011'],
'Event':['Music', 'Poetry', 'Theatre', 'Comedy'],
'Cost':[10000, 5000, 15000, 2000]})
transform the 'Cost' column
df['Cost'] = df['Cost'].transform(lambda x:x + 1000)
print(df)    #输出调整后的 DataFrame
```

程序运行结果如下。

```
        Date       Event     Cost
0   10/2/2011    Music     11000
1   11/2/2011    Poetry     6000
2   12/2/2011    Theatre   16000
3   13/2/2011    Comedy     3000
```

可以看出，DataFrame.transform()已成功将每个项目的费用增加了 1 000，且返回的 DataFrame 与原 DataFrame 轴长相等。

4．apply()

apply()是 Pandas 库的一个很重要的函数，多和 groupby()一起用，也可以直接用于 DataFrame 和 Series 类对象。apply()主要用于数据聚合运算，可以很方便地对分组进行现有的运算和自定义的运算。apply()的使用是十分灵活的，它可以在许多标准用例中替代聚合函数和转换幻术，还可以处理一些比较特殊的用例。apply()会将待处理的对象拆分为多个片段，然后对各片段调用传入的函数，最后尝试将各个片段组合在一起。apply()的语法格式如下。

```
apply(func, axis=0, broadcast=None, raw=False, reduce=None,result_type=None,
args=(), **kwds)
```

< 166 >

apply() 的使用是十分灵活的，它可以在许多标准用例中替代 agg() 和 transform()，另外还可以处理一些比较特殊的用例。

DataFrame 应用单个函数时，agg() 的结果与 apply() 的结果，用 DataFrame 调用 Python 的内置函数也可以实现相同效果。Series 类对象在 agg() 中传入单个函数，聚合结果为标量值，也就是单个数据。当不适用 agg() 进行聚合，也不适用 transform() 进行转换时，可以使用 apply()，它可以作用于数据集的每一行每一列元素。

例 5-22　根据学生学号，将学生的成绩转化为 0～1 的数据，即进行归一化。

```
import pandas as pd
#先定义一个 DataFrame 类对象，这里复用前面的数据
df_right=pd.DataFrame({'学号':['1','2','4'],
                       '语文':[90,89,88],
                       '数学':[88,87,86],
                       '英语':[78,77,76]})
#按学号分组，并逐个输出
groupby_obj=df_right.groupby(by='学号')
for group in groupby_obj:
    print(group)
#自定义函数，命名为 div_hun，若要将成绩都转化为[0,1]上的数，就需要对对象中的每个数都做/100
的操作
def div_hun(df):
    return df.iloc[:,:]/100
#用 apply()可以直接将自定义函数应用到各分组
print(groupby_obj.apply(div_hun))
```

程序运行结果如下。

```
('1',   学号 语文 数学 英语
0  1  90  88  78)
('2',   学号 语文 数学 英语
1  2  89  87  77)
('4',   学号 语文 数学 英语
2  4  88  86  76)
    语文   数学   英语
0  0.90  0.88  0.78
1  0.89  0.87  0.77
2  0.88  0.86  0.76
```

由本例可知，可以应用 apply() 对数据进行归一化处理，对数据集的每一行每一列元素进行替代、聚合和转换。

5.4　轴向旋转

Pandas 提供了一些用于重新排列表格型数据的基础运算函数，这些函数也称作"重塑（reshape）函数"或"轴向旋转（pivot）函数"。数据重塑将在第 6 章讲解，本节主要讨论轴向旋转。

数据的轴向旋转主要是指重新指定一组数据的行索引或列索引，以达到重新组织数据结构的

< 167 >

目的，即将"长格式"旋转为"宽格式"。下面以 Pandas 透视表和 melt() 函数为例介绍轴向旋转的实现方法。

5.4.1　Pandas 透视表

透视表（pivot table）：由各种电子表格程序和其他数据分析软件组成的一种常见的数据汇总工具。

1．pivot()

功能：根据列值进行转置，使用指定索引/列中的唯一值形成返回 DataFrame 的轴。该函数不支持数据聚合，多数值将导致多层索引。

pivot() 会根据给定的行索引或列索引重新组织一个 DataFrame 类对象。其语法格式如下。

```
pivot(self, index=None, columns=None, values=None)
```

参数说明如表 5.5 所示。

表 5.5　pivot() 参数说明

参数	说明
index	以哪一列作为新对象的行索引
columns	以哪一列作为新对象的列索引
values	以哪一列的数据作为值

例 5-23　现以出售日期为行索引，"商品"列中的值为列索引，展示不同商品促销降价情况，商品在两个日期的价格情况如表 5.6 所示，请完成程序设计。

表 5.6　商品在两个日期的价格情况

序号	商品	出售日期	价格
0	电风扇	5 月 25 日	128
1	电风扇	6 月 18 日	119
2	电冰箱	5 月 25 日	5899
3	电冰箱	6 月 18 日	5688
4	洗衣机	5 月 25 日	1299
5	洗衣机	6 月 18 日	999
6	电视机	5 月 25 日	2199
7	电视机	6 月 18 日	1999

① 创建表格数据。

```
import pandas as pd
df_obj=pd.DataFrame({'商品':['电风扇','电风扇','电冰箱','电冰箱','洗衣机','洗衣机',
'电视机','电视机'],
                '出售日期':['5月25日','6月18日','5月25日','6月18日','5月25日',
'6月18日','5月25日','6月18日'],
                 '价格(元)':[128,119,5899,5688,1299,999,2199,1999]
                })
print(df_obj)  #输出表格数据
```

程序运行结果如下。

	商品	出售日期	价格(元)
0	电风扇	5 月 25 日	128
1	电风扇	6 月 18 日	119
2	电冰箱	5 月 25 日	5899
3	电冰箱	6 月 18 日	5688
4	洗衣机	5 月 25 日	1299
5	洗衣机	6 月 18 日	999
6	电视机	5 月 25 日	2199
7	电视机	6 月 18 日	1999

② 将"出售日期"一列的唯一值变换为行索引,"商品"一列的唯一值变换为列索引。

```
new_df=df_obj.pivot(index='出售日期',columns='商品',values='价格(元)')
print(new_df)
```

程序运行结果如下。

商品	洗衣机	电冰箱	电视机	电风扇
出售日期				
5 月 25 日	1299	5899	2199	128
6 月 18 日	999	5688	1999	119

2．pivot_table()

pivot()和 pivot_table()都可以对数据做透视表,区别在于 pivot_table()支持重复元素的聚合操作,而 pivot()只能对不重复的元素进行聚合操作。

例 5-24　比较 pivot()和 pivot_table()的聚合效果的差异。

① 创建数据。

```
import pandas as pd
df01 = pd.DataFrame(
  {
    "年份":[2021,2021,2021,2022,2022,2022],
    "平台":["京东","淘宝","拼多多","京东","淘宝","拼多多"],
    "销量":[100,200,300,400,500,600]
  }
)
df01
```

程序运行结果如图 5.14 所示。

② 观察 pivot()的聚合效果。

```
pd.pivot(df01,
    index = "年份",
    columns = "平台",
    values = "销量")
```

程序运行结果如图 5.15 所示。

< 169 >

	年份	平台	销量
0	2021	京东	100
1	2021	淘宝	200
2	2021	拼多多	300
3	2022	京东	400
4	2022	淘宝	500
5	2022	拼多多	600

图 5.14　程序运行结果

平台 年份	京东	拼多多	淘宝
2021	100	300	200
2022	400	600	500

图 5.15　程序运行结果

由图 5.15 可见，pivot()将"平台"一列的唯一值变换为列索引，"年份"一列的唯一值变换为行索引。

⚠️ 注意

index 指定行索引，columns 指定列索引，values 指定统计的值。一般 values 都为 int 类型或 float 类型。

③ 创建另一组数据。

```
import pandas as pd
df02 = pd.DataFrame(
  {
    "年份":[2021,2021,2021,2021,2022,2022,2022,2022],
    "平台":["京东","淘宝","淘宝","拼多多","京东","淘宝","拼多多","拼多多"],
    "销量":[100,200,300,400,500,600,700,800]
  }
)
df02
```

程序运行结果如图 5.16 所示。
④ 观察 pivot_table()的聚合效果。

```
pd.pivot_table(df02,
      index="年份",
      columns="平台",
      values="销量",
      aggfunc=sum   #聚合函数对销量进行运算，可以指定函数，默认为 mean()
)
```

程序运行结果如图 5.17 所示。

	年份	平台	销量
0	2021	京东	100
1	2021	淘宝	200
2	2021	淘宝	300
3	2021	拼多多	400
4	2022	京东	500
5	2022	淘宝	600
6	2022	拼多多	700
7	2022	拼多多	800

图 5.16　程序运行结果

平台 年份	京东	拼多多	淘宝
2021	100	400	500
2022	500	1500	600

图 5.17　程序运行结果

< 170 >

由图 5.17 可见，pivot_table()将"平台"一列的唯一值变换为列索引，"年份"一列的唯一值变换为行索引。pivot_table()通过聚合函数 aggfunc 指定求和，对销量进行累加统计。

对比结果：2022 年拼多多的销量数据出现了 2 次，而且 2 次的值不同，pivot()无法对其进行聚合，pivot_table()则可以。

例 5-25　使用 pivot_table()按日期分多列。

① 创建数据。

```python
import pandas as pd
import numpy as np
df = pd.DataFrame.from_dict([['华为 Mate 40','20201022',1],['华为 Mate 40',
'20201022',1],['华为 Mate 50','20201022',1],['华为 Mate 50','20201022',1],['华为
Mate 30','20220906',1],['华为 Mate 50','20220906',1]])
df.columns=['type','date','num']
df
```

程序运行结果如图 5.18 所示。

② 按日期分多列。

```python
pd.pivot_table(df,values='num',index=['type'],columns=['date'],aggfunc=np.sum).
fillna(0)
```

程序运行结果如图 5.19 所示。

	type	date	num
0	华为Mate 40	20201022	1
1	华为Mate 40	20201022	1
2	华为Mate 50	20201022	1
3	华为Mate 50	20201022	1
4	华为Mate 30	20220906	1
5	华为Mate 50	20220906	1

图 5.18　程序运行结果

date type	20201022	20220906
华为Mate 30	0.0	1.0
华为Mate 40	2.0	0.0
华为Mate 50	2.0	1.0

图 5.19　程序运行结果

可以使用 aggfunc()和 np.sum()实现对列元素进行计数或求和。想要处理缺失值（NaN），可以使用 fillna()进行设置，如本例中 fillna(0)将"20201022"列的第 1 行和"20220906"列的第 2 行设置为 0。

5.4.2　melt()函数

melt()函数是 pivot()函数的逆操作。其语法格式如下。

```python
DataFrame.melt(id_vars=None, value_vars=None, var_name=None, value_name='value',
col_level=None, ignore_index=True)
```

参数说明如表 5.7 所示。

表 5.7　melt()参数说明

参数名	说明
id_vars	表示无须被转换的列索引
value_vars	表示待转换的列索引，默认全部转换
var_name	表示自定义的列索引

< 171 >

续表

参数名	说明
value_name	表示自定义的数据所在列的索引
col_level	表示列索引的级别。若列索引是多层索引，则可使用此参数
ignore_index	表示是否忽略索引，默认为 True

例 5-26　将例 5-24 中的表格基本恢复原结构。

```
import pandas as pd
df_obj=pd.DataFrame({'商品':['电风扇','电风扇','电冰箱','电冰箱','洗衣机','洗衣机',
'电视机','电视机'],
                    '出售日期':['5月25日','6月18日','5月25日','6月18日','5月25日',
'6月18日','5月25日','6月18日'],
                    '价格(元)':[128,119,5899,5688,1299,999,2199,1999]
                    })
#将"出售日期"一列的唯一值变换为行索引，"商品"一列的唯一值变换为列索引
new_df=df_obj.pivot(index='出售日期',columns='商品',values='价格(元)')
#将列索引转换为一列数据
new_df.melt(value_name='价格(元)', ignore_index=False)
```

程序运行结果如图 5.20 所示。

例 5-27　查看北京、天津、石家庄和唐山四个城市的各项指数。

① 数据准备。

```
import pandas as pd
data={"date":['20150901','20150901','20150901'],"hour":[12,12,12],"type":['AQI',
'PM2.5_24h','PM10_24h'],"北京":[24,14,20],"天津":[25,22,25],"石家庄":[24,20,32],
"唐山":[24,9,20]}
df = pd.DataFrame(data)
df
```

程序运行结果如图 5.21 所示。

	商品	价格(元)
出售日期		
5月25日	洗衣机	1299
6月18日	洗衣机	999
5月25日	电冰箱	5899
6月18日	电冰箱	5688
5月25日	电视机	2199
6月18日	电视机	1999
5月25日	电风扇	128
6月18日	电风扇	119

图 5.20　程序运行结果

	date	hour	type	北京	天津	石家庄	唐山
0	20150901	12	AQI	24	25	24	24
1	20150901	12	PM2.5_24h	14	22	20	9
2	20150901	12	PM10_24h	20	25	32	20

图 5.21　程序运行结果

② 列变行。将"北京""天津""石家庄""唐山"这 4 列变换为行，同时保留"type"列的内容。

```
df_melt=df.melt(id_vars=['date','hour','type'],var_name='City')
df_melt
```

< 172 >

程序运行结果如图 5.22 所示。

③ 行变列。

```
df_melt_pivot = df_melt.pivot(index=['date','hour','City'],columns='type',
values='value').reset_index()
df_melt_pivot
```

程序运行结果如图 5.23 所示。

	date	hour	type	City	value
0	20150901	12	AQI	北京	24
1	20150901	12	PM2.5_24h	北京	14
2	20150901	12	PM10_24h	北京	20
3	20150901	12	AQI	天津	25
4	20150901	12	PM2.5_24h	天津	22
5	20150901	12	PM10_24h	天津	25
6	20150901	12	AQI	石家庄	24
7	20150901	12	PM2.5_24h	石家庄	20
8	20150901	12	PM10_24h	石家庄	32
9	20150901	12	AQI	唐山	24
10	20150901	12	PM2.5_24h	唐山	9
11	20150901	12	PM10_24h	唐山	20

图 5.22 程序运行结果

type	date	hour	City	AQI	PM10_24h	PM2.5_24h
0	20150901	12	北京	24	20	14
1	20150901	12	唐山	24	20	9
2	20150901	12	天津	25	25	22
3	20150901	12	石家庄	24	32	20

图 5.23 程序运行结果

例 5-26 和例 5-27 说明，melt()是 pivot()的逆操作。

5.5 哑变量处理与面元切分

5.5.1 哑变量处理

在数据分析或挖掘中，一些算法模型要求输入以数值表示的特征，但代表特征的数据不一定都是数值，还可以是分类型数据，例如，受教育程度的表示方式为本科、硕士、博士等类别，这些类别均为非数值型数据。为了将分类型数据转换为数值，需要对数据进行"量化"处理，将其转换为哑变量。

哑变量又称虚拟变量，是人为虚设的变量，用来反映某个变量的类别，常用取值为 0 和 1，0 代表"否"，1 代表"是"。

哑变量处理前后的对比效果如图 5.24 所示。

	职业
0	工人
1	学生
2	司机
3	教师
4	导游

	col_司机	col_学生	col_导游	col_工人	col_教师
0	0	0	0	1	0
1	0	1	0	0	0
2	1	0	0	0	0
3	0	0	0	0	1
4	0	0	1	0	0

（a）哑变量处理前　　　　　　　　（b）哑变量处理后

图 5.24 哑变量处理前后的对比效果

< 173 >

Pandas 使用 get_dummies()函数对分类型数据进行哑变量处理，并在处理后返回一个哑变量矩阵。

get_dummies()语法格式如下。

```
get_dummies(data,
            prefix=None,
            prefix_sep='_',
            dummy_na=False,
            columns=None,
            sparse=False,
            drop_first=False,
            dtype=None)
```

get_dummies()参数说明如下。

- data：表示待处理的分类型数据，可以是数组、DataFrame 类对象或 Series 类对象。
- prefix：表示列索引的前缀，默认为 None。
- prefix_sep：表示附加前缀的分隔符，默认为 "_"。
- dummy_na：表示是否为 NaN 添加一列，默认为 False。
- columns：表示哑变量处理的列索引，默认为 None。
- sparse：表示哑变量是否是系数，默认为 False。
- drop_first：表示是否从 n 个分类级别中删除第一个级别，以获得 n-1 个分类级别，默认为 False。

例 5-28 哑变量处理，并给哑变量列索引添加前缀。

```
import pandas as pd
position_df=pd.DataFrame({'职业':['工人','学生','司机','教师','导游']})
#哑变量处理，并给哑变量列索引添加前缀
result=pd.get_dummies(position_df,prefix=['col'])
print(result)
```

程序运行结果如下。

	col_司机	col_学生	col_导游	col_工人	col_教师
0	0	0	0	1	0
1	0	1	0	0	0
2	1	0	0	0	0
3	0	0	0	0	1
4	0	0	1	0	0

可以看出，给每个职业添加的前缀为 "col"，并使用 "_" 连接，符合列索引所示类别的特征数据均为 1，反之均为 0。

5.5.2 面元切分

面元切分是指数据被离散化处理，按一定的映射关系划分为相应的面元（可以理解为区间），只适用于连续型数据。连续型数据又称连续型变量，指在一定区间内可以任意取值的数据，该类型数据的特点是数值连续不断，相邻两个数值间可做无限分割。

为了便于分析，连续型数据常常被离散化或拆分为 "面元"（bin），用 cut()函数可以实现。

```
cut(x, bins, right=True, labels=None, precision=3)
```

< 174 >

参数说明如下。

- x：待分箱的数据对象。
- bins：可为整数、序列、间隔索引等。如果为整数，则需要将 x 分割为 bins 个等宽区间；如果为序列，则按序列元素划分区间。
- right：面元区间范围，默认为 True，即"左开右闭"，修改为 False，则"左闭右开"。
- labels：用标记来替代 bins，标记必须与分箱结果一一对应。
- precision：面元区间的精度。

例 5-29　某电商平台统计了一组关于客户年龄的数据，请完成面元切分。

```
import pandas as pd
ages=pd.Series([19,21,25,55,30,45,52,46,20])
bins=[0,18,30,40,50,100]
#使用 cut()函数划分年龄区间
cuts=pd.cut(ages,bins)
print(cuts)
```

程序运行结果如下。

```
0      (18, 30]
1      (18, 30]
2      (18, 30]
3     (50, 100]
4      (18, 30]
5      (40, 50]
6     (50, 100]
7      (40, 50]
8      (18, 30]
dtype: category
Categories (5, interval[int64, right]): [(0, 18] < (18, 30] < (30, 40] < (40, 50] <
(50, 100]]
```

本例通过 pandas.cut()函数对连续型数据进行区间划分，将年龄划分为 5 个区间，每个区间前开后闭，实现了离散化处理。

5.6　数据转换

5.6.1　函数映射转换

映射转换指的是创建一个映射关系列表，然后把元素和特定标签、字符串或应用函数绑定起来。最常用的映射关系定义如下。

```
map = {
    "label1":"value1",
    "label2":"value2"
}
```

元素、行列和索引都可以进行映射，元素用 replace()进行映射替换，行列用 map()/applymap()进行映射替换，索引用 rename()进行映射替换。

< 175 >

5.6.2 值处理：replace()替换元素

元素可以使用 replace()进行替换，第一个参数为需要替换的对象，第二个参数为替换后的对象，可以传递标量和标量、列表和标量、列表和列表，以及字典。

例 5-30　使用 replace()替换元素。

① 创建数据。

```
import pandas as pd
import numpy as np
data = pd.Series([1., -999., 2., -999., -1000., 3.])
print(data)
```

程序运行结果如下。

```
0       1.0
1    -999.0
2       2.0
3    -999.0
4   -1000.0
5       3.0
dtype: float64
```

② 将其中的-999 替换为 NaN。

```
data.replace(-999, np.nan)
```

程序运行结果如下。

```
0       1.0
1       NaN
2       2.0
3       NaN
4   -1000.0
5       3.0
dtype: float64
```

③ 将其中的-999、-1 000 替换为 NaN。

```
data.replace([-999, -1000], np.nan)
```

程序运行结果如下。

```
0    1.0
1    NaN
2    2.0
3    NaN
4    NaN
5    3.0
dtype: float64
```

④ 将-999、-1 000 分别替换为 NaN、0。

```
data.replace([-999, -1000], [np.nan, 0])
```

程序运行结果如下。

```
0    1.0
1    NaN
2    2.0
```

< 176 >

```
3    NaN
4    0.0
5    3.0
dtype: float64
```

⑤ 传递字典，将-999、-1 000 分别转换为 NaN、0。

```
data.replace({-999: np.nan, -1000: 0})
```

程序运行结果如下。

```
0    1.0
1    NaN
2    2.0
3    NaN
4    0.0
5    3.0
dtype: float64
```

5.6.3 行列处理：map()映射

使用 map()可以对已有的一行/列元素进行替换，也可以创建新的行/列。map()不仅可以使用字典对映射关系进行界定，还可以使用函数对各个元素进行变换。

例 5-31 使用 map()定义序列并进行函数化变换。

① 创建数据。

```
import pandas as pd
import numpy as np
data = pd.DataFrame({'food': ['bacon', 'pulled pork', 'bacon',
                              'Pastrami', 'corned beef', 'Bacon',
                              'pastrami', 'honey ham', 'nova lox'],
                     'ounces': [4, 3, 12, 6, 7.5, 8, 3, 5, 6]})
print(data)
```

程序运行结果如下。

```
          food  ounces
0        bacon     4.0
1  pulled pork     3.0
2        bacon    12.0
3     Pastrami     6.0
4  corned beef     7.5
5        Bacon     8.0
6     pastrami     3.0
7    honey ham     5.0
8     nova lox     6.0
```

② 定义一个序列 meat_to_animal。

```
meat_to_animal = {
  'bacon': 'pig',
  'pulled pork': 'pig',
  'pastrami': 'cow',
  'corned beef': 'cow',
  'honey ham': 'pig',
  'nova lox': 'salmon'
}
```

< 177 >

③ 在功能上，Series.str.×××等同于 str.×××()。map()可以接收一个函数或字典对象，然后生成其对应的序列。

```
animal = data["food"].str.lower().map(meat_to_animal)
animal = data["food"].map(str.lower).map(meat_to_animal)
#和上述操作等同，map()用来对序列进行函数化操作
animal = data["food"].map(lambda x:meat_to_animal[x.lower()])  #一个更加紧凑的形式
data["animal"] = animal;
print(data)
```

程序运行结果如下。

```
         food  ounces  animal
0        bacon     4.0     pig
1  pulled pork     3.0     pig
2        bacon    12.0     pig
3     Pastrami     6.0     cow
4  corned beef     7.5     cow
5        Bacon     8.0     pig
6     pastrami     3.0     cow
7    honey ham     5.0     pig
8     nova lox     6.0  salmon
```

本例还可以同时使用函数和字典。需要注意，map()只能够应用于 Series/DataFrame 的某列。对整个 DataFrame 进行映射需要使用 applymap()，或者用 apply()指定一个轴。

5.6.4 索引处理：rename()重命名

rename()可以对所有索引进行更改，可以使用 columns 和 index 参数，也可以使用 axis 参数，还可以传入字典更改部分索引，使用 inplace 参数可以进行原地替换。

例 5-32 更改行索引，将之转变为全大写字母。

```
import pandas as pd
import numpy as np
data = pd.DataFrame(np.arange(12).reshape((3, 4)),
                index=['Ohio', 'Colorado', 'New York'],
                columns=['one', 'two', 'three', 'four'])
data.rename({"four":"fff"},axis=1,inplace=False)
data.rename([["A","B","C"]],axis=1,inplace=False)  #不能传递 list
#此外，可以针对 index、columns 进行参数选择，而不是使用 axis，还可以传入一个函数
print(data.rename(columns=str.upper,inplace=False))
```

程序运行结果如下。

```
          ONE  TWO  THREE  FOUR
Ohio        0    1      2     3
Colorado    4    5      6     7
New York    8    9     10    11
```

rename()可以对所有索引进行更改，也可以不传入参数，而是传入一个函数，如 str.upper()。str.upper()函数用于将字符串中的字母转换为大写字母。当 inplace = False 时，返回修改过的数据，原数据不变。当 inplace = True 时，返回值为 None，直接在原数据上进行操作。

< 178 >

5.7 实战 4：探索酒类消费数据

5.7.1 任务说明

1．案例背景

酒是人们生活中最重要的饮品之一，几乎是同人类文明一起来到人间的。深受不同民族、不同习俗的人们的普遍喜爱，更有无数的传说故事、诗词文章赋予它广泛的文化意义。

2．主要功能

根据各大洲啤酒、烈酒和葡萄酒的消耗情况，实现统计分析，为市场调研和科学决策提供有力支撑。

① 数据分组：按照 "continent" 和 "beer_servings" 两列数据，计算每个洲消耗啤酒总量。

② 数据聚合：通过 agg()函数，对某些分组内的数据进行求和、求均值、求最大值等操作。

③ 描述性统计值和中位数计算。

5.7.2 任务分析

1．transform()函数

语法格式如下。

```
Series.transform(func, axis=0, *args, **kwargs)
```

功能：将某操作应用于指定范围内的每个元素。

利用 transform()输出，既计算了统计值，又保留了明细数据。当 transform()作用于整个 DataFrame 时，实际上就是将传入的函数作用到每一列。

例如，对按照 continent 分组的 "beer_amount_continet" 列数据求和，代码如下。

```
drinks['beer_amount_continet']=drinks.groupby(by='continent')['beer_servings'].
transform('sum')  #每个洲消耗啤酒总量
```

2．groupby()函数

语法格式如下。

```
groupby(by=None, axis=0, level=None, as_index=True, sort=True, group_key=True,
squeeze=< object object>, observed=False, dropna=True)
```

功能：沿着任意轴分组，可以把分组时指定的键（key）作为分组标签。

例如，result.groupby('score').groups 是通过调用 groups 属性查看按照 score 进行分组的结果。

3．agg()函数

语法格式如下。

```
DataFrame.agg（func,axis = 0,* args,** kwargs ）
```

功能：对分组对象应用多个聚合函数。

< 179 >

5.7.3 任务实现

1. 程序设计

（1）导入相关库。

```
import pandas as pd
import numpy as np
```

（2）导入并读取数据。

```
data_dir='C:/Users/pc/Desktop/data/list5/drinks.csv'
drinks=pd.read_csv(data_dir)   #将数据集命名为 drinks
drinks
```

（3）查看哪个洲（continent）平均消耗的啤酒（beer）更多。

```
#每个洲消耗啤酒总量
drinks['beer_amount_continet']=drinks.groupby(by='continent')['beer_servings'].
transform('sum')
#每个洲出现的次数
drinks['count_continet']=drinks.groupby(by='continent')['beer_servings'].
transform('count')
drinks['beer_avg_continet']=drinks['beer_amount_continet']/drinks['count_continet']
drinks['beer_avg_continet']   #输出每个洲平均消耗的啤酒量
drinks[drinks['beer_avg_continet']==drinks['beer_avg_continet'].max()]['continent'].
unique()   #输出每个洲平均消耗的啤酒量的最大值
```

读者执行程序后可以看到，欧洲平均消耗的啤酒更多。

（4）探索不同分类数据的聚合值和描述性统计值。

```
#输出每个洲(continent)的红酒消耗(wine_servings)的描述性统计值
drinks.groupby(by='continent')[['wine_servings']].describe()
#每个洲每种酒的平均消耗
drinks.groupby(by='continent')[['beer_servings','spirit_servings','wine_servings']].
agg([np.mean])
#输出每个洲每种酒的消耗中位数
drinks.groupby(by='continent')[['beer_servings','spirit_servings','wine_servings']].
agg([np.median])
#输出每个洲消耗烈酒的均值、最大值和最小值
drinks.groupby(by='continent')[['spirit_servings']].agg([np.mean,np.max,np.min])
```

2. 数据意义

由统计数据可知，欧洲平均消耗的啤酒和红酒都更多。

5.8 本章小结

本章首先介绍了数据变换的概念、目的和意义；其次介绍了数据变换的常见操作，即简单函数变换、连续属性离散化、属性构造、小波变换和数据规范化；再介绍了数据分组与聚合，包括分组与聚合的过程、3种窗口函数、分组函数 groupby()，以及聚合函数 agg()、transform()、apply()；

< 180 >

然后介绍了轴向旋转的 pivot() 和 melt() 函数；接着介绍了哑变量处理和面元切分；最后介绍了数据转换的 3 种方法，即值处理、行列处理和索引处理。

通过本章的学习，读者能够掌握常见的数据变换操作方法，未来能更好地处理数据。

5.9 习题

1．填空题

（1）在 Pandas 中 DataFrame 类对象可以使用_____或_____实现轴向旋转操作。

（2）分组和聚合的操作大致分为 3 个步骤：_____、_____和_____。

（3）聚合操作除了内置的统计方法外，还可以使用_____、_____、_____。

（4）哑变量又称虚拟变量，是_____的变量，用来反映某个变量的_____。

（5）面元切分中，默认划分的区间是后_____前_____的。

2．选择题

（1）下列方法不是数据变换的有（　　）。

　　A．小波变换　　　　B．抽样　　　　　C．规范化　　　　D．属性构造

（2）假设 12 个销售价格记录组已经排序如下：5, 10, 11, 13, 15, 35, 50, 55, 72, 92, 204, 215。将它们划分成 4 个箱，等频（等深）划分时，15 在（　　）箱子内。

　　A．第一个　　　　B．第二个　　　　C．第三个　　　　D．第四个

（3）假设有一组排序后的数据 4,8,15,21,21,24,25,28,34，将它们划分为等频的箱。箱 1：4,8,15。箱 2：21,21,24。箱 3：25,28,34。要求箱 1 用平均值、箱 2 用中位值、箱 3 用边界值来光滑噪声数据，下面选项正确的是（　　）。

　　A．9,9,9；22,22,22；25,25,34　　　　B．8,8,8；22,22,22；25,25,34

　　C．9,9,9；21,21,21；25,25,34　　　　D．4,4,15；21,21,21；25,25,25

（4）下列数据特征缩放的公式中，正确的是（　　）。

　　A．数据中心化公式为 $X_{scaled}=\dfrac{x-\bar{x}}{s}$　　　　B．数据标准化公式为 $X_{scaled}=X-\bar{X}$

　　C．Max-ABS 缩放公式为 $X_{scaled}=\dfrac{x}{|x|_{max}}$　　　　D．Robust 缩放公式为 $X_{scaled}=\dfrac{x-Mediam}{s}$

（5）下列哑变量的名称中不正确的是（　　）。

　　A．二分类变量　　　B．虚拟变量　　　C．0-1 型变量　　　D．数值型变量

（6）以下关于 Pandas 数据预处理说法正确的是（　　）。

　　A．Pandas 没有做哑变量的函数

　　B．在不导入其他库的情况下，仅仅使用 Pandas 库就可实现聚类分析离散化

　　C．Pandas 可以实现所有的数据预处理操作

　　D．cut() 函数默认情况下做的是等宽离散

（7）下列与标准化方法有关的说法错误的是（　　）。

　　A．离差标准化简单易懂，对最大值和最小值敏感度不高

　　B．标准差标准化是最常用的标准化方法，又称零-均值标准化

< 181 >

C. 小数定标标准化实质上就是将数据按照一定的比例缩小

D. 多个特征的数据的 *k*-means 聚类不需要对数据进行标准化

（8）关于标准差标准化，下列说法中错误的是（　　　）。

A. 经过该方法处理后的数据均值为 0，标准差为 1

B. 可能会改变数据的分布情况

C. Python 中自定义该方法的实现函数为

```
def StandardScaler(data):
data=(data-data.mean())/data.std()
return data
```

D. 计算公式为 $X^* = \dfrac{x - \bar{x}}{\sigma}$

（9）下列关于 groupby() 说法正确的是（　　　）。

A. groupby() 能够实现分组聚合

B. groupby() 的结果能够直接查看

C. groupby() 是 Pandas 提供的一个用来分组的函数

D. groupby() 是 Pandas 提供的一个用来聚合的函数

（10）下列关于 apply() 说法正确的是（　　　）。

A. apply() 是对 DataFrame 每一个元素应用某个函数

B. apply() 能够实现 aggregate() 的所有功能

C. apply() 和 map() 都能够进行聚合操作

D. apply() 只能够对行列进行操作

（11）下列关于分组聚合的说法错误的是（　　　）。

A. Pandas 提供的分组函数和聚合函数分别只有一个

B. Pandas 分组聚合能够实现组内标准化

C. Pandas 聚合时能够使用 agg()、apply()、transform()

D. Pandas 分组函数只有一个 groupby()

（12）使用 pivot_table() 函数制作透视表时用（　　　）参数设置行分组键。

    A. index   B. raw   C. values   D. data

（13）本身可以实现数据透视功能的函数是（　　　）。

    A. groupby()   B. transform()   C. crosstab()   D. pivot_table()

3．判断题

（1）在数据预处理时，数据集包含变量的数量不能发生变化。（　　　）

（2）min-max 缩放可以将数据缩放至任意给定的范围内。（　　　）

（3）模型预测准确度总是随着样本数量的增加而同比例增加。（　　　）

（4）如果输入数据是连续型数据，使用分类模型时，就需要将连续型变量离散化为定性变量。（　　　）

（5）数据离散化指的是将连续型变量在保留其基本数据含义的基础上转换为定性变量的操作。（　　　）

4．简答题

（1）简述数据属性离散化的意义。

< 182 >

（2）简述数据规范化的方法。

5．操作题

根据表 5.8 数据，完成程序。

表 5.8 题 5 表

name	score	option_course
John	82	PHP
Helen	98	Python
Sona	91	Java
Ella	87	C

（1）用一个聚合函数求均值。

```
import pandas as pd
import numpy as np
#创建 DataFrame，并重命名为 data
data = {'name': ['John', 'Helen', 'Sona', 'Ella'],
   'score': [#补充程序#],
   'option_course': [#补充程序#]}
df = pd.DataFrame(data)
grouped=df.groupby('name')   #按照"name"列分组
#应用一个聚合函数求均值
print(grouped['score'].agg(np.mean))   #求"score"列的均值
```

（2）用多个聚合函数求均值和标准差。

```
print(          )   #求"score"列的均值与标准差
```

< 183 >

第 **6** 章　数据规约

本章学习目标

- 了解数据规约的意义、应用和功能。
- 了解数据规约常见的方式：属性规约和数值规约。
- 了解 3 种数据规约方法：维规约、数量规约和数据压缩。
- 掌握数据重塑的 stack 和 unstack 操作方法。
- 掌握主成分分析与降采样的方法。

数据规约

大型数据集一般存在数量庞大、属性多且冗余、结构复杂等特点，直接应用可能会耗费大量的分析或挖掘时间，此时便需要用到数据规约。数据规约可以产生更小但能保持原数据完整性的新数据集。本章介绍数据规约的途径、数据重塑、降采样、PCA 降维等，这些操作在处理大型数据集时是非常高效的。

6.1　数据规约概述

在完成数据集成与数据清洗后，能够获得整合了多条数据源且数据质量完好的数据集，但是数据集成与数据清洗无法改变数据集的规模。通过技术手段缩减数据规模，就是数据规约。

6.1.1　初识数据规约

1．概念

数据规约技术可以用来得到数据集的规约表示，数据集变小，但并不影响原数据的完整性，其分析结果与规约前相同或几乎相同。因此，数据规约是指在尽可能保持数据原貌的前提下，最大限度地精简数据量。

2．数据规约的两个途径

数据规约就是缩小用于数据挖掘的数据集的规模，具体方式有属性规约与数值规约。

① 属性规约：针对原始数据集中的属性，即减少属性个数（降维）。

② 数值规约：针对原始数据集中的记录，即减少样本量。

3．意义

数据规约是产生更小但保持原数据完整性的新数据集的过程。数据规约的意义在于以下 3 个方面。

① 降低无效、错误数据对建模的影响，提高建模的准确性。

② 少量且具代表性的数据将大幅缩减数据挖掘所需的时间。

③ 降低存储数据的成本。

4．拓展

（1）数据立方体。

数据立方体是数据的多维建模和表示，由维和事实组成。维表征属性，事实表征数据。数据立方体能够对预计算的汇总数据进行快速访问，应用于联机数据分析和数据挖掘。

如图 6.1 所示，数据立方体中表示时间、产品种类和地区的坐标轴就是维度。虽然称为"立方体"，但数据立方体是指多维数据结构，不局限于三维。

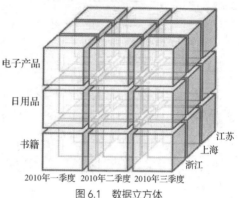

图 6.1　数据立方体

（2）数据立方体聚集。

将 n 维数据立方体变为 $n-1$ 维的数据立方体称为数据立方体聚集。

数据立方体聚集能够帮助开发者将低粒度的数据分析变成汇总粒度的数据分析。它认为表中最细的粒度是一个最小的立方体，每个高层次的抽象都能形成一个更大的立方体。数据立方体聚集就是将细粒度的属性聚集为粗粒度的属性。

6.1.2　数据规约的常见类型

数据规约的常见类型包括维规约、数量规约和数据压缩。

1．维规约

维规约的思路是减少所考虑的随机变量或属性的个数，使用的方法有属性子集选择、小波变换、主成分分析等。

（1）属性子集选择。

属性子集选择的目的是定位最小属性集，使得数据的概率分布尽可能接近使用所有属性得到的原分布，即从全部属性中选取一个特征属性子集，使构造出来的模型变得更好。

特征属性子集的选择步骤一般是建立子集集合、构造评价函数、构建停止准则和验证有效性。

属性子集选择通过删除不相关或冗余属性减小数据量，有以下 4 种方式。

① 逐步向前选择。

② 逐步向后删除。

③ 逐步向前选择和逐步向后删除的组合。

④ 决策树归纳。

属性子集选择的常用方法如表 6.1 所示。

表 6.1　属性子集选择的常用方法

方法	描述	解析
合并属性	将一些旧属性合为新属性	{A1,A2,A3,A4,B1,B2,B3,C}→ {A,B,C}

< 185 >

续表

方法	描述	解析
逐步向前选择	从一个空属性集开始，每次从原属性集中选择一个当前最优属性添加到当前属性子集中，直到无法选择出最优属性或满足一定阈值约束	{A1,A2,A3,A4,A5,A6}→ {}→{A1}→{A1,A4}→ {A1,A4,A6}
逐步向后删除	从一个全属性集开始，每次从当前属性子集中选择一个当前最差属性并将其从当前属性子集中删除，直到无法选择出最差属性或满足一定阈值约束	{A1,A2,A3,A4,A5,A6}→ {A1,A3,A4,A5,A6}→{A1,A4,A5,A6}→ {A1,A4,A6}
决策树归纳	利用决策树归纳方法对原始数据进行分类归纳学习，获得一个初始决策树，所有没有出现在这个决策树上的属性均可认为是无关属性，因此将这些属性从原属性集中删除，就可以获得一个较优的属性子集	{A1,A2,A3,A4,A5,A6}→ {A1,A4,A6}

逐步向前选择、逐步向后删除及决策树归纳属于直接删除不相关属性的方法。

！注意

用于数据规约的时间应小于节省的时间，即小于在规约后的数据上进行挖掘等处理所节省的时间，规约得到的数据比原数据小得多，但可以产生相同或几乎相同的分析结果。

（2）小波变换。

5.2.4 小节介绍了利用小波变换可以对声波信号进行特征提取。下面将介绍小波变换的由来和应用。

小波变换是由傅里叶变换（fourier transform，FT）发展而来的。首先，傅里叶变换是一种针对信号频率的分解转换方法，它把信号分解成正余弦函数，把时域信号转为频率信号。但是 FT 方法存在缺陷，即经过拆分之后的信号只能显示其包含的成分，而无法体现各个成分出现的时间。因此，便出现了短时傅里叶变换（short-time fourier transform，STFT），它在 FT 的基础上加入了时域信息。STFT 通过设置窗格，并假设窗格内信号是平稳的，对每个窗格内的信号分段进行 FT，虽然引入了时域信息，但是正确划分窗格并不容易。

最后，就产生了小波变换。小波变换是一种新的变换分析方法，它继承和发展了短时傅里叶变换局部化的思想，同时又克服了窗格大小不随频率变化等缺点，能够提供一个随频率改变的"时间-频率"窗口，是进行信号时频分析和处理的理想工具，能将原始数据变换或投影到较小的空间。

小波变换有许多实际应用，包括指纹图像压缩、计算机视觉、时间序列数据分析等。

（3）主成分分析。

主成分分析（principal component analysis，PCA）是用较少的变量去解释原始数据中的大部分变量，即将许多相关性很高的变量转化成彼此独立或不相关的变量，6.2.3 小节将详细讲解。

2. 数量规约

数量规约是用替代数据表示原始数据的技术，这些技术可以是参数方法或非参数方法。

（1）参数方法。

参数方法是指使用参数模型来近似原数据，最后只需要存储参数。参数方法可以用回归模型与对数-线性模型来实现。

首先，对数值型的数据，可以用回归的方法对数据建模，使之拟合成直线或平面。在简单线

< 186 >

性回归中,随机变量 y 可以表示为另一个随机变量 x 的线性函数。通过最小二乘法可以定义线性函数方程。在多元线性回归中,随机变量 y 可以用多个随机变量表示。

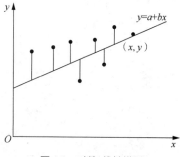

其次,若想分析多个分类型数据间的关系,对多个分类型数据间的关系给出系统而综合的评价,则可以采用对数-线性模型来近似离散属性集中的多维概率分布。常见的逻辑回归模型就是对数-线性模型的一种。

简单线性模型和对数-线性模型可以用来近似描述给定的数据。线性模型对数据建模,使之拟合为一条直线。对数-线性模型如图6.2所示。

图6.2 对数-线性模型

> **!注意**
>
> ① 用一条直线方程来代表该数据集中的所有样本。
>
> ② 参数方法使用一个模型来评估数据,只需存储参数,而不需要存储实际数据;非参数方法则需要存储实际数据。

(2)非参数方法。

非参数方法是指使用1个较小的数据集来近似原始数据,需要存储实际数据,包括直方图、聚类、抽样、数据立方体聚集等。

① 直方图就是分箱,光滑噪声的一种方法,即将数据划分为不相交的子集,并给予每个子集相同的值。而用直方图规约数据,就是 n 个观测值变为 k 个子集,从而使数据分块呈现。子集可以是等宽的,也可以是等频的。价格的直方图如图6.3所示。

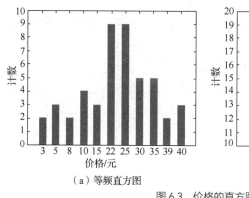

(a)等频直方图

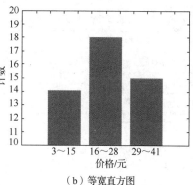

(b)等宽直方图

图6.3 价格的直方图

图6.3(a)为价格的等频直方图,每个单柱代表一个价值/频率对。

图6.3(b)为价格的等宽直方图,每个单柱代表一个价格区间/频率对。

> **!注意**
>
> 这种方法类似于连续型数据的离散化。

② 聚类是将数据分群(簇),用每个数据簇中的代表数据来替换实际数据,以达到数据规约的效果。k-means 聚类分析做客户分群如图6.4所示。

< 187 >

③ 抽样是从原数据集中按照一定规则选取随机样本（子集）来近似原数据集，实现用小数据代表大数据的过程。抽样的方法包括简单随机抽样、簇抽样、分层抽样等。实际收入与期望收入的抽样图表如图 6.5 所示。

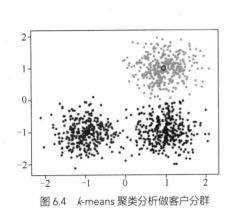

图 6.4 *k*-means 聚类分析做客户分群

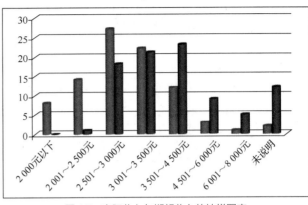

图 6.5 实际收入与期望收入的抽样图表

图 6.5 中，横轴表示收入，纵轴表示在人群中所占的比例（％）；左柱为期望收入，右柱为实际收入。通过该抽样图表，可大致了解抽样时就业市场中求职人员的想法。

📋 拓展

Python 主要数据预处理函数如表 6.2 所示。

表 6.2 Python 主要数据预处理函数

函数	说明	所属扩展库
interpolate.×××()	一维、高维插值	SciPy
unique()	去除数据中的重复值，得到单值元素列表	Pandas/NumPy
isnull()	判断是否为空值	Pandas
notnull()	判断是否为非空值	Pandas
random()	生成随机矩阵	NumPy
PCA()	对指标变量矩阵进行主成分分析	sklearn

（1）interpolate.×××()。

interpolate 是 SciPy 的一个子库，包含了大量的插值函数，如拉格朗日插值、样条插值、高维插值等。使用前需要用 from scipy.interpolate import 引入相应的插值函数。

使用格式：f = scipy.interpolate.lagrange(x,y)。此处仅展示了一维数据的拉格朗日插值函数，其中 x、y 为对应的自变量和因变量数据，插值完成后，可以通过 f(a) 计算新的插值结果。

（2）unique()。

功能：去除数据中的重复值，得到单值元素列表。

使用格式：np.unique(D)。D 为一维数据，可以是 list、array 和 Series；D.unique()，D 为 Pandas 的 Series 类对象。

（3）isnull()/notnull()。

功能：判断每个元素是否空值/非空值。

使用格式：D.isnull()/D.notnull()。此处的 D 必须是 Series 类对象，返回一个布尔 Series 类对象。可

< 188 >

以通过 D[D.isnull()]或 D[D.notnull()]找出 D 中的空值/非空值。

（4）random()。

功能：random 是 NumPy 的一个子库（Python 虽然自带 random，但 NumPy 更强大），可以用该库下的各种函数生成服从特定分布的随机矩阵，在进行抽样时可以使用。

使用格式：np.random.rand(k, m, n,…)。其生成一个 $k×m×n$…随机矩阵，其元素均匀分布在区间(0, 1)上且服从标准正态分布。

（5）PCA()。

6.2.3 小节将详细讲解。

3．数据压缩

数据压缩使用变换方法得到原始数据的规约表示或"压缩"表示。如果数据可以在压缩后进行数据重构，而不损失信息，则该数据压缩被称为无损的。如果只能近似重构原数据，则该数据压缩称为有损的。基于小波变换的数据压缩是一种非常重要的有损压缩方法。

字符串压缩有广泛的理论基础和精妙的算法，通常是无损压缩，在解压缩前对字符串的操作非常有限。

音频/视频的压缩通常是有损压缩，逐步细化；通常小片段的信号可重构，而不需要重建整个信号。

维规约和数量规约可以视为某种形式的数据压缩。

6.2　Pandas 数据规约操作

6.2.1　数据重塑

1．概述

数据重塑指的是将数据重新排列，重塑（reshape）多层索引，可分为最简单的 stack 和 unstack。unstack 操作容易引入缺失数据，对 DataFrame 进行 unstack 操作时，默认情况下处理的是最内层（stack 也是如此）。传入分层编号或名称即可对其他层进行 unstack 操作。

2．stack 和 unstack

重塑多层索引是 Pandas 中简单的维度规约操作，该操作主要会将 DataFrame 类对象的列索引转换为行索引，生成一个具有多层索引的对象。

stack：将数据的列"旋转"为行，即将二维表转化为一维表（默认操作最内层）。

unstack：将数据的行"旋转"为列，即将一维表转化为二维表（默认操作最内层）。

（1）stack()。

```
stack(self, level=-1, dropna=True)
```

参数说明如表 6.3 所示。

表 6.3　stack()参数说明

参数	说明
level	默认为-1，表示操作内层索引。若设为 0，则表示操作外层索引
dropna	表示是否将旋转后的缺失值删除。若设为 True，则表示自动过滤缺失值；设为 False 则相反

< 189 >

例 6-1 创建一个 DataFrame 类对象，然后重塑数据。

```
import pandas as pd
df=pd.DataFrame({'A':['A0','A1','A2'],
                'B':['B0','B1','B2']})
#重塑 df,使之具有两层行索引
result=df.stack()
print(result)
```

程序运行结果如下。

```
0  A    A0
   B    B0
1  A    A1
   B    B1
2  A    A2
   B    B2
dtype: object
```

数据重塑前后对比如图 6.6 所示。

例 6-1 中，df 起初是一个只有单层索引的二维数据，经过数据重塑，生成一个有两层行索引的 result 对象。

（2）unstack()。

```
unstack(self, level=-1, fill_value=None)
```

参数说明如表 6.4 所示。

图 6.6　数据重塑前后对比

表 6.4　unstack()参数说明

参数	说明
level	默认为-1，表示操作内层索引。若设为 0，则表示操作外层索引
fill_value	若产生了缺失值，则可以设置用来替换 NaN 的值

例 6-2 将例 6-1 中的数据恢复成原样。

```
#将列索引转换为一行数据
result=df.stack().unstack()
result
```

程序运行结果如下。

```
    A    B
0   A0   B0
1   A1   B1
2   A2   B2
```

此时，得到的数据与数据重塑前一致，是一个只有单层索引的二维数据。

由例 6-2 可知，unstack()是 stack()的逆操作，可以将重塑后的 Series 类对象"恢复原样"，转变成原来的 DataFrame 类对象。

stack()默认会滤除缺失值，因此该运算是可逆的。但也可以传入 dropna=False 选择保留缺失值。

例 6-3 将数据的行数据"旋转"为列数据，再恢复为行数据。

< 190 >

① 创建数据。

```
import pandas as pd
from pandas import Series, DataFrame
s1=Series([1,2,3,4],index=['a','b','c','d'])
s2=Series([4,5,6],index=['c','d','e'])
data2=pd.concat([s1,s2],keys=['one','two'])
data2
```

程序运行结果如下。

```
one    a    1
       b    2
       c    3
       d    4
two    c    4
       d    5
       e    6
dtype: int64
```

② 将行数据"旋转"为列数据。

```
data2.unstack()
```

程序运行结果如图 6.7 所示。

可见，如果不是所有级别的值都能在各分组中找到，则 unstack 操作可能会引入缺失值。

③ 保留缺失值，恢复为行数据。

	a	b	c	d	e
one	1.0	2.0	3.0	4.0	NaN
two	NaN	NaN	4.0	5.0	6.0

图 6.7 程序运行结果

```
data2.unstack().stack(dropna=False)
```

程序运行结果如下。

```
one    a    1.0
       b    2.0
       c    3.0
       d    4.0
       e    NaN
two    a    NaN
       b    NaN
       c    4.0
       d    5.0
       e    6.0
dtype: float64
```

3. 多层索引

对索引的索引通常称作外层索引，而最原始、最内层的指向数据库文件数据记录的索引叫内层索引。在对 DataFrame 进行 unstack 操作时，作为旋转轴的索引将会成为结果中的最低级别（最内层）索引。

例6-4 观察操作内层索引与外层索引的区别。

① 创建数据。

```
import pandas as pd
import numpy as np
df2 = pd.DataFrame(np.arange(8).reshape(2, 4),
```

< 191 >

```
                    columns=[['A', 'A', 'B', 'B'],
                             ['A0', 'A1', 'A0', 'A1']])
df2
```

程序运行结果如图 6.8 所示。

② 数据重塑。

	A		B	
	A0	A1	A0	A1
0	0	1	2	3
1	4	5	6	7

图 6.8 程序运行结果

```
result1 = df2.stack()   #操作内层索引
result2 = df2.stack(level=0)  #操作外层索引
print("df2.stack():\n", result1)
print("df2.stack(level=0):\n", result2)
```

程序运行结果如下。

```
df2.stack(level=1):
      A  B
0 A0  0  2
  A1  1  3
1 A0  4  6
  A1  5  7
df2.stack(level=0):
      A0  A1
0 A   0   1
  B   2   3
1 A   4   5
  B   6   7
```

由例 6-4 可知，操作内层索引就是操作指向数据库文件数据记录的索引，而外层索引就是索引的索引 A 和 B。

对于多层索引而言，即使将外层行（列）索引或者内层行（列）索引转换为列（行）索引，也不过是多层变单层，只要行和列两个方向都至少有单层索引存在，DataFrame 类对象转换后就仍为 DataFrame 类对象。

4．处理堆叠格式

堆叠格式也叫长格式，一般关系数据库存储时间序列会采用此种格式。

虽然处理堆叠格式对于关系数据库是友好的，不仅能保持关系的完整性，还提供查询支持，但是就数据操作而言，DataFrame 的数据格式更加方便。

6.2.2 降采样

1．概念

在进行数据挖掘或机器学习时，开发者面临的数据往往是高维数据。相较于低维数据，高维数据为开发者提供了更多的信息和细节，也更好地描述了样本，但很多高效且准确的分析方法将无法使用。解决这个问题的方法便是降低数据的维度。处理高维数据和高维数据可视化是数据科学家们必不可少的技能。在数据降维时，要使用尽量少的维度来表达较多原数据的特性和结构。

数据降维的原因如下。

① 降维可以缓解维度灾难问题。

② 降维可以降低很多算法的计算开销。

< 192 >

③ 降维可以使结果易懂。

降采样就是降低采样频率，即将高频率采集的数据规约为低频率采集的数据，常用于时间序列类型的数据。例如，每天一采集改为 3 天一采集，会增大采样的时间粒度，且在一定程度上减小了数据量。

2．方法

Pandas 中可以使用 resample() 实现降采样操作。resample() 的语法格式如下。

```
resample(rule,
        axis=0,
        closed=None,
        label=None,
        convention='start',
        kind=None,
        loffset=None,
        base=None,
        on=None,
        level=None,
        origin='start_day',
        offset=None)
```

resample() 的部分参数说明如下。

- rule：表示降采样的频率。
- axis：表示沿指定轴完成降采样操作，可以取值为 0/'index' 或 1/'columns'，默认为 0。
- closed：表示各时间段的某一端是闭合的，可取值为 'right'、'left' 或 None。
- label：表示降采样时设置的聚合结果的标签。

例 6-5　现有一组按日统计的包含开盘价、收盘价等信息的股票数据（非真实数据），该组数据的采集频率由每天采集一次变为每 7 天采集一次。

① 每天采集一次。

```
import pandas as pd
import numpy as np
#生成一个时间序列，从 2022 年 10 月 1 日开始，跨度为 31 天
time_ser=pd.date_range('2022/10/01',periods=31)
#生成一个含 31 个随机数的序列，范围为 40 到 60
stock_data=np.random.randint(40,60,size=31)
#创建一个 Series 类对象
time_obj=pd.Series(stock_data,index=time_ser)
print(time_obj)
```

程序运行结果如下。

```
2022-10-01    58
2022-10-02    54
2022-10-03    57
2022-10-04    45
2022-10-05    47
2022-10-06    53
2022-10-07    44
2022-10-08    42
2022-10-09    47
2022-10-10    45
```

< 193 >

```
2022-10-11      54
2022-10-12      53
2022-10-13      56
2022-10-14      41
2022-10-15      50
2022-10-16      55
2022-10-17      59
2022-10-18      47
2022-10-19      50
2022-10-20      41
2022-10-21      41
2022-10-22      57
2022-10-23      44
2022-10-24      40
2022-10-25      46
2022-10-26      49
2022-10-27      53
2022-10-28      51
2022-10-29      55
2022-10-30      53
2022-10-31      49
Freq: D, dtype: int32
```

② 改为每 7 天采集一次，实现降采样操作，并且用相同周期内的均值保证数据的准确与精简。

```
result=time_obj.resample('7D').mean()
result.astype("int64")
```

程序运行结果如下。

```
2022-10-01      51
2022-10-08      48
2022-10-15      49
2022-10-22      48
2022-10-29      52
Freq: 7D, dtype: int64
```

6.2.3 PCA 降维

1. 概念

PCA 是一种无监督学习的多元统计分析方法。PCA 的主要原理是将高维数据投影到较低维空间，提取多元事物的主要因素，揭示其本质特征。它可以高效地找出数据中的主要部分，将原有的复杂数据降维处理，是最常用的一种降维方法。

PCA 通常用于高维数据集的探索与可视化，还可以用于数据压缩等。它被应用于多个领域，如理论物理学、气象学、心理学、生物学、化学、工程学等，在消除冗余和消除噪声数据等领域也有广泛的应用。

> ⚠ 注意
>
> 对指标变量矩阵进行主成分分析，当数据集不同维度上的方差分布不均匀时，PCA 是最有用的。

< 194 >

2．PCA 的计算步骤

PCA 是一种用于连续型数据的数据降维方法，构造了原始数据的正交变换，只需使用少量新变量就能够解释原始数据中的大部分变量。

（1）设原始变量 $X_1, X_2, \cdots, X_p$ 的 n 次观测数据矩阵如下。

$$\boldsymbol{X} = \begin{bmatrix} X_{11} & \cdots & X_{1p} \\ \vdots & & \vdots \\ X_{n1} & \cdots & X_{np} \end{bmatrix} = \begin{bmatrix} X_1, X_2, \cdots, X_p \end{bmatrix}$$

（2）将数据矩阵按列进行中心化。为了方便，将中心化后的数据矩阵仍然记为 $\boldsymbol{X}$。

（3）求相关系数矩阵 $\boldsymbol{R}$，$\boldsymbol{R} = \begin{bmatrix} r_{ij} \end{bmatrix}_p xp = \dfrac{X^{\mathrm{T}}X}{n-1}$，$r_{ij}$ 的定义如下。

$$r_{ij} = \sum_{k=1}^{n} \left(x_{ki} - \overline{x_j} \right) \left(x_{kj} - \overline{x_j} \right) / \sqrt{\sum_{k=1}^{n} \left(x_{ki} - \overline{x_j} \right)^2 \sum_{k=1}^{n} \left(x_{kj} - \overline{x_j} \right)^2}$$

其中，$r_{ij}=r_{ji}$，$r=1$。

（4）求 $\boldsymbol{R}$ 的特征方程 $\det(\boldsymbol{R}-\lambda\boldsymbol{E})=0$ 的特征根 $\lambda_1 \geq \lambda_2 \geq \lambda_p \geq 0$。

（5）确定主成分个数 m：$\dfrac{\sum_{i=1}^{m} \lambda_i}{\sum_{i=1}^{p} \lambda_i} \geq \alpha$，$\alpha$ 根据实际问题确定，一般取 80%。

（6）计算 m 个相应单位特征向量如下。

$$\beta_1 = \begin{bmatrix} \beta_{11} \\ \beta_{21} \\ \vdots \\ \beta_{p1} \end{bmatrix}, \beta_2 = \begin{bmatrix} \beta_{12} \\ \beta_{22} \\ \vdots \\ \beta_{p2} \end{bmatrix}, \cdots, \beta_m = \begin{bmatrix} \beta_{1m} \\ \beta_{2m} \\ \vdots \\ \beta_{pm} \end{bmatrix}$$

（7）计算主成分。

$$Z_i = \beta_{1i}X_1 + \beta_{2i}X_2 + \beta_{pi}X_p, \quad i = 1, 2, \cdots, m$$

> 📖 **思考**
>
> PCA 为什么要进行中心化？（提示：矩阵的计算跟坐标原点相关，因此中心化的目的就是把数据聚集在坐标原点处）。

3．sklearn 中的 PCA

在 Python 中，主成分分析函数位于 sklearn 库的 decomposition 模块中。

```
class sklearn.decomposition.PCA(n_components=None, copy=True, whiten=False)
```

PCA()有 3 个比较重要的参数，说明如下。

（1）n_components。

类型：int 或 string，默认为 None，所有成分被保留。赋值为 int，如 n_components=1，将把原始数据降到一维；赋值为 string，如 n_components='mle'，将自动选取特征个数，使其满足所要求的方差百分比。

意义：PCA 算法中所要保留的主成分个数，即保留下来的特征个数。

（2）copy。

类型：bool，True 或 False，默认为 True。

< 195 >

意义：表示是否在执行算法时将原始数据复制一份。若为 True，则执行 PCA 算法后，原始数据的值不会有任何改变，因为是在原始数据的副本上进行运算；若为 False，则执行 PCA 算法后，原始数据的值会改变，因为是在原始数据上进行降维计算。

（3）whiten。

类型：bool，默认为 False。

意义：白化，使得每个特征具有相同的方差。

4．PCA 实现降维过程

PCA 减少数据集的维数，同时保持数据集对方差贡献最大的特征，这是通过保留低阶成分、忽略高阶成分做到的。低阶成分往往能够保留数据最重要的方面。

例 6-6 使用 PCA 实现降维，降为三维，再利用 inverse_transform() 函数来复原数据。

① 输出原数据。

```
#-*- coding: utf-8 -*-
#主成分分析，降维
import pandas as pd
#参数初始化
input_path = 'C:/Users/pc/Desktop/data/list6/principal_component.xls'
output_path = 'C:/Users/pc/Desktop/data/list6/dimention_reducted1.xls'   #降维后
的数据
data = pd.read_excel(input_path, header = None)   #读入数据
print(data)
```

程序运行结果如下。

	0	1	2	3	4	5	6	7
0	40.4	24.7	7.2	6.1	8.3	8.7	2.442	20.0
1	25.0	12.7	11.2	11.0	12.9	20.2	3.542	9.1
2	13.2	3.3	3.9	4.3	4.4	5.5	0.578	3.6
3	22.3	6.7	5.6	3.7	6.0	7.4	0.176	7.3
4	34.3	11.8	7.1	7.1	8.0	8.9	1.726	27.5
5	35.6	12.5	16.4	16.7	22.8	29.3	3.017	26.6
6	22.0	7.8	9.9	10.2	12.6	17.6	0.847	10.6
7	48.4	13.4	10.9	9.9	10.9	13.9	1.772	17.8
8	40.6	19.1	19.8	19.0	29.7	39.6	2.449	35.8
9	24.8	8.0	9.8	8.9	11.9	16.2	0.789	13.7
10	12.5	9.7	4.2	4.2	4.6	6.5	0.874	3.9
11	1.8	0.6	0.7	0.7	0.8	1.1	0.056	1.0
12	32.3	13.9	9.4	8.3	9.8	13.3	2.126	17.1
13	38.5	9.1	11.3	9.5	12.2	16.4	1.327	11.6

② 输出返回模型的各个特征向量和各个成分各自的方差百分比。

```
from sklearn.decomposition import PCA
pca = PCA()
pca.fit(data)
print(pca.components_)   #返回模型的各个特征向量
print("-----------------")
print(pca.explained_variance_ratio_)   #返回各个成分各自的方差百分比
```

< 196 >

程序运行结果如下。

```
[[ 0.56788461  0.2280431   0.23281436  0.22427336  0.3358618   0.43679539
   0.03861081  0.46466998]
 [ 0.64801531  0.24732373 -0.17085432 -0.2089819  -0.36050922 -0.55908747
   0.00186891  0.05910423]
 [-0.45139763  0.23802089 -0.17685792 -0.11843804 -0.05173347 -0.20091919
  -0.00124421  0.80699041]
 [-0.19404741  0.9021939  -0.00730164 -0.01424541  0.03106289  0.12563004
   0.11152105 -0.3448924 ]
 [-0.06133747 -0.03383817  0.12652433  0.64325682 -0.3896425  -0.10681901
   0.63233277  0.04720838]
 [ 0.02579655 -0.06678747  0.12816343 -0.57023937 -0.52642373  0.52280144
   0.31167833  0.0754221 ]
 [-0.03800378  0.09520111  0.15593386  0.34300352 -0.56640021  0.18985251
  -0.69902952  0.04505823]
 [-0.10147399  0.03937889  0.91023327 -0.18760016  0.06193777 -0.34598258
  -0.02090066  0.02137393]]
-----------------
[7.74011263e-01 1.56949443e-01 4.27594216e-02 2.40659228e-02
 1.50278048e-03 4.10990447e-04 2.07718405e-04 9.24594471e-05]
```

可见，方差百分比越大，向量的权重越大。当选取前 4 个主成分时，累计贡献率已达到
97.37%，说明选取前 3 个主成分进行计算已经相当不错了，因此可以重新建立 PCA 模型，设
置 n_components=3，计算出成分结果。

③ 降维为三维数据模型。

```
#改变主成分个数
pca=PCA(n_components=3)  #建立降为三维后的模型
pca.fit(data)  #训练数据
low_d=pca.transform(data)  #降低维度
print(low_d)
```

程序运行结果如下。

```
[[  8.19133694  16.90402785   3.90991029]
 [  0.28527403  -6.48074989  -4.62870368]
 [-23.70739074  -2.85245701  -0.4965231 ]
 [-14.43202637   2.29917325  -1.50272151]
 [  5.4304568   10.00704077   9.52086923]
 [ 24.15955898  -9.36428589   0.72657857]
 [ -3.66134607  -7.60198615  -2.36439873]
 [ 13.96761214  13.89123979  -6.44917778]
 [ 40.88093588 -13.25685287   4.16539368]
 [ -1.74887665  -4.23112299  -0.58980995]
 [-21.94321959  -2.36645883   1.33203832]
 [-36.70868069  -6.00536554   3.97183515]
 [  3.28750663   4.86380886   1.00424688]
 [  5.99885871   4.19398863  -8.59953736]]
```

④ 保存降维后的文件并恢复数据。

```
pd.DataFrame(low_d).to_excel(output_path)  #保存降维后的数据到本地
pca.inverse_transform(low_d)  #必要时可以用 inverse_transform()函数来复原数据
```

< 197 >

程序运行结果如下。

```
array([[41.81945026, 17.92938537,  7.42743613,  6.38423781,  7.51911186,
         7.95581778,  1.89450158, 22.64634237],
       [26.03033486,  8.31048339, 11.0923029 , 10.50941053, 13.73592734,
        19.29219354,  1.55616178, 10.69991334],
       [12.8912027 ,  4.7200299 ,  4.15574756,  3.88084002,  4.15590258,
         5.95354081,  0.63142514,  3.10031979],
       [21.95107023,  7.86983692,  5.61296149,  5.00363184,  5.46598715,
         7.32692984,  1.00043437,  6.90279388],
       [33.2494621 , 16.9295226 ,  6.97070109,  6.54184048,  8.78799069,
         9.47854775,  1.76803069, 25.48379317],
       [35.30223656, 14.31635159, 16.19611986, 15.83211443, 22.51688172,
        30.25654088,  2.46591519, 25.94480913],
       [22.0404299 ,  7.67212745,  9.96458085,  9.59042702, 12.69748404,
        17.7402549 ,  1.39886681, 10.62704002],
       [47.82344306, 16.03581175, 11.11907058,  9.5362307 , 11.08119152,
        14.24461981,  2.12478649, 16.79265084],
       [40.72333307, 17.98533192, 20.14597677, 19.9884634 , 29.35835797,
        39.0457226 ,  3.09998769, 36.25975467],
       [24.50981762,  9.36433655,  9.52005459,  9.10471477, 12.0327766 ,
        16.33445643,  1.4768007 , 13.14701555],
       [13.3825743 ,  5.67777166,  4.16004148,  3.95836057,  4.47861564,
         6.08501405,  0.6981744 ,  5.42443324],
       [ 1.44783093,  2.03894892,  0.87728401,  1.09467426,  0.69475478,
         1.13961005,  0.11798269,  0.47858262],
       [32.5440038 , 13.14166028,  8.856767  ,  8.14476825, 10.36303253,
        13.1291864 ,  1.68627384, 17.31120923],
       [37.98481061, 11.3084017 , 11.30095568, 10.03028594, 12.01198559,
        16.61756516,  1.80165862, 10.78134217]]])
```

本例中，explained_variance_ratio_ 按照从高到低的顺序来展示新生成的属性的贡献率，值越大，表明向量的权重越大。当选择前面的 3 个主成分时，累计贡献率就已经超过 80%，故而选择降低到三维。

⚠️ 注意

　　sklearn 下的 PCA 是一个建模的对象。分析流程：建模（model=PCA()）→训练（model.fit(D)）。D 为要进行主成分分析的数据矩阵，训练结束后获取模型参数，如 pca.components_（特征向量）、pca.explained_variance_ratio_（各个属性的贡献率）等。可利用 inverse_transform()函数来复原数据。

5．其他降维方式

（1）LDA。

线性判别分析（linear discriminant analysis，LDA）是一种有监督的线性降维算法。与 PCA 保持数据信息不同，LDA 使降维后的数据尽可能地容易被区分，即同类的数据尽可能接近，不同的数据尽可能分开。

（2）LLE。

局部线性嵌入（locally linear embedding，LLE）是一种非线性降维算法，它能够使降维后的数据较好地保持原有流形结构。LLE 可以说是流形学习最经典的算法之一，很多后续的流形学习方法、降维方法都与 LLE 有密切联系。LLE 降维过程如图 6.9 所示。

< 198 >

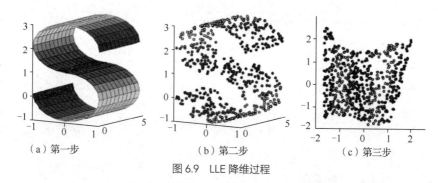

（a）第一步　　　　　　　　　（b）第二步　　　　　　　　　（c）第三步

图 6.9　LLE 降维过程

图 6.9（b）中的点云数据降维到图 6.9（c）的二维平面，数据保持原有的流形结构，即相同颜色的点相互接近。

LLE 算法的主要步骤如下。

① 找出每个样本点的 k 个近邻点。

② 由每个样本点的近邻点计算出该样本点的局部重建权值矩阵。

③ 由样本点的局部重建权值矩阵和其近邻点计算出该样本点的输出值。

（3）LE。

拉普拉斯特征映射（laplacian eigenmaps，LE）思路和 LLE 很相似，也是基于图的降维算法，希望相互关联的点降维后尽可能接近，通过构建邻接矩阵、矩阵分解等步骤，实现降维。

6.3 实战 5：利用 sklearn 实现鸢尾花数据降维

6.3.1 任务说明

1．案例背景

鸢尾花（Iris）数据集是常用的分类实验数据集，由费舍尔（Fisher）在 1936 年收集整理，用于多重变量分析。

如何获取鸢尾花数据集？

使用 sklearn.datasets 加载流行的数据集，使用 datasets.load_*() 获取小规模数据集，数据包含在 datasets 里。

2．主要功能

通过 sklearn 实现鸢尾花数据降维，将原来四维的数据降维为二维。

① 导入相关库和数据。

② 数据降维：将原来四维的数据降维为二维。

③ 可视化：画出降维后的样本点分布。

6.3.2 任务分析

相关知识如下文。

（1）PCA 模型。

PCA 使用的语法结构如下。

< 199 >

```
sklearn.decomposition.PCA(n_components = None,copy = True,whiten = False)
```

建模：model = PCA()。

训练：model.fit(D)。

加载鸢尾花数据集：load_iris()。

（2）transform()函数。

语法格式如下。

```
Series.transform(func, axis=0, *args, **kwargs)
```

功能：将某操作应用于指定范围内的每个元素。

利用 transform()输出，既计算了统计值，又保留了明细数据。当 transform()作用于整个 DataFrame 时，就是将传入的函数作用到每一列。

例如，reduced_x = pca.fit_transform(x)表示沿 *x* 轴对样本进行降维。

（3）append()函数。

语法格式如下。

```
L.append(obj)
```

功能：连接 Series 类对象和 DataFrame 类对象，沿着 axis=0 方向进行操作。

例如，a.append(b)表示沿着 axis=0 方向使用 apppend()连接对象 a 与对象 b。

（4）scatter()函数。

语法格式如下。

```
plt.scatter(x, y, c="b", label="scatter figure")
```

功能：寻找变量之间的关系。

参数说明如下。

- x：*x* 轴上的数值。
- y：*y* 轴上的数值。
- c：散点图中的标记的颜色。
- label：标记图形内容的标签文本。

例如，plt.scatter(red_x,red_y,c='r',marker='x')表示使用红色的"x"标签来标记 *x* 与 *y* 之间的关系。

6.3.3 任务实现

1. 程序设计

（1）导入并读取数据。

```
import matplotlib.pyplot as plt
from sklearn.decomposition import PCA
from sklearn.datasets import load_iris
data = load_iris()
print(data)
```

（2）数据降维，将样本降为二维。

```
y = data.target
x = data.data
```

< 200 >

```
pca = PCA(n_components = 2)
#加载 PCA 算法，设置降维后主成分数目为 2
reduced_x = pca.fit_transform(x)   #对样本进行降维
print(reduced_x)
```

（3）数据可视化，在平面中画出降维后的样本点的分布。

```
red_x,red_y = [],[]
blue_x,blue_y = [],[]
green_x,green_y = [],[]
for i in range(len(reduced_x)):
    if y[i] == 0:
        red_x.append(reduced_x[i][0])
        red_y.append(reduced_x[i][1])
    elif y[i]== 1:
        blue_x.append(reduced_x[i][0])
        blue_y.append(reduced_x[i][1])
    else:
        green_x.append(reduced_x[i][0])
        green_y.append(reduced_x[i][1])
plt.scatter(red_x,red_y,c='r',marker='x')
plt.scatter(blue_x,blue_y,c='b',marker='D')
plt.scatter(green_x,green_y,c='g',marker='.')
plt.show()
```

2．数据意义

PCA 的主要目的是找出数据里最主要的方面代替原始数据。

鸢尾花数据降维后样本点分布如图 6.10 所示。

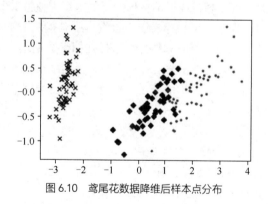

图 6.10　鸢尾花数据降维后样本点分布

数据集中的 3 个类用不同的符号标记，从图 6.10 中可以看出，有一个类与其他两个重叠的类完全分离，可以据此选择分类模型。

6.4　本章小结

本章首先介绍了数据规约的含义和途径；然后介绍了数据规约的 3 种常见类型，包括维规约、数量规约和数据压缩；接着介绍了数据规约的途径，即属性规约和数值规约；最后介绍了数据规约的具体操作——数据重塑、降采样和 PCA 降维。通过本章的学习，读者能够掌握常见

< 201 >

的数据规约方法，了解常见的属性规约和数值规约的种类，学会对数据进行降维分析，得到更高质量的数据。

6.5 习题

1．填空题

（1）数据规约的常见操作有_____、_____、_____。

（2）降采样常见于_____类型的数据。

（3）重塑多层索引是 Pandas 中简单的____操作，最简单的方式为____和____。

（4）PCA 的主要目的是_____。

（5）数据规约的途径包括_____和_____。

2．选择题

（1）数据规约的方法有（　　）。

    A．维规约　　　　　B．数量规约　　　　C．数据压缩　　　　D．以上都是

（2）下面（　　）不是数据规约的策略。

    A．维规约　　　　　B．数量规约　　　　C．数据压缩　　　　D．属性构造

（3）以下说法错误的是（　　）。

    A．主成分分析、属性子集选择为维规约方法

    B．直方图、聚类、抽样和数据立方体聚集为数量规约方法

    C．用于规约的时间可以超过或抵消在规约后的数据上挖掘节省的时间

    D．数据规约的目的在于帮助从原有庞大数据集中获得一个精简的数据集，并使这一精简数据集保持原有数据集的完整性，这样在精简数据集上进行数据挖掘显然效率更高，挖掘出来的结果与使用原有数据集所获得的结果基本相同

（4）（　　）的目的是缩小数据的取值范围，使其更适合于数据挖掘算法的需要，并且能够得到和原始数据相同的分析结果。

    A．数据清洗　　　B．数据集成　　　　C．数据变换　　　　D．数据规约

（5）对原始数据进行集成、变换、维度规约、数值规约是（　　）的任务。

    A．频繁模式挖掘　B．分类和预测　　　C．数据预处理　　　D．数据流挖掘

（6）关于数据重塑的说法中，描述错误的是（　　）。

    A．数据重塑可以将 DataFrame 转换为 Series

    B．stack()可以将列索引转换为行索引

    C．对一个 DataFrame 使用 stack()后返回的一定是一个 Series

    D．unstack()可以将行索引转换为列索引

（7）数据规约的目的是（　　）。

    A．填补数据中的缺失值　　　　　　B．集成多个数据源的数据

    C．得到数据集的压缩表示　　　　　D．规范化数据

（8）【多选】数据规约技术包括（　　）。

    A．维规约　　　　　B．数量规约　　　　C．数据压缩　　　　D．数据清理

< 202 >

（9）【多选】以下属于数据规约方法的有（　　　）。

    A．数据离散化　　　B．数据标准化　　　C．噪声数据识别　　　D．数据压缩

（10）【多选】（　　　）是数据规约的策略。

    A．维归约　　　　　B．数量归约　　　　C．螺旋式方法　　　D．数据压缩

3．简答题

（1）简述数据重塑的 stack 和 unstack 操作。

（2）简述主成分分析降维的原理。

4．操作题

（1）使用 PCA() 对一个 10×4 的随机矩阵进行主成分分析。

（2）对二维数据矩阵进行 PCA 降维，二维数组为[[-1, 1], [-2, -1], [-3, -2], [1, 1], [2, 1], [3, 2]]。

< 203 >

第7章

综合实战：家用热水器用户行为分析

本章学习目标

- 熟悉项目的设计流程。
- 掌握探索数据集特征的方法。
- 掌握数据预处理的常见方法：数据清洗、属性规约、数据变换、属性构造等。
- 了解 BP 神经网络模型及其构建方法。
- 了解模型的评价方法及检验方法。

综合实战：家用热水器用户行为分析

随着国内家电品牌的振兴和国外品牌的涌入，电热水器相关技术在过去 20 年间得到了快速发展。本项目以国内某热水器生产厂商提供的用户用水数据为数据源，对获取的用户数据进行预处理，并建立模型进行分析，帮助读者为后续相关课程的学习及将来从事数据分析工作奠定基础。

7.1 项目背景与目标

7.1.1 项目背景

1. 行业竞争

自 1988 年中国第一台真正意义上的热水器诞生至今，热水器行业经历了翻天覆地的变化。从封闭式电热水器的概念被提出到水电分离技术的研发，再到漏电保护技术的应用及出水断电技术和防电墙技术申请专利，高效能技术颠覆了业内对电热水器"高能耗"的认知。

然而，当下对于热水器行业也并非"太平盛世"，行业内正在上演一幕幕"弱肉强食"的"丛林法则"戏码，市场份额逐步向龙头企业集中，尤其是那些在资金、渠道和品牌影响力等方面拥有实力的综合家电品类巨头，它们正在不断"蚕食鲸吞"市场"蛋糕"。

设法在众多的企业中脱颖而出，成了热水器企业发展的重中之重。要想在该行业立足，只能走产品差异化路线，提升技术实力和产品质量，在功能、外观等方面做出自身的特色。从用户的角度出发，分析用户的使用行为，改善热水器的产品功能，是企业在竞争中胜出的重要方法之一。

2．项目研究

要了解用户使用家用电器的习惯，必须采集用户使用电器的相关数据，在热水器用户行为分析过程中，用水事件识别是最为关键的环节。国内某热水器生产厂商新研发的一种高端智能电热水器，在工作状态发生改变或者有水流时，会采集各监控指标数据。

本项目基于热水器采集的时间序列数据，根据水流量和用水时间间隔，将顺序排列的离散的用水时间节点划分为不同大小的时间区间，每个区间都是可理解的一次完整的用水事件，并以热水器一次完整用水事件作为一个基本事件，将时间序列数据划分为独立的用水事件，并识别出其中的洗浴事件。

基于以上工作，热水器生产厂商根据洗浴事件识别模型，对不同地区的用户的用水事件进行识别，根据识别结果比较不同客户群的客户使用习惯、加深对客户的理解。然后，厂商可以对不同的客户群提供最适合的个性化产品，从热水器智能操作、节能运行等多方面对产品进行优化，并制定相应的营销策略。

7.1.2　项目目标

1．技能目标

通过本项目，读者可掌握以下技能。

① 冗余特征处理。

② 划分事件。

③ 确定阈值。

④ 构建 BP 神经网络模型。

⑤ 模型评估与分析。

2．主要分析目标

在热水器用户行为的分析过程中，用水事件识别是最为关键的环节。根据该热水器生产厂商提供的数据，热水器用户用水事件划分与识别案例的整体目标如下。

（1）对用户的洗浴事件进行识别，根据识别结果比较不同客户群的客户使用习惯，加深对客户的理解。

（2）对不同的客户群提供最适合的个性化产品，改进新产品的智能化研发和制定相应的营销策略。

7.1.3　项目分析

热水器在状态发生改变或者有水流时，每 2s 会采集一次数据。因为用户除了洗浴还有其他用水事件，如洗手、洗菜等，所以热水器采集的数据来自各种用水事件。

基于热水器采集的数据，应根据水流量和用水时间间隔划分出不同大小的时间区间，每个区间都是一次完整用水事件，并以热水器一次完整用水事件作为一个基本事件。最后，从独立的用水事件中识别出洗浴事件。

> **提示**
>
> 经过实验分析，热水器设定温度为 50 ℃时，一次普通的洗浴时长为 15 min，总用水时长 10 min 左右，热水的使用量为 10~15 L。

< 205 >

7.1.4 项目总体流程

热水器用户用水事件划分与识别项目的总体流程如图 7.1 所示。

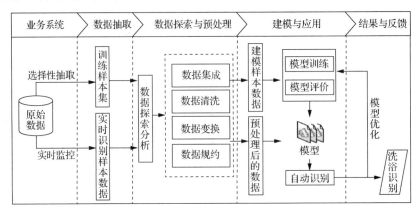

图 7.1 项目总体流程

具体步骤如下。

① 对热水器用户的历史用水数据进行选择性抽取，构建专家样本。

② 数据探索分析与预处理，包括探索水流量的分布情况、删除冗余属性、识别用水数据的缺失值并对缺失值进行处理、根据建模的需要进行属性构造等。根据以上预处理结果，对热水器用户用水样本数据建立用水时间间隔识别模型和划分一次完整用水事件模型，接着在一次完整用水事件划分结果的基础上，剔除短暂用水事件，缩小识别范围。

③ 在步骤②得到的建模样本数据基础上，建立洗浴事件识别模型，对洗浴事件识别模型进行模型分析评价。

④ 应用步骤③形成的模型结果，对洗浴事件划分进行优化。

⑤ 调用洗浴事件识别模型，对实时监控的热水器数据进行洗浴事件自动识别。

7.2 探索数据

7.2.1 认识数据集

1. 数据集介绍

厂商想根据其采集的用户的用水数据，分析用户的用水行为特征。用户不仅使用热水器来洗浴，还会用热水器来洗手、洗脸、刷牙、洗菜、做饭等，因此热水器采集到的数据来自各种用水事件。

原始数据文件：original_data.xls。热水器采集到的部分用户用水数据如图 7.2 所示。

数据量比较大，对原始数据采用无放回随机抽样，选取 1 家用户 2021 年 10 月 19 日至 2021 年 11 月 11 日的用水记录并进行建模。

2. 数据特征

数据集共 12 个属性：热水器编号、发生时间、开关机状态、加热中、保温中、有无水流、实际温度、热水量、水流量、节能模式、加热剩余时间、当前设置温度。

< 206 >

▲	A	B	C	D	E	F	G	H	I	J	K	L
1	热水器编号	发生时间	开关机状态	加热中	保温中	有无水流	实际温度	热水量	水流量	节能模式	加热剩余时间	当前设置温度
2	R_00001	20211019063917	关	关	关	无	30°C	0%	0	关	0分钟	50°C
3	R_00001	20211019070154	关	关	关	无	30°C	0%	0	关	0分钟	50°C
4	R_00001	20211019070156	关	关	关	无	30°C	0%	8	关	0分钟	50°C
5	R_00001	20211019071230	关	关	关	无	30°C	0%	0	关	0分钟	50°C
6	R_00001	20211019071236	关	关	关	无	29°C	0%	0	关	0分钟	50°C
7	R_00001	20211019071602	关	关	关	无	30°C	0%	0	关	0分钟	50°C
8	R_00001	20211019071608	关	关	关	无	29°C	0%	0	关	0分钟	50°C
9	R_00001	20211019072005	关	关	关	无	30°C	0%	0	关	0分钟	50°C
10	R_00001	20211019072010	关	关	关	无	29°C	0%	0	关	0分钟	50°C
11	R_00001	20211019072153	关	关	关	无	30°C	0%	0	关	0分钟	50°C
12	R_00001	20211019072159	关	关	关	无	29°C	0%	0	关	0分钟	50°C
13	R_00001	20211019072217	关	关	关	无	30°C	0%	0	关	0分钟	50°C
14	R_00001	20211019072219	关	关	关	无	29°C	0%	0	关	0分钟	50°C
15	R_00001	20211019072226	关	关	关	无	29°C	0%	0	关	0分钟	50°C
16	R_00001	20211019072354	关	关	关	无	30°C	0%	0	关	0分钟	50°C
17	R_00001	20211019072400	关	关	关	无	29°C	0%	0	关	0分钟	50°C
18	R_00001	20211019072757	关	关	关	无	30°C	0%	0	关	0分钟	50°C
19	R_00001	20211019072803	关	关	关	无	30°C	0%	0	关	0分钟	50°C
20	R_00001	20211019072827	关	关	关	无	30°C	0%	0	关	0分钟	50°C
21	R_00001	20211019072833	关	关	关	无	29°C	0%	0	关	0分钟	50°C
22	R_00001	20211019073010	关	关	关	无	30°C	0%	0	关	0分钟	50°C
23	R_00001	20211019073016	关	关	关	无	29°C	0%	0	关	0分钟	50°C
24	R_00001	20211019073046	关	关	关	无	30°C	0%	0	关	0分钟	50°C
25	R_00001	20211019073052	关	关	关	无	29°C	0%	0	关	0分钟	50°C
26	R_00001	20211019073116	关	关	关	无	29°C	0%	0	关	0分钟	50°C
27	R_00001	20211019073123	关	关	关	无	29°C	0%	0	关	0分钟	50°C
28	R_00001	20211019073129	关	关	关	无	30°C	0%	0	关	0分钟	50°C
29	R_00001	20211019073135	关	关	关	无	29°C	0%	0	关	0分钟	50°C
30	R_00001	20211019073207	关	关	关	无	30°C	0%	0	关	0分钟	50°C
31	R_00001	20211019073213	关	关	关	无	30°C	0%	0	关	0分钟	50°C
32	R_00001	20211019073225	关	关	关	无	29°C	0%	0	关	0分钟	50°C

原始数据　　属性规约　　+

图 7.2　部分原始数据

原始数据属性说明如表 7.1 所示。

表 7.1　原始数据属性说明

属性	说明	属性	说明
热水器编号	热水器出厂编号	发生时间	记录热水器处于某状态的时刻
开关机状态	热水器是否开机	加热中	热水器是否处于对水进行加热的状态
保温中	热水器是否处于对水进行保温的状态	有无水流	热水水流量≥10 L/min 为有，否则为无
实际温度	热水器中热水的实际温度	热水量	热水器中热水的含量
水流量	热水器中水流速度，单位：L/min	节能模式	热水器是否处于节能工作模式
加热剩余时间	加热到设定温度还需多长时间	当前设置温度	热水器加热时热水能够达到的最大温度

7.2.2　探索数据特征

1．相关知识

① pd.read_excel()。

功能：读取 Excel 表格数据。

② pd.read_csv()。

功能：读取 CSV 文本数据。

③ isnull()。

功能：查看对应数据文件是否含有缺失值。

< 207 >

④ value_counts()。

功能：查看对应数据文件是否含有异常值。

⑤ duplicated()。

功能：查看对应数据文件是否含有重复值。

⑥ plt.bar()。

功能：使用 matplotlib 第三方库绘制相应条形图。

⑦ plt.boxplot()。

功能：使用 matplotlib 第三方库绘制相应箱线图。

2．数据质量分析

（1）读取数据。

```
import pandas as pd
import numpy as np
inputfile = 'C:/Users/pc/Desktop/data/list7/original_data.xls'  #输入文件路径
outputfile='C:/Users/pc/Desktop/data/list7/dividsequence.xls'  #输出文件路径
data = pd.read_excel(inputfile)  #读取输入数据
```

（2）查看缺失值。

数据集的质量系数之一就是数据的完整性，可以使用 isnull()查看各列数据有无缺失值。

```
data.isnull().sum()
```

程序运行结果如下。

```
热水器编号      0
发生时间       0
开关机状态      0
加热中        0
保温中        0
有无水流       0
实际温度       0
热水量        0
水流量        0
节能模式       0
加热剩余时间     0
当前设置温度     0
dtype: int64
```

结果表明：数据集各列数据均无缺失值。

（3）查看异常值。

数据集的另一质量系数是数据的合理性，可以使用 value_counts()查看各列数据有无异常值。

```
for column in data.columns:
    print(data[column].value_counts())
```

程序运行结果的部分截图如图 7.3 所示。

< 208 >

```
R_00001        18840
Name: 热水器编号, dtype: int64
20211023220210    3
20211103222021    2
20211023220216    2
20211024220210    2
20211030202127    2
                 ..
20211025154900    1
20211025154855    1
20211025154847    1
20211025154843    1
20211110232000    1
Name: 发生时间, Length: 18822, dtype: int64
关     10997
开      7843
Name: 开关机状态, dtype: int64
关     13070
开      5770
```

图7.3　程序运行结果的部分截图

通过对每一列的值进行统计，发现没有异常值，并且18 840 行数据中，有的属性只有一个值，这些属性为热水器编号（值为"R_00001"）、节能模式（值为"关"）、当前设置温度（值为"50℃"）。因此，这3 个属性均为常量。

（4）查看重复值。

数据集的另一质量系数是有无重复值，可以使用 duplicated()查看各列数据有无重复值。

```
data.duplicated().sum()
```

程序运行结果如下。

```
0
```

结果表明：数据集各列数据均无重复值。

3．水流量分布分析

"有无水流"和"水流量"属性最能直观体现热水器的水流情况，对这两个属性进行探索，可以通过频率分布直方图分析用户用水时间间隔的规律性。

（1）查看有无水流的分布。

关键代码如下。

```
#探索分析热水器的水流量状况
import matplotlib.pyplot as plt
#查看有无水流的分布
#数据提取
lv_non = pd.value_counts(data['有无水流'])['无']
lv_move = pd.value_counts(data['有无水流'])['有']
#绘制条形图
fig = plt.figure(figsize=(6 ,5))    #设置画布大小
plt.rcParams['font.sans-serif'] = 'SimHei'    #设置中文显示
plt.rcParams['axes.unicode_minus'] = False
plt.bar(left=range(2), height=[lv_non,lv_move], width=0.4, alpha=0.8,
color='skyblue')
plt.bar(x=range(2), height=[lv_non,lv_move], width=0.4, alpha=0.8,
color='skyblue')
plt.xticks([index for index in range(2)], ['无','有'])
plt.xlabel('水流状态')
```

< 209 >

```
plt.ylabel('记录数')
plt.title('不同水流状态记录数')
plt.show()
plt.close()
```

得到不同水流状态的记录条形图，如图 7.4 所示。

结果分析：无水流状态的记录明显比有水流状态的记录要多。

（2）查看水流量的分布。

关键代码如下。

```
water = data['水流量']  #查看水流量的分布
#绘制水流量分布箱线图
fig = plt.figure(figsize=(5 ,8))
plt.boxplot(water,
        patch_artist=True,
        labels = ['水流量'],  #设置 x 轴标题
        boxprops = {'facecolor':'lightblue'})  #设置填充颜色
plt.title('水流量分布箱线图')
#显示 y 轴的底线
plt.grid(axis='y')
plt.show()
```

得到水流量分布箱线图，如图 7.5 所示。

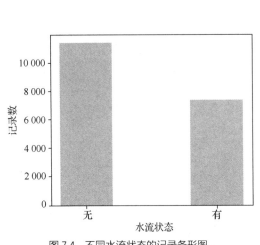

图 7.4 不同水流状态的记录条形图

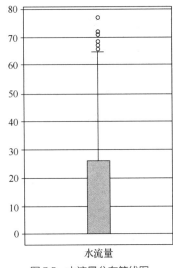

图 7.5 水流量分布箱线图

结果分析：箱体贴近 0，说明无水流量的记录较多。水流量的分布与水流状态的分布一致，均是无水流量的记录较多。

7.3 数据预处理

本项目的数据集特点是数据量涉及上万家用户，而且每家用户每天的用水数据多达数万条，

< 210 >

存在与分析主题无关的属性或未直接反映用水事件的属性等。在数据预处理阶段，针对这些情况应用数据规约、属性构造等来解决问题。

7.3.1　数据变换之连续属性离散化

1. 用水停顿时间的分布情况

本项目需探索用户用水停顿时间分布，探究划分用水事件的时间间隔阈值。

用水时间间隔是指一条水流量不为 0 的记录和下一条水流量不为 0 的记录之间的时间间隔。根据现场实验统计，两次用水过程的间隔时长一般不超过 4 min。为了探究用户真实用水停顿时间的分布情况，需统计用水时间间隔并做频率分布表。

通过频率分布表分析用户用水停顿时间的规律性，具体数据如表 7.2 所示。

表 7.2　用水停顿时间频率分布表

间隔时长/min	0~0.1	0.1~0.2	0.2~0.3	0.3~0.5	0.5~1	1~2
停顿频率	78.71%	9.55%	2.52%	1.49%	1.46%	1.29%
间隔时长/min	2~3	3~4	4~5	5~6	6~7	7~8
停顿频率	0.74%	0.48%	0.26%	0.27%	0.19%	0.17%
间隔时长/min	8~9	9~10	10~11	11~12	12~13	13 以上
停顿频率	0.12%	0.09%	0.09%	0.10%	0.11%	2.36%

分析表 7.2 可知：停顿时间为 0~0.3 min 的频率很高，根据日常用水经验可以判断其为一次用水事件中的停顿；停顿时间为 6~13 min 的频率较低，可以判断其为两次用水事件之间的停顿。

关键代码如下。

```
#用水停顿时间的分布情况
#用水停顿时间 = 一条水流量不为 0 的记录时间 - 下一条水流量不为 0 的记录时间
data['发生时间'] = pd.to_datetime(data['发生时间'], format='%Y%m%d%H%M%S')
#转换为 Datetime
use_water = data[data['水流量'] != 0]    #只保留水流量不为 0 的部分
use_diff = use_water['发生时间'].diff()[1:] / np.timedelta64(1, 'm')  #计算出来的
为 ns，转换为 min
space = [0, 0.1, 0.2, 0.3, 0.5, 1, 2, 3, 4, 5, 6, 7, 8, 9, 10, 11, 12, 13,
use_diff.max()+1]
labels = ['0~0.1', '0.1~0.2', '0.2~0.3', '0.3~0.5', '0.5~1', '1~2', '2~3',
'3~4', '4~5', '5~6', '6~7', '7~8', '8~9', '9~10', '10~11', '11~12', '12~
13', '13 以上']
time_table = pd.value_counts(pd.cut(use_diff, space, right=False, labels=
labels)).sort_index()    #分箱，计数，按索引排序
time_table.index.name = '频数'
```

2. 绘制用水停顿时间帕累托图

```
plt.rcParams['figure.constrained_layout.use'] = True    #自动调整位置
plt.rcParams['font.sans-serif'] = ['SimHei']    #显示中文
```

< 211 >

```
ax = time_table.plot(kind='bar')
ax.set_xlabel('区间')
ax.set_ylabel('频率')
p = 1.0 * time_table.cumsum() / time_table.sum()
ax2 = p.plot(color='r', secondary_y=True, style='-o', linewidth=2, rot=30)
ax2.set_ylim((0, 1.05))
ax2.set_xlim(-1, 18)
plt.annotate(format(p[2], '0.4%'), xy=(2, p[2]), xytext=(2*0.9, p[2]*0.9),
            arrowprops=dict(arrowstyle='->', connectionstyle='arc3, rad=.2'))
#绘制文本与箭头
```

程序运行结果如图 7.6 所示。

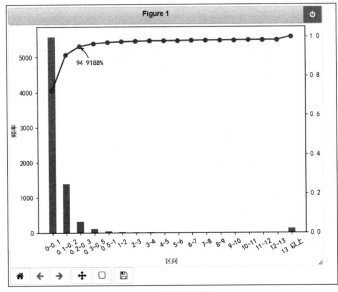

图 7.6　程序运行结果

从得到的帕累托图，可见用水停顿时间约 95% 都在 0.3 min 以内，而 6～13 min 的频率很低。

7.3.2　数据规约之属性规约

本项目采集到的数据属性非常多，建模不需要这么多的数据，需要对数据进行规约处理。

对数据进行属性规约的目的在于删除冗余属性。已经知道热水器编号、节能模式、当前设置温度均为常量，而有无水流可以根据"水流量"属性获知，因此，建议将这 4 个冗余属性即"热水器编号""节能模式""当前设置温度""有无水流"删除。

关键代码如下。

```
data = pd.read_excel(inputfile)   #读取数据
data.drop(labels=['热水器编号','有无水流','节能模式','当前设置温度'],axis=1,inplace=
True)   #删除冗余属性
print('初始状态的数据形状为', data.shape)
print('删除冗余属性后的数据形状为', data.shape)
data.to_csv('C:/Users/pc/Desktop/data/list7/water_heart.csv',index=False)
data
```

< 212 >

程序运行结果如下。

初始状态的数据形状为 (18840, 12)
删除冗余属性后的数据形状为 (18840, 8)

属性规约后部分数据如图 7.7 所示。

	发生时间	开关机状态	加热中	保温中	实际温度	热水量	水流量	加热剩余时间
0	20211019063917	关	关	关	30°C	0%	0	0分钟
1	20211019070154	关	关	关	30°C	0%	0	0分钟
2	20211019070156	关	关	关	30°C	0%	8	0分钟
3	20211019071230	关	关	关	30°C	0%	0	0分钟
4	20211019071236	关	关	关	29°C	0%	0	0分钟
...	...	...	...	...	...	...	...	...
18835	20211110231842	开	关	开	50°C	50%	0	0分钟
18836	20211110231900	开	关	开	49°C	50%	0	0分钟
18837	20211110231906	开	关	开	50°C	50%	0	0分钟
18838	20211110231954	开	关	开	49°C	50%	0	0分钟
18839	20211110232000	开	关	开	50°C	50%	0	0分钟

18840 rows × 8 columns

图 7.7 属性规约后部分数据

规约后的数据集有 8 个属性：发生时间、开关状态、加热中、保温中、实际温度、热水量、水流量、加热剩余时间。

7.3.3 数据集成之合并数据

1. 划分单次用水事件

在用水记录中，水流量不为 0，表明热水器用户正在使用热水；而水流量为 0，表明热水器用户用热水时发生了停顿或者用热水结束。划分单次用水事件模型的符号说明如表 7.3 所示。

表 7.3 划分单次用水事件模型的符号说明

符号	释义
$t1$	所有水流量不为 0 的用水行为的发生时间
T	时间间隔阈值

关键代码如下。

```python
import pandas as pd
threshold=pd.Timedelta(minutes=4)  #阈值为 4 min
data=pd.read_excel(inputfile)
data[u'发生时间']=pd.to_datetime(data[u'发生时间'],format='%Y%m%d%H%M%S')
data=data[data[u'水流量']>0]  #只要水流量大于 0 的记录
d=data[u'发生时间'].diff()>threshold  #相邻时间做差分，比较是否大于阈值
d.iloc[0] = True  #令第一个时间为第一个用水事件的开始时间
h=d.iloc[1:]  #向后差分的结果
#令最后一个时间为最后一个用水事件的结束时间
```

< 213 >

```
h = pd.concat([h,pd.Series(True)])    #合并数据
sj = pd.DataFrame(np.arange(1,sum(d)+1),columns = ["事件序号"])
sj["事件起始编号"] = data.index[d == 1]+1    #定义用水事件的起始编号
sj["事件结束编号"] = data.index[h == 1]+1    #定义用水事件的结束编号
print('当阈值为 4 分钟时事件数目为',sj.shape[0])
data.to_excel(outputfile)
```

对于任何一条用水记录，如果它的向前时差超过阈值 T，则将其记为用水事件的起始编号；如果它的向后时差超过阈值 T，则将其记为用水事件的结束编号。

程序运行结果如下。

当阈值为 4 分钟时事件数目为 232

如果水流量为 0 的时间超过阈值 T，则从该段水流量为 0 的时间向前寻找最后一条水流量不为 0 的用水记录作为上次用水事件的结束；向后寻找第一条水流量不为 0 的用水记录作为下次用水事件的开始。

2. 确定单次用水事件时长阈值

不同时间、地域，用水事件的时长阈值可能不同。建立阈值寻优模型寻找最优阈值，可以通过确定单次用水事件时长来实现，如图 7.8 所示。

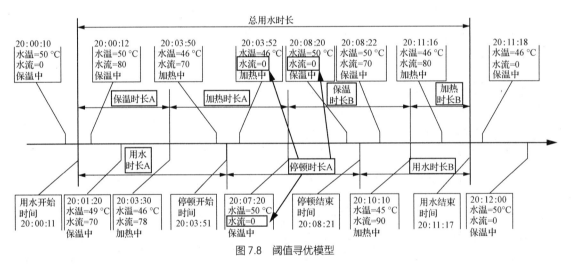

图 7.8　阈值寻优模型

（1）确定单次用水事件时长阈值。

关键代码如下。

```
import numpy as np
#确定单次用水事件时长阈值
n = 4    #使用以后 4 个点的平均斜率
threshold = pd.Timedelta(minutes=5)    #阈值为 5 min
data['发生时间'] = pd.to_datetime(data['发生时间'], format='%Y%m%d%H%M%S')
data = data[data['水流量'] > 0]    #只要水流量大于 0 的记录
#自定义函数：输入划分事件的时间阈值，得到划分的事件数
def event_num(ts):
    d = data['发生时间'].diff() > ts    #相邻时间做差分，比较是否大于阈值
```

< 214 >

```
        return d.sum() + 1  #直接返回事件数
dt = [pd.Timedelta(minutes=i) for i in np.arange(1, 9, 0.25)]
h = pd.DataFrame(dt, columns=['阈值'])  #转换 DataFrame，定义阈值列
h['事件数'] = h['阈值'].apply(event_num)  #计算每个阈值对应的事件数
h['斜率'] = h['事件数'].diff()/0.25  #计算每两个相邻点对应的斜率
h['斜率指标']= h['斜率'].abs().rolling(4).mean()  #往前取 n 个斜率绝对值平均值作为斜率
指标
#用 idxmin 返回最小值的 Index，因为 rolling_mean()计算的是前 n 个斜率的绝对值平均值，所以结
果要进行平移（-n）
ts = h['阈值'][h['斜率指标'].idxmin() - n]
if ts > threshold:
    ts = pd.Timedelta(minutes=4)
print('计算出的单次用水事件时长的阈值为',ts)
```

程序运行结果如下。

计算出的单次用水事件时长的阈值为 0 days 00:04:00

（2）绘制事件数折线图。

```
#绘制事件数折线图
import matplotlib.pyplot as plt  #导入绘图库
plt.rcParams['font.sans-serif'] = 'SimHei'  #设置中文显示
plt.rcParams['axes.unicode_minus'] = False
h['事件数'].plot(label = u'事件数', legend = True)
plt.plot(np.arange(1, 9, 0.25), h['事件数'])
```

程序运行结果如图 7.9 所示。

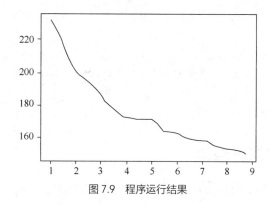

图 7.9　程序运行结果

（3）设置阈值 *T*。

```
#设置阈值 T
threshold = pd.Timedelta('4 min')
#将时间转变成时间索引格式
data['发生时间'] = pd.to_datetime(data['发生时间'],format='%Y%m%d%H%M%S')
#选取所有水流量不为 0 的数据
data = data[data['水流量'] != 0]
data
```

< 215 >

程序运行结果如图 7.10 所示。

	热水器编号	发生时间	开关机状态	加热中	保温中	有无水流	实际温度	热水量	水流量	加热剩余时间	当前设置温度
2	R_00001	2021-10-19 07:01:56	关	关	关	无	30°C	0%	8	0分钟	50°C
56	R_00001	2021-10-19 07:38:16	关	关	关	无	30°C	0%	8	0分钟	50°C
381	R_00001	2021-10-19 09:46:38	关	关	关	无	29°C	0%	16	0分钟	50°C
382	R_00001	2021-10-19 09:46:40	关	关	关	无	29°C	0%	13	0分钟	50°C
384	R_00001	2021-10-19 09:47:15	关	关	关	有	29°C	0%	20	0分钟	50°C
...	...	...	...	...	...	...	...	...	...	...	...
18742	R_00001	2021-11-10 22:00:38	开	开	关	有	37°C	25%	26	17分钟	50°C
18743	R_00001	2021-11-10 22:00:42	开	开	关	有	37°C	25%	23	17分钟	50°C
18744	R_00001	2021-11-10 22:00:46	开	开	关	有	37°C	25%	25	17分钟	50°C
18798	R_00001	2021-11-10 22:19:43	开	关	开	无	50°C	50%	8	0分钟	50°C
18800	R_00001	2021-11-10 22:49:07	开	关	开	无	50°C	50%	8	0分钟	50°C

7696 rows × 12 columns

图 7.10　程序运行结果

（4）利用得到的时长阈值划分用水事件。

```
#构建向前时差列
sjks = data['发生时间'].diff() > threshold
#令第一个时间为第一个用水事件的开始时间
sjks.iloc[0] = True
#构建向后时差列
sjJs = sjks.iloc[1:]
#令最后一个时间为最后一个用水事件的结束时间
sjJs = pd.concat([sjJs,pd.Series(True)])
#创建 DataFrame，定义用水事件序列
sj = pd.DataFrame(np.arange(1,sum(sjks)+1),columns=['事件序号'])
sj['事件起始编号'] = data.index[sjks == 1] + 1   #定义用水事件起始编号
sj['事件结束编号'] = data.index[sjJs == 1] + 1   #定义用水事件结束编号
sj.to_csv('C:/Users/pc/Desktop/data/list7/sj.csv',index=False)
sj
```

程序运行结果如图 7.11 所示。

7.3.4 数据变换之属性构造

属性构造包括 4 类指标：时长指标、频率指标、用水量化指标和用水波动指标。

1．构建用水时长与频率属性

不同用水事件的时长是基础属性之一。例如，单次洗漱事件一般时长在 5 min 左右，而单次手洗衣物事件的时长则根据衣物多少而不同。根据用水时长这一属性可以构建表 7.4 的 6 个属性——事件开始时间、事件结束时间、洗浴时间点、用水时长、总用水时长和用水时长/总用水时长。

数据的属性和构建方法如表 7.4 所示。

	事件序号	事件起始编号	事件结束编号
0	1	3	3
1	2	57	57
2	3	382	385
3	4	405	405
4	5	408	408
...	...	...	...
167	168	18466	18471
168	169	18535	18653
169	170	18670	18745
170	171	18799	18799
171	172	18801	18801

172 rows × 3 columns

图 7.11　程序运行结果

< 216 >

表 7.4　数据的属性和构建方法

属性	构建方法	说明
事件开始时间	事件开始时间=起始数据的时间−发送阈值/2	用水事件开始的时间
事件结束时间	事件结束时间=结束数据的时间+发送阈值/2	用水事件结束的时间
洗浴时间点	洗浴时间点=事件开始时间的小时数值，例如，时间为 20:00:10，则洗浴时间点为"20"	开始洗浴的时间
用水时长	用水时长=每条用水数据时长的和=和上条数据的间隔时间/2+和下条数据的间隔时间/2	一次完整用水事件中，计算水流量不为 0 的时长
总用水时长	用水事件起始数据到结束数据的时间间隔+发送阈值	记录整个用水阶段的时长
用水时长/总用水时长	用水时长/总用水时长	判断用水时长占总用水时长的比重

其中，发送阈值是指热水器传输数据的频率。在 20:00:10 时，热水器记录的数据是没有用水，而在 20:00:12 时，热水器记录的数据是有用水行为，因此事件开始时间在 20:00:10 和 20:00:12 之间，考虑到网络不稳定导致的网络数据传输延时数分钟或数小时等因素，取平均值会导致很大的偏差，综合分析构建"事件开始时间"为起始数据的时间减去发送阈值的一半。

用水时长相关属性只能区分出一部分用水事件，不同用水事件的停顿时长和频率也不同。例如，单次洗漱事件的停顿次数不多，停顿时长不一，平均停顿时长较短；单次手洗衣物事件的停顿次数较多，停顿时长相差不大，平均停顿时长较长。据此，可以构建停顿时长、总停顿时长、平均停顿时长、停顿次数 4 个属性。构建用水事件属性如表 7.5 所示。

表 7.5　构建用水事件属性

属性	构建方法	说明
停顿时长	一次完整用水事件中，对水流量为 0 的数据做计算，停顿时长=每条用水停顿数据时长的和=和下条数据的间隔时间/2+和上条数据的间隔时间/2	标记一次完整用水事件中的每次用水停顿的时长
总停顿时长	一次完整用水事件中的所有停顿时长之和	标记一次完整用水事件中的总停顿时长
平均停顿时长	一次完整用水事件中的所有停顿时长的平均值	标记一次完整用水事件中的停顿的平均时长
停顿次数	一次完整用水事件的中断用水的次数之和	帮助识别洗浴及连续洗浴事件

关键代码如下。

（1）构造用水停顿事件。

```
#读取热水器使用数据
data = pd.read_excel('C:/Users/pc/Desktop/data/list7/water_hearter.xlsx')
#读取用水事件记录
sj = pd.read_csv('C:/Users/pc/Desktop/data/list7/sj.csv')
data["发生时间"] = pd.to_datetime(data["发生时间"],
    format = "%Y%m%d%H%M%S")
#转换时间格式
timeDel = pd.Timedelta("1 sec")
sj["事件开始时间"] = data.iloc[sj["事件起始编号"]-1,0].values- timeDel
sj["事件结束时间"] = data.iloc[sj["事件结束编号"]-1,0].values + timeDel
```

< 217 >

```
sj['洗浴时间点'] = [i.hour for i in sj["事件开始时间"]]
tmp1 = sj["事件结束时间"] - sj["事件开始时间"]
sj["总用水时长"] = np.int64(tmp1)/1000000000
#构造属性：用水停顿开始时间，用水停顿结束时间
for i in range(len(data) - 1):
    #停顿开始指的是从有水流到无水流
    if data.loc[i,'水流量'] != 0 and data.loc[i+1,'水流量'] == 0:
        data.loc[i+1,'停顿开始时间'] = data.loc[i+1,'发生时间'] - timeDel
    #停顿结束指的是从无水流到有水流
    if data.loc[i,'水流量'] == 0 and data.loc[i+1,'水流量'] != 0:
        data.loc[i+1,'停顿结束时间'] = data.loc[i+1,'发生时间'] + timeDel
data.head(10)
```

程序运行结果如图 7.12 所示。

	发生时间	开关机状态	加热中	保温中	实际温度	热水量	水流量	加热剩余时间	当前设置温度	停顿结束时间	停顿开始时间
0	2021-10-19 06:39:17	关	关	关	30℃	0%	0	0分钟	50℃	NaT	NaT
1	2021-10-19 07:01:54	关	关	关	30℃	0%	0	0分钟	50℃	NaT	NaT
2	2021-10-19 07:01:56	关	关	关	30℃	0%	8	0分钟	50℃	2021-10-19 07:01:57	NaT
3	2021-10-19 07:12:30	关	关	关	30℃	0%	0	0分钟	50℃	NaT	2021-10-19 07:12:29
4	2021-10-19 07:12:36	关	关	关	29℃	0%	0	0分钟	50℃	NaT	NaT
5	2021-10-19 07:16:02	关	关	关	30℃	0%	0	0分钟	50℃	NaT	NaT
6	2021-10-19 07:16:08	关	关	关	29℃	0%	0	0分钟	50℃	NaT	NaT
7	2021-10-19 07:20:05	关	关	关	30℃	0%	0	0分钟	50℃	NaT	NaT
8	2021-10-19 07:20:10	关	关	关	29℃	0%	0	0分钟	50℃	NaT	NaT
9	2021-10-19 07:21:53	关	关	关	30℃	0%	0	0分钟	50℃	NaT	NaT

图 7.12　程序运行结果

（2）计算停顿时长。

```
#提取停顿开始时间与结束时间所对应行号，放在 Stop 中
indStopStart = data.index[data["停顿开始时间"].notnull()]+1
indStopEnd = data.index[data["停顿结束时间"].notnull()]+1
Stop = pd.DataFrame(data={"停顿开始编号":indStopStart[:-1],
                    "停顿结束编号":indStopEnd[1:]})
#计算停顿时长，并放在 Stop 中，停顿时长=停顿结束时间-停顿开始时间
Stop["停顿时长"] = np.int64(data.loc[indStopEnd[1:]-1,"停顿结束时间"].values-
            data.loc[indStopStart[:-1]-1,"停顿开始时间"].values)/1000000000
Stop.head(10)
```

程序运行结果如图 7.13 所示。

（3）删除停顿次数为 0 的事件。

```
#将每次停顿与事件匹配，停顿的开始时间要大于事件的开始时间，
#且停顿的结束时间要小于事件的结束时间
for i in range(len(sj)):
    Stop.loc[(Stop["停顿开始编号"] > sj.loc[i,"事件起始编号"]) &
```

< 218 >

```
        (Stop["停顿结束编号"] < sj.loc[i,"事件结束编号"]),"停顿归属事件"]=i+1
#删除停顿次数为 0 的事件
Stop = Stop[Stop["停顿归属事件"].notnull()]
Stop.head(10)
```

程序运行结果如图 7.14 所示。

	停顿开始编号	停顿结束编号	停顿时长
0	4	57	1548.0
1	58	382	7685.0
2	384	385	19.0
3	386	405	2136.0
4	406	408	1682.0
5	409	411	5014.0
6	453	455	14.0
7	595	613	289.0
8	620	660	5262.0
9	667	668	4.0

图 7.13　程序运行结果

	停顿开始编号	停顿结束编号	停顿时长	停顿归属事件
6	453	455	14.0	6.0
9	667	668	4.0	8.0
13	1063	1065	61.0	10.0
19	1347	1348	4.0	14.0
20	1350	1351	4.0	14.0
21	1353	1354	4.0	14.0
22	1356	1357	4.0	14.0
23	1368	1369	4.0	14.0
24	1371	1372	4.0	14.0
25	1377	1378	14.0	14.0

图 7.14　程序运行结果

（4）建立用水事件表。

```
#构造属性：用水事件停顿总时长、停顿次数、停顿平均时长、
#用水时长、用水时长/总用水时长
stopAgg = Stop.groupby("停顿归属事件").agg({"停顿时长":sum,"停顿开始编号":len})
sj.loc[stopAgg.index - 1,"总停顿时长"] = stopAgg.loc[:,"停顿时长"].values
sj.loc[stopAgg.index-1,"停顿次数"] = stopAgg.loc[:,"停顿开始编号"].values
sj.fillna(0,inplace=True)    #对缺失值用 0 插补
stopNo0 = sj["停顿次数"] != 0    #判断用水事件是否存在停顿
sj.loc[stopNo0,"平均停顿时长"] = sj.loc[stopNo0,"总停顿时长"]/sj.loc[stopNo0,"停顿
次数"]
sj.fillna(0,inplace=True)    #对缺失值用 0 插补
sj["用水时长"] = sj["总用水时长"] - sj["总停顿时长"]    #定义用水时长
sj["用水时长/总用水时长"] = sj["用水时长"] / sj["总用水时长"]    #定义用水/总时长
print('用水事件用水时长与频率特征构造完成后数据的特征如下。\n',sj.columns)
print('用水事件用水时长与频率特征构造完成后数据的前 5 行 5 列特征如下。\n',
       sj.iloc[:5,:5])
sj.head(10)
```

程序运行结果如下，显示的用水事件表如图 7.15 所示。

```
用水事件用水时长与频率特征构造完成后数据的特征如下。
 Index(['事件序号', '事件起始编号', '事件结束编号', '事件开始时间', '事件结束时间',
'洗浴时间点', '总用水时长',
       '总停顿时长', '停顿次数', '平均停顿时长', '用水时长', '用水时长/总用水时长'],
      dtype='object')
用水事件用水时长与频率特征构造完成后数据的前 5 行 5 列特征如下。
```

< 219 >

	事件序号	事件起始编号	事件结束编号	事件开始时间	事件结束时间
0	1	3	3	2021-10-19 07:01:55	2021-10-19 07:01:57
1	2	57	57	2021-10-19 07:38:15	2021-10-19 07:38:17
2	3	382	385	2021-10-19 09:46:37	2021-10-19 09:47:16
3	4	405	405	2021-10-19 11:50:16	2021-10-19 11:50:18
4	5	408	408	2021-10-19 13:56:20	2021-10-19 13:56:22

	事件序号	事件起始编号	事件结束编号	事件开始时间	事件结束时间	洗浴时间点	总用水时长	总停顿时长	停顿次数	平均停顿时长	用水时长	用水时长/总用水时长
0	1	3	3	2021-10-19 07:01:55	2021-10-19 07:01:57	7	2.0	0.0	0.0	0.0	2.0	1.000000
1	2	57	57	2021-10-19 07:38:15	2021-10-19 07:38:17	7	2.0	0.0	0.0	0.0	2.0	1.000000
2	3	382	385	2021-10-19 09:46:37	2021-10-19 09:47:16	9	39.0	0.0	0.0	0.0	39.0	1.000000
3	4	405	405	2021-10-19 11:50:16	2021-10-19 11:50:18	11	2.0	0.0	0.0	0.0	2.0	1.000000
4	5	408	408	2021-10-19 13:56:20	2021-10-19 13:56:22	13	2.0	0.0	0.0	0.0	2.0	1.000000
5	6	411	594	2021-10-19 15:34:38	2021-10-19 15:48:47	15	849.0	14.0	1.0	14.0	835.0	0.983510
6	7	613	619	2021-10-19 15:55:14	2021-10-19 15:55:30	15	16.0	0.0	0.0	0.0	16.0	1.000000
7	8	660	766	2021-10-19 17:23:20	2021-10-19 17:34:37	17	677.0	4.0	1.0	4.0	673.0	0.994092
8	9	773	923	2021-10-19 17:46:20	2021-10-19 17:55:05	17	525.0	0.0	0.0	0.0	525.0	1.000000
9	10	1026	1135	2021-10-19 21:32:44	2021-10-19 21:42:02	21	558.0	61.0	1.0	61.0	497.0	0.890681

图 7.15　用水事件表

（5）计算总用水量和平均水流量。

```
data["水流量"] = data["水流量"] / 60  #原单位 L/min, 现转换为 L/s
sj["总用水量"] = 0  #给总用水量赋一个初始值 0
for i in range(len(sj)):
    Start = sj.loc[i,"事件起始编号"]-1
    End = sj.loc[i,"事件结束编号"]-1
    if Start != End:
        for j in range(Start,End):
            if data.loc[j,"水流量"] != 0:
                sj.loc[i,"总用水量"] = (data.loc[j + 1,"发生时间"] -
                            data.loc[j,"发生时间"]).seconds* \
                        data.loc[j,"水流量"] + sj.loc[i,"总用水量"]
        sj.loc[i,"总用水量"] = sj.loc[i,"总用水量"] + data.loc[End,"水流量"] * 2
    else:
        sj.loc[i,"总用水量"] = data.loc[Start,"水流量"]*2  #默认单次事件时长为 2 s
sj["平均水流量"] = sj["总用水量"] / sj["用水时长"]  #定义平均水流量
sj.head(10)
```

程序运行结果如图 7.16 所示。

2．构建用水量与波动属性

除了用水时长、停顿频率外，用水量也是识别洗浴事件的重要属性。例如，用水事件中的洗漱事件与洗浴事件相比有停顿次数多、总用水量小、平均用水少的特点；手洗衣物事件相比于洗浴事件则有停顿次数多、总用水量大、平均用水多的特点。据此可以构建出两个用水量属性，如表 7.6 所示。

< 220 >

	事件序号	事件起始编号	事件结束编号	事件开始时间	事件结束时间	洗浴时间点	总用水时长	总停顿时长	停顿次数	平均停顿时长	用水时长	用水时长/总用水时长	总用水量	平均水流量
0	1	3	3	2021-10-19 07:01:55	2021-10-19 07:01:57	7	2.0	0.0	0.0	0.0	2.0	1.000000	0.266667	0.133333
1	2	57	57	2021-10-19 07:38:15	2021-10-19 07:38:17	7	2.0	0.0	0.0	0.0	2.0	1.000000	0.266667	0.133333
2	3	382	385	2021-10-19 09:46:37	2021-10-19 09:47:16	9	39.0	0.0	0.0	0.0	39.0	1.000000	5.100000	0.130769
3	4	405	405	2021-10-19 11:50:16	2021-10-19 11:50:18	11	2.0	0.0	0.0	0.0	2.0	1.000000	0.733333	0.366667
4	5	408	408	2021-10-19 13:56:20	2021-10-19 13:56:22	13	2.0	0.0	0.0	0.0	2.0	1.000000	0.266667	0.133333
5	6	411	594	2021-10-19 15:34:38	2021-10-19 15:48:47	15	849.0	14.0	1.0	14.0	835.0	0.983510	564.950000	0.676587
6	7	613	619	2021-10-19 15:55:14	2021-10-19 15:55:30	15	16.0	0.0	0.0	0.0	16.0	1.000000	14.533333	0.908333
7	8	660	766	2021-10-19 17:23:20	2021-10-19 17:34:37	17	677.0	4.0	1.0	4.0	673.0	0.994092	303.333333	0.450718
8	9	773	923	2021-10-19 17:46:20	2021-10-19 17:55:05	17	525.0	0.0	0.0	0.0	525.0	1.000000	222.666667	0.424127
9	10	1026	1135	2021-10-19 21:32:44	2021-10-19 21:42:02	21	558.0	61.0	1.0	61.0	497.0	0.890681	303.100000	0.609859

图 7.16　程序运行结果

表 7.6　构建用水量属性

属性	构建方法	说明
总用水量	总用水量=持续时间×水流大小	一次用水事件中使用的总的水量
平均用水量	平均水流量=总用水量/有水流时间	一次用水事件中的平均水流量大小

用水波动也是区分不同用水事件的关键。一般来说，在一次洗漱事件中，刷牙和洗脸的用水量完全不同；而在一次手洗衣物事件中，每次用水的量和停顿时间相差却不大。根据不同用水事件的这一特征可以构建水流量波动和停顿时长波动两个属性。

（1）构造属性：水流量波动。

构造方法如下。

$$水流量波动 = \sum \frac{(水流量 - 平均水流量)^2 \times 持续时间}{用水时长}$$

一次用水事件中，水流量的波动情况关键代码如下。

```
#水流量波动=∑(((水流量-平均水流量)^2)*持续时间)/用水时长
sj["水流量波动"] = 0   #给水流量波动赋一个初始值 0
for i in range(len(sj)):
    Start = sj.loc[i,"事件起始编号"] - 1
    End = sj.loc[i,"事件结束编号"] - 1
    for j in range(Start,End + 1):
        if data.loc[j,"水流量"] != 0:
            slbd = (data.loc[j,"水流量"] - sj.loc[i,"平均水流量"])**2
            slsj = (data.loc[j + 1,"发生时间"] - data.loc[j,"发生时间"]).seconds
            sj.loc[i,"水流量波动"] = slbd * slsj + sj.loc[i,"水流量波动"]
    sj.loc[i,"水流量波动"] = sj.loc[i,"水流量波动"] / sj.loc[i,"用水时长"]
sj.head(10)
```

程序运行结果如图 7.17 所示。

< 221 >

	事件序号	事件起始编号	事件结束编号	事件开始时间	事件结束时间	洗浴时间点	总用水时长	总停顿时长	停顿次数	平均停顿时长	用水时长	用水时长/总用水时长	总用水量	平均水流量	水流量波动
0	1	3	3	2021-10-19 07:01:55	2021-10-19 07:01:57	7	2.0	0.0	0.0	0.0	2.0	1.000000	0.266667	0.133333	0.000000
1	2	57	57	2021-10-19 07:38:15	2021-10-19 07:38:17	7	2.0	0.0	0.0	0.0	2.0	1.000000	0.266667	0.133333	0.000000
2	3	382	385	2021-10-19 09:46:37	2021-10-19 09:47:16	9	39.0	0.0	0.0	0.0	39.0	1.000000	5.100000	0.130769	5.525816
3	4	405	405	2021-10-19 11:50:16	2021-10-19 11:50:18	11	2.0	0.0	0.0	0.0	2.0	1.000000	0.733333	0.366667	0.000000
4	5	408	408	2021-10-19 13:56:20	2021-10-19 13:56:22	13	2.0	0.0	0.0	0.0	2.0	1.000000	0.266667	0.133333	0.000000
5	6	411	594	2021-10-19 15:34:38	2021-10-19 15:48:47	15	849.0	14.0	1.0	14.0	835.0	0.983510	564.950000	0.676587	0.017973
6	7	613	619	2021-10-19 15:55:14	2021-10-19 15:55:30	15	16.0	0.0	0.0	0.0	16.0	1.000000	14.533333	0.908333	0.060530
7	8	660	766	2021-10-19 17:23:20	2021-10-19 17:34:37	17	677.0	4.0	1.0	4.0	673.0	0.994092	303.333333	0.450718	0.102719
8	9	773	923	2021-10-19 17:46:20	2021-10-19 17:55:05	17	525.0	0.0	0.0	0.0	525.0	1.000000	222.666667	0.424127	0.024561
9	10	1026	1135	2021-10-19 21:32:44	2021-10-19 21:42:02	21	558.0	61.0	1.0	61.0	497.0	0.890681	303.100000	0.609859	0.010590

图 7.17　程序运行结果

（2）构造属性：停顿时长波动

构造方法如下。

$$停顿时长波动 = \sum \frac{(单次停顿时长 - 平均停顿时长)^2 \times 持续时间}{总停顿时长}$$

一次用水事件中，用水停顿时长的波动情况关键代码如下。

```
#停顿时长波动=∑(((单次停顿时长-平均停顿时长)^2)*持续时间)/总停顿时长
sj["停顿时长波动"] = 0  #给停顿时长波动赋一个初始值0
for i in range(len(sj)):
    if sj.loc[i,"停顿次数"] > 1:  #当停顿次数为0或1时，停顿时长波动为0，故排除
        for j in Stop.loc[Stop["停顿归属事件"] == (i+1),"停顿时长"].values:
            sj.loc[i,"停顿时长波动"]=((j-sj.loc[i,"平均停顿时长"])**2)*j+
                                    sj.loc[i,"停顿时长波动"]
        sj.loc[i,"停顿时长波动"]= sj.loc[i,"停顿时长波动"]/sj.loc[i,"总停顿时长"]
print('用水量和波动特征构造完成后数据的特征如下。\n',sj.columns)
print('用水量和波动特征构造完成后数据的前5行5列特征如下。\n',sj.iloc[:5,:5])
sj.head(10)
```

程序运行结果如下。

```
用水量和波动特征构造完成后数据的特征如下。
 Index(['事件序号', '事件起始编号', '事件结束编号', '事件开始时间', '事件结束时间', '洗
浴时间点', '总用水时长', '总停顿时长', '停顿次数', '平均停顿时长', '用水时长', '用水时长/
总用水时长', '总用水量', '平均水流量', '水流量波动', '停顿时长波动'],
      dtype='object')
用水量和波动特征构造完成后数据的前5行5列特征如下。
   事件序号  事件起始编号  事件结束编号  事件开始时间              事件结束时间
0  1      3        3        2021-10-19 07:01:55  2021-10-19 07:01:57
1  2      57       57       2021-10-19 07:38:15  2021-10-19 07:38:17
2  3      382      385      2021-10-19 09:46:37  2021-10-19 09:47:16
3  4      405      405      2021-10-19 11:50:16  2021-10-19 11:50:18
4  5      408      408      2021-10-19 13:56:20  2021-10-19 13:56:22
```

< 222 >

sj.csv 文件的前 10 行数据如图 7.18 所示。

	事件序号	事件起始编号	事件结束编号	事件开始时间	事件结束时间	洗浴时间点	总用水时长	总停顿时长	停顿次数	平均停顿时长	用水时长	用水时长/总用水时长	总用水量	平均水流量	水流量波动	停顿时长波动
0	1	3	3	2021-10-19 07:01:55	2021-10-19 07:01:57	7	2.0	0.0	0.0	0.0	2.0	1.000000	0.266667	0.133333	0.000000	0.0
1	2	57	57	2021-10-19 07:38:15	2021-10-19 07:38:17	7	2.0	0.0	0.0	0.0	2.0	1.000000	0.266667	0.133333	0.000000	0.0
2	3	382	385	2021-10-19 09:46:37	2021-10-19 09:47:16	9	39.0	0.0	0.0	0.0	39.0	1.000000	5.100000	0.130769	5.525816	0.0
3	4	405	405	2021-10-19 11:50:16	2021-10-19 11:50:18	11	2.0	0.0	0.0	0.0	2.0	1.000000	0.733333	0.366667	0.000000	0.0
4	5	408	408	2021-10-19 13:56:20	2021-10-19 13:56:22	13	2.0	0.0	0.0	0.0	2.0	1.000000	0.266667	0.133333	0.000000	0.0
5	6	411	594	2021-10-19 15:34:38	2021-10-19 15:48:47	15	849.0	14.0	1.0	14.0	835.0	0.983510	564.950000	0.676587	0.017973	0.0
6	7	613	619	2021-10-19 15:55:14	2021-10-19 15:55:30	15	16.0	0.0	0.0	0.0	16.0	1.000000	14.533333	0.908333	0.060530	0.0
7	8	660	766	2021-10-19 17:23:20	2021-10-19 17:34:37	17	677.0	4.0	1.0	4.0	673.0	0.994092	303.333333	0.450718	0.102719	0.0
8	9	773	923	2021-10-19 17:46:20	2021-10-19 17:55:05	17	525.0	0.0	0.0	0.0	525.0	1.000000	222.666667	0.424127	0.024561	0.0
9	10	1026	1135	2021-10-19 21:32:44	2021-10-19 21:42:02	21	558.0	61.0	1.0	61.0	497.0	0.890681	303.100000	0.609859	0.010590	0.0

图 7.18　sj.csv 文件的前 10 行数据

7.3.5　数据清洗之筛选候选洗浴事件

洗浴事件的识别建立在一次用水事件识别的基础上，也就是从已经划分好的用水事件中识别出哪些用水事件是洗浴事件。

可以使用 3 个比较宽松的条件筛选掉那些非常短暂的用水事件，即确定不可能为洗浴事件的数据就删除，剩余的事件称为"候选洗浴事件"。

满足以下任一条件就不是候选洗浴事件。

① 一次用水事件的总用水量（纯热水）小于 5 L。

② 用水时长小于 100 s（用水时间，不包括停顿）。

③ 总用水时长小于 120 s（事件开始到结束）。

关键代码如下。

```
sj_bool = (sj['用水时长'] >100) & \
(sj['总用水时长'] > 120) & (sj['总用水量'] > 5)
sj_final = sj.loc[sj_bool,:]
sj_final.to_excel('C:/Users/pc/Desktop/data/list7/sj_final.xlsx',index = False)
print('筛选出候选洗浴事件前的数据形状为',sj.shape)
print('筛选出候选洗浴事件后的数据形状为',sj_final.shape)
sj_final.head(10)
```

程序运行结果如下，筛选后的前 10 行数据如图 7.19 所示。

```
筛选出候选洗浴事件前的数据形状为： (172, 16)
筛选出候选洗浴事件后的数据形状为： (75, 16)
```

筛选前用水事件共有 172 个，经过筛选余下 75 个用水事件。结合日志，最终用于建模的属性为 16 个，其基本情况如图 7.20 所示。

< 223 >

	事件序号	事件起始编号	事件结束编号	事件开始时间	事件结束时间	洗浴时间点	总用水时长	总停顿时长	停顿次数	平均停顿时长	用水时长	用水时长/总用水时长	总用水量	平均水流量	水流量波动	停顿时长波动
5	6	411	594	2021-10-19 15:34:38	2021-10-19 15:48:47	15	849.0	14.0	1.0	14.000000	835.0	0.983510	564.950000	0.676587	0.017973	0.000000
7	8	660	766	2021-10-19 17:23:20	2021-10-19 17:34:37	17	677.0	4.0	1.0	4.000000	673.0	0.994092	303.333333	0.450718	0.102719	0.000000
8	9	773	923	2021-10-19 17:46:20	2021-10-19 17:55:05	17	525.0	0.0	0.0	0.000000	525.0	1.000000	222.666667	0.424127	0.024561	0.000000
9	10	1026	1135	2021-10-19 21:32:44	2021-10-19 21:42:02	21	558.0	61.0	1.0	61.000000	497.0	0.890681	303.100000	0.609859	0.010590	0.000000
13	14	1346	1425	2021-10-20 07:22:53	2021-10-20 07:38:49	7	956.0	32.0	8.0	4.000000	924.0	0.966527	724.416667	0.784001	6.377354	0.000000
16	17	1482	1533	2021-10-20 19:13:44	2021-10-20 19:17:52	19	248.0	0.0	0.0	0.000000	248.0	1.000000	128.683333	0.518884	0.015321	0.000000
17	18	1572	1633	2021-10-20 19:47:58	2021-10-20 19:53:36	19	338.0	11.0	2.0	5.500000	327.0	0.967456	194.433333	0.594597	0.174174	2.250000
19	20	1660	1761	2021-10-20 21:46:21	2021-10-20 21:55:12	21	531.0	57.0	1.0	57.000000	474.0	0.892655	251.466667	0.530520	0.015532	0.000000
23	24	2069	2208	2021-10-21 16:04:17	2021-10-21 16:14:14	16	597.0	20.0	4.0	5.000000	577.0	0.966499	209.433333	0.362969	0.026246	1.000000
24	25	2221	2382	2021-10-21 16:23:06	2021-10-21 16:41:12	16	1086.0	364.0	3.0	121.333333	722.0	0.664825	261.533333	0.362235	0.006954	3614.056166

图 7.19　筛选后的前 10 行数据

事件序号	件起始编	件结束编	事件开始时间	事件结束时间	先浴时间点	总用水时	总停顿时	停顿次数	均停顿时	用水时长	长/总用水	总用水量	平均水流量	水流量波动	顿时长波动
6	411	594	2014/10/19 15:34	2014/10/19 15:48	15	849	12	1	12	837	0.985866	564.95	0.67497	0.01793	0
8	660	766	2014/10/19 17:23	2014/10/19 17:34	17	677	85	2	42.5	592	0.874446	303.3333	0.512387	0.133647	1640.25
9	773	923	2014/10/19 17:46	2014/10/19 17:55	17	525	0	0	0	525	1	222.6667	0.424127	0.024561	0
10	1026	1135	2014/10/19 21:32	2014/10/19 21:42	21	558	55	1	55	503	0.901434	303.1	0.602584	0.010449	0
14	1346	1425	2014/10/20 7:22	2014/10/20 7:38	7	956	18	9	2	938	0.981172	724.4167	0.772299	6.06021	0
17	1482	1533	2014/10/20 19:13	2014/10/20 19:17	19	248	0	0	0	248	1	128.6833	0.518884	0.015321	0
18	1572	1633	2014/10/20 19:47	2014/10/20 19:53	19	338	4	2	2	334	0.988166	194.4333	0.582136	0.163287	0
20	1660	1761	2014/10/20 21:46	2014/10/20 21:55	21	531	55	1	55	476	0.896422	251.4667	0.528291	0.01545	0
24	2069	2208	2014/10/21 16:04	2014/10/21 16:14	16	597	8	4	2	589	0.9866	209.4333	0.355574	0.025693	0
25	2221	2382	2014/10/21 16:23	2014/10/21 16:41	16	1086	358	3	119.3333	728	0.67035	261.5333	0.359249	0.006884	3558.858
28	2455	2529	2014/10/21 18:49	2014/10/21 18:56	18	403	4	2	2	399	0.990074	183.05	0.458772	0.0612	0
30	2547	2616	2014/10/21 19:50	2014/10/21 19:55	19	311	0	0	0	311	1	152.25	0.48955	0.010782	0
31	2719	2854	2014/10/21 21:36	2014/10/21 21:47	21	653	101	1	101	552	0.845329	275.3667	0.498853	0.025193	0
40	3352	3467	2014/10/22 19:54	2014/10/22 20:04	19	566	4	2	2	562	0.992933	305.9	0.544306	0.052692	0
41	3473	3520	2014/10/22 20:14	2014/10/22 20:17	20	230	0	0	0	230	1	102.0833	0.443841	0.000679	0
42	3570	3697	2014/10/22 21:58	2014/10/22 22:09	21	703	107	1	107	596	0.847795	335.7333	0.563311	0.008213	0

图 7.20　筛选后的基本情况

7.4　构建模型

7.4.1　BP 神经网络模型

1. 背景

BP（back propagation，误差逆传播）神经网络是 1986 年由鲁姆哈特（Rumelhart）和麦克利兰（McClelland）为首的科学家提出的概念，是一种按照误差逆向传播算法训练的多层前馈神经网络，现已成为应用最广泛的神经网络模型之一。

2. 原理

BP 神经网络在输入层与输出层之间增加若干层神经元，每一层可以有若干个节点，这些神经元称为隐藏单元，它们与外界没有直接的联系，但其状态的改变能影响输入与输出之间的关系。BP 神经网络模型如图 7.21 所示。

< 224 >

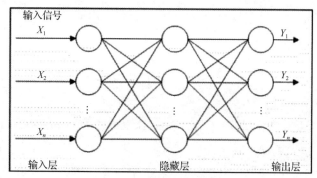

图 7.21　BP 神经网络模型

BP 神经网络由输入层、一个或多个隐藏层以及输出层构成。同层节点中没有任何耦合，每一层节点的输出只影响下一层节点的输出。BP 神经网络的学习过程由正向传播与反向传播两部分组成。反向传播的节点单元特征通常为 Sigmoid 函数，其表达式如下。

$$S(x) = \frac{1}{1 + \mathrm{e}^{-x}}$$

在训练阶段，要让准备好的样本数据通过输入层、隐藏层与输出层，比较输出结果与期望值，若没有达到要求的误差程度或者训练次数，即通过输出层、隐藏层与输入层来调节权值，以便使网络成为有一定适应能力的模型。

3．计算过程

BP 神经网络的计算过程由正向计算和反向计算组成。在正向传播中，输入模式从输入层经隐藏层逐层处理，转向输出层，每一层神经元的状态只影响下一层神经元的状态。如果在输出层不能得到期望的输出，则转入反向传播，误差信号沿原来的连接通路返回，通过修改各神经元的权值，使得误差最小。计算过程如图 7.22 所示，w 表示权重，b 表示偏置。

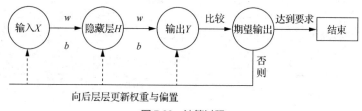

图 7.22　计算过程

4．主要应用领域

BP 神经网络以其独特的结构与处理信息的方法，在许多实际应用领域中取得了显著的成效，包括图像处理、信号处理、模式识别、机器人控制、焊接等。此外，BP 神经网络在电力、交通、军事、经济、医疗、矿业、农业、气象等领域也有应用。

5．多层神经网络

对于多层神经网络，sklearn 提供了 MLPClassifier（MLP 分类器）。

MLP 分类器也是一个神经网络。本质上，它需要经过多次迭代训练，才能使用反向传播在隐藏层上学习适当的权重，从而做到正确分类。

其语法格式如下。

< 225 >

```
MLPClassifier(hidden_layer_sizes=(100,), activation='relu', solver=' adam',
alpha=0.0001, max_iter=200, tol=0.0001, verbose=False...)
```

常用参数说明如表 7.7 所示。

表 7.7　MLP 分类器常用参数说明

参数	说明
hidden_layer_sizes	接收元组。代表隐藏层的结构，其长度表示隐藏层的层数，元素则指定了每一个隐藏层中功能神经元的数量。例如，hidden_layer_sizes=(50,50)，表示有两个隐藏层，第一层有 50 个神经元，第二层也有 50 个神经元。默认为 100
activation	激活函数，可设为'identity'、'logistic'、'tanh'、'relu'，默认为'relu'。'identity'：$f(x)=x$。'logistic'：其实就是 sigmod，$f(x)=1/(1+\exp(-x))$。'tanh'：$f(x)=\tanh(x)$。'relu'：$f(x)=\max(0,x)$
solver	默认为'adam'，用来优化权重。'lbfgs'：拟牛顿法的优化器。'sgd'：随机梯度下降。'adam'：基于随机梯度的优化器（注：默认的'adam'在较大的数据集上效果较好，对于小数据集，'lbfgs'收敛更快，效果也更好）
alpha	float，可选，默认为 0.000 1，正则化项参数
learning_rate	学习率，用于权重更新，只在 solver 为'sgd'时使用，可设为'constant'、'invscaling'、'adaptive'，默认为'constant'。'constant'：有'learning_rate_init'给定的恒定学习率。'invscaling'：随着时间 t 使用'power_t'的逆标度指数不断降低学习率，effective_learning_rate=learning_rate_init/pow(t,power_t)。'adaptive'：只要训练损耗在下降，就保持学习率为'learning_rate_init'不变，当连续两次不能降低训练损耗或验证分数停止升高至少 tol 时，将当前学习率除以 5
max_iter	int，可选，默认为 200，最大迭代次数
random_state	int 或 RandomState，可选，默认为 None，随机数生成器的状态或种子
tol	float，可选，默认为 1e-4，优化的容忍度
verbose	bool，可选，默认为 False，是否将过程输出到 stdout

sklearn 中的模型构建训练完成后，不同的模型能够根据训练的数据输出不同的属性，MLPClassifier 神经网络模型的主要属性如表 7.8 所示。

表 7.8　MLPClassifier 神经网络模型的主要属性

属性	说明
classes_	返回 array，表示每个输出的类别
loss_	返回 float，表示当前损失函数值
coefs_	返回 array，表示权值
intercepts_	返回 array，表示阈值
n_iter_	返回 int，表示实际迭代次数

7.4.2　构建洗浴事件识别模型

根据建模样本数据建立 BP 神经网络模型，识别洗浴事件。洗浴事件与其他用水事件在特征上存在不同，根据用户的用水数据，将其中洗浴事件的数据状态记录作为训练样本来训练 BP 神经网络，然后用训练好的网络来检验新采集到的数据，具体过程如图 7.23 所示。

< 226 >

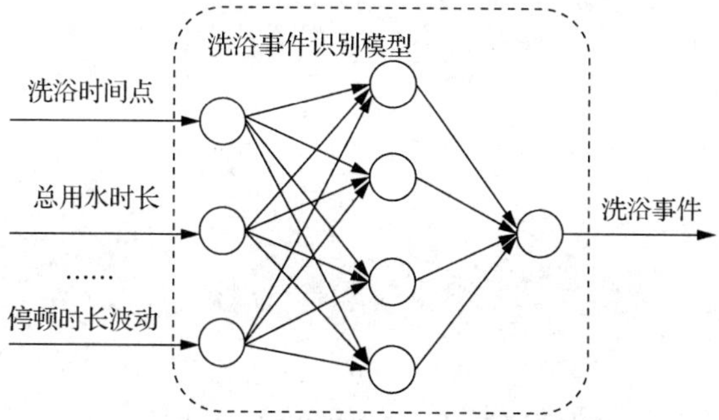

图 7.23　构建行为事件分析的 BP 神经网络模型

本项目使用 BP 神经网络模型，在训练时选取了"候选洗浴事件"的 11 个属性作为网络的输入，分别为洗浴时间点、总用水时长、总停顿时长、用水时长、总用水量、平均水流量、水流量波动和停顿时长波动。在训练 BP 神经网络时发现含 2 个隐藏层的神经网络训练效果较好，其中 2 个隐藏层的节点数分别为 17、10。

根据样本得到训练好的 BP 神经网络后，就可以用它来识别对应的用户的洗浴事件。将待检测样本的 11 个属性作为输入，输出层输出一个在[-1,1]的值，如果该值小于 0，则该事件不是洗浴事件，如果该值大于 0，则该事件是洗浴事件。

某热水器用户记录了两周的热水器用水数据，将前一周的数据作为训练数据，后一周的数据作为测试数据，代入上述模型进行测试。

实现代码如下。

```
from sklearn.model_selection import train_test_split
from sklearn.preprocessing import StandardScaler
from sklearn.neural_network import MLPClassifier
import joblib
#读取数据
Xtrain = pd.read_excel('C:/Users/pc/Desktop/data/list7/sj_final.xlsx')
ytrain = pd.read_excel('C:/Users/pc/Desktop/data/list7/water_heater_log.xlsx')
test = pd.read_excel('C:/Users/pc/Desktop/data/list7/test_data.xlsx')
#训练集测试集区分。
x_train, x_test, y_train, y_test = \
Xtrain.iloc[:,5:],test.iloc[:,4:-1],\
ytrain.iloc[:,-1],test.iloc[:,-1]
#标准化
stdScaler = StandardScaler().fit(x_train)
x_stdtrain = stdScaler.transform(x_train)
x_stdtest = stdScaler.transform(x_test)
#建立模型
bpnn = MLPClassifier(hidden_layer_sizes = (17,10),
    max_iter = 200, solver = 'lbfgs',random_state=45)
bpnn.fit(x_stdtrain, y_train)
#保存模型
joblib.dump(bpnn,'C:/Users/pc/Desktop/data/list7/water_heater_nnet.m')
print('构建的模型为\n',bpnn)

bpnn = joblib.load('C:/Users/pc/Desktop/data/list7/water_heater_nnet.m')   #加载
模型

y_pred = bpnn.predict(x_stdtest)   #返回预测结果
```

< 227 >

程序运行结果如下。

构建的模型为
```
MLPClassifier(hidden_layer_sizes=(17, 10), random_state=45, solver='lbfgs')
```

7.5 模型评估

结合模型评估的相关知识，使用精准度（precision）、召回率（recall）、准确率（accuracy）和 F1 值（F1-score，精准度和召回率的调和平均数）来衡量模型评估效果较为客观、准确。同时结合 ROC（receiver operating characteristic，受试者操作特征）曲线，可以更加直观地评估模型的效果。

7.5.1 评价指标

精准度：被判定为正例的样本中判定正确的比重。

召回率：被判定正确的正例在所有正例中的比重。

准确率：被判定正确的样本在所有样本中的比重。

F1 值：分类问题的一个衡量指标。一些多分类问题的机器学习竞赛，常常将 F1 值作为最终测评指标。它是精准度和召回率的调和平均数，最大为 1，最小为 0。一般情况下，F1 值较高说明分类器较有效。

根据该热水器用户提供的用水数据判断事件是否为洗浴事件，多层神经网络模型预测关键代码如下。

```
#模型预测
from sklearn.metrics import accuracy_score,classification_report,roc_curve,
precision_score,recall_score,f1_score
bpnn = joblib.load('C:/Users/pc/Desktop/data/list7/water_heater_nnet.m')  #加载模型
y_pred = bpnn.predict(x_stdtest)  #返回预测结果
print("BP Model accuracy score: {0:0.4f}".format(accuracy_score(y_pred, y_test)))
print("precision :",precision_score(y_pred,y_test))
print("Recall:", recall_score(y_pred, y_test))
print("F1 score:", f1_score(y_pred, y_test))
print('神经网络预测结果评价报告:\n',classification_report(y_test, y_pred))
```

程序运行结果如下。

```
BP Model accuracy score: 0.6327
precision : 0.5405405405405406
Recall: 0.9523809523809523
F1 score: 0.6896551724137931
神经网络预测结果评价报告:
```

	precision	recall	f1-score	support
0	0.39	0.92	0.55	12
1	0.95	0.54	0.69	37
accuracy			0.63	49
macro avg	0.67	0.73	0.62	49
weighted avg	0.82	0.63	0.66	49

< 228 >

根据报告可以看出，分类为 0 的 F1 值为 0.55，分类为 1 的 F1 值为 0.69，准确率为 0.63，说明此模型有效且效果良好。

7.5.2　绘制 ROC 曲线

真阳率（true positive rate，TPR）为检测出来的真阳性样本数除以阳性样本总数；假阳率（false positive rate，FPR）为检测出来的假阳性样本数除以阴性样本总数。用 x 轴表示假阳率，用 y 轴表示真阳率，画一个平面直角坐标系，然后不断调整检测方法（或机器学习中的分类器）的阈值，最终得分高于某个值就是阳性，反之就是阴性，得到不同的真阳率和假阳率数值，然后描点，就可以得到一条受试者操作特征（Receiver Operating Characteristic，ROC）曲线。

需要注意的是，ROC 曲线必定起于(0,0)，值止于(1,1)。当全都判断为阴性（−）时，数值所在点就是(0,0)；全部判断为阳性（+）时，数值所在点就是(1,1)。这两点间斜率为 1 的线段表示随机分类器（对真实的正负样本没有区分能力）。因此，一般分类器需要在这条线上方。

```
#绘制 ROC 曲线
plt.rcParams['font.sans-serif'] = 'SimHei'   #显示中文
plt.rcParams['axes.unicode_minus'] = False   #显示负号
fpr, tpr, thresholds = roc_curve(y_pred,y_test)   #求出 TPR 和 FPR
plt.figure(figsize=(6,4))   #创建画布
plt.plot(fpr,tpr)   #绘制曲线
plt.title('用户用水事件识别 ROC 曲线')   #标题
plt.xlabel('FPR')   #x 轴标签
plt.ylabel('TPR')   #y 轴标签
plt.savefig('用户用水事件识别 ROC 曲线.png')   #保存图片
plt.show()   #显示图形
```

程序运行结果如图 7.24 所示。

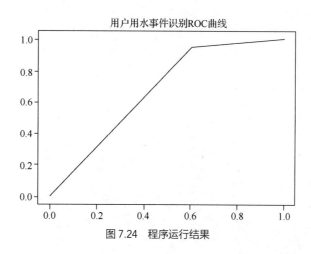

图 7.24　程序运行结果

由图 7.24 可知，ROC 曲线在斜率为 1 的直线上方，此次创建的模型是有效且效果良好的，能够用于实际的洗浴事件识别。

< 229 >

📑 **拓展**

　　根据上述模型划分结果，F1 值为 0.69，因此可能存在将两次或多次洗浴事件划分为一次洗浴事件的情况。因为在实际生活中，存在着一个人洗完澡另一个人马上洗的情况，中间的停顿时间小于阈值。针对两次或多次洗浴事件被划分为一次洗浴事件的情况，需要进行优化，对连续洗浴事件做识别，提高模型识别精确度。

　　判断连续洗浴事件的方法：对每次用水事件建立一个连续洗浴判别指标。连续洗浴判别指标初始值为 0，每当有一个属性超过给定的阈值，就给该指标加上相应的值，最后判别连续洗浴指标是否超过给定的阈值，如果超过给定的阈值，则认为该次用水事件为连续洗浴事件。

7.6　本章小结

　　本章主要体现了项目设计的流程，首先是探索数据，查看数据集的完整性、准确性等，并查看了热水器的水流量状况；随后对数据进行了预处理，包含连续属性离散化、属性规约、合并数据、属性构造、数据清洗等，将数据处理到了比较理想的状态；最后利用 BP 神经网络模型来构建洗浴事件识别模型，并对模型进行评估与分析。

　　通过对用户的洗浴事件进行识别，根据识别结果比较不同客户群的使用习惯，可以加深对客户的理解，为不同的客户群提供最适合的个性化产品，并有利于改进新产品的智能化研发和制定相应的营销策略。

< 230 >

第 8 章

综合实战：赏析中华古诗词

本章学习目标

- 熟悉项目的设计流程。
- 掌握中文分词模式和方法，特别是 jieba 分词。
- 掌握词性标注、中文标准化处理，以及去除停用词、去除空格的方法。
- 了解中文文本预处理方法，学会使用独热编码器处理标签。
- 理解中文文本词云的构建方法。

综合实战：赏析
中华古诗词

本章将利用常见的自然语言处理方法，对文本数据进行分词、词性筛选和标准化处理，最后做一个词云进行分析。通过本章的学习，读者将对自然语言处理有较为清晰的了解，并增强中华文化自豪感，从而更加热爱祖国。

8.1 项目背景与目标

8.1.1 项目背景

中国有礼仪之大，故称夏；有服章之美，谓之华。华夏，是世界的赞誉，是炎黄子孙的骄傲。

随着《中国诗词大会》的热播，很多人开始关注中国的古诗词，全国人民掀起了一波读唐诗宋词的浪潮。

8.1.2 项目目标

通过本项目，读者可掌握以下技能。

① 中文分词。
② 词性分析。
③ 文本预处理。
④ 构建简单的词云。

8.1.3 项目总体流程及分析

项目总体流程如图 8.1 所示。

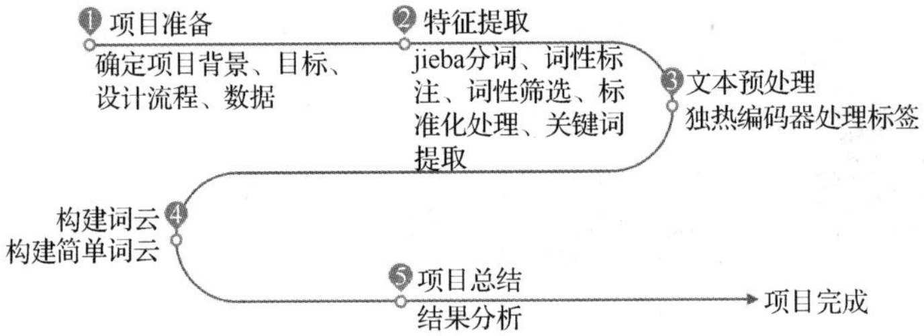

图 8.1　项目总体流程

本项目涉及的知识点如下。

（1）特征提取。

① jieba 分词模式：精确分词模式、全模式、搜索引擎模式。

② 关键词提取：TF（term frequency，词频）、IDF（inverse document frequency，逆向文档频率）算法、TextRank 算法（不依赖语料库）、主题模型算法。

（2）文本预处理。

① 对于结果只用公版的停用词（stopword）表去除停用词，不进行人工筛选。

② 保留：名词、名词短语（两者为评论描述主题）、形容词、动词、动词短语（对主题的描述），以及其他可能有实义的词。

③ 去除：副词、标点、拟声词等无实义词，包括/x、/zg、/uj、/ul、/e、/d、/uz、/y 等。

④ 标准化处理：合并空格、去除空白字符，处理后的文档变为“词+空格+词+空格+…”的形式。

（3）构建词云。

本项目需使用 wordcloud 库构建词云。

8.2 基本特征提取

8.2.1 数据集介绍

数据集包含宋诗、元曲，以及《三国演义》《红楼梦》《幽梦影》等古典文学作品。此数据集通过 JSON 格式存储数据，方便取用。数据集名称为 chinesepoetry，是一个文件夹，打开文件夹后文件列表如图 8.2 所示。

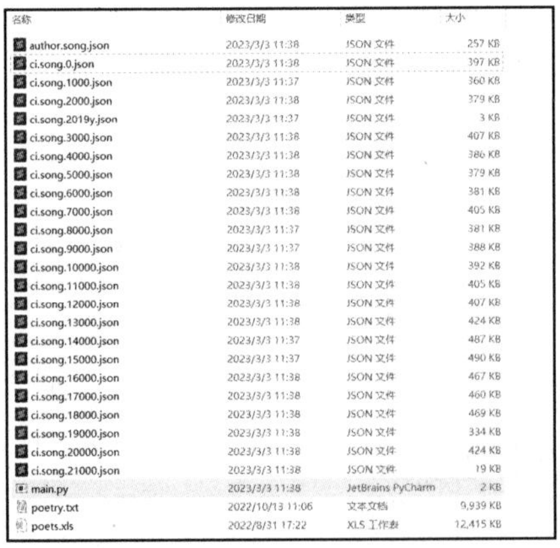

名称	修改日期	类型	大小
author.song.json	2023/3/3 11:38	JSON 文件	257 KB
ci.song.0.json	2023/3/3 11:38	JSON 文件	397 KB
ci.song.1000.json	2023/3/3 11:37	JSON 文件	360 KB
ci.song.2000.json	2023/3/3 11:38	JSON 文件	379 KB
ci.song.2019y.json	2023/3/3 11:37	JSON 文件	3 KB
ci.song.3000.json	2023/3/3 11:38	JSON 文件	407 KB
ci.song.4000.json	2023/3/3 11:38	JSON 文件	386 KB
ci.song.5000.json	2023/3/3 11:38	JSON 文件	379 KB
ci.song.6000.json	2023/3/3 11:38	JSON 文件	381 KB
ci.song.7000.json	2023/3/3 11:38	JSON 文件	405 KB
ci.song.8000.json	2023/3/3 11:37	JSON 文件	381 KB
ci.song.9000.json	2023/3/3 11:37	JSON 文件	388 KB
ci.song.10000.json	2023/3/3 11:38	JSON 文件	392 KB
ci.song.11000.json	2023/3/3 11:38	JSON 文件	405 KB
ci.song.12000.json	2023/3/3 11:38	JSON 文件	407 KB
ci.song.13000.json	2023/3/3 11:38	JSON 文件	424 KB
ci.song.14000.json	2023/3/3 11:37	JSON 文件	487 KB
ci.song.15000.json	2023/3/3 11:37	JSON 文件	490 KB
ci.song.16000.json	2023/3/3 11:38	JSON 文件	467 KB
ci.song.17000.json	2023/3/3 11:38	JSON 文件	460 KB
ci.song.18000.json	2023/3/3 11:38	JSON 文件	469 KB
ci.song.19000.json	2023/3/3 11:38	JSON 文件	334 KB
ci.song.20000.json	2023/3/3 11:38	JSON 文件	424 KB
ci.song.21000.json	2023/3/3 11:38	JSON 文件	19 KB
main.py	2023/3/3 11:38	JetBrains PyCharm	2 KB
poetry.txt	2022/10/13 11:06	文本文档	9,939 KB
poets.xls	2022/8/31 17:22	XLS 工作表	12,415 KB

图 8.2　chinesepoetry 文件列表

数据集的数据统一存储成 JSON 格式文件，示例如下。

```
[
  {
    "author": "石孝友",
    "paragraphs": [
      "扁舟破浪鸣双橹。",
      "岁晚客心分万绪。",
      "香红漠漠落梅村，愁碧萋萋芳草渡。",
      "汉皋佩失诚相误。",
      "楚峡云归无觅处。",
      "一天明月缺还圆，千里伴人来又去。"
    ],
    "rhythmic": "玉楼春"
  }
]
```

8.2.2 数据描述

例 8-1 读取并查看数据。

① 读取数据集中的数据。

```
%load_ext klab-autotime  #显示 cell 运行时长
import pandas as pd
poetry = pd.read_json('C:/Users/pc/Desktop/data/list8/chinesepoetry/
ci.song.0.json')
for i in range(0,22):
    tmp = pd.read_json('C:/Users/pc/Desktop/data/list8/chinesepoetry/
ci.song.'+str(i*1000)+'.json')
    poetry = pd.concat([poetry,tmp])
#tmp2 = pd.read_json('C:/Users/pc/Desktop/data/list8/chinesepoetry/
ci.song.json')
poetry = pd.concat([poetry,tmp])
```

② 描述数据。

```
print(poetry.head())
print("————————分割线————————")
print(poetry.shape)
print("————————分割线————————")
print(poetry.index)
print("————————分割线————————")
poetry.info()
```

程序运行结果如下。

```
   author                                         paragraphs rhythmic tags  \
0     和岘  [气和玉烛，睿化著鸿明。，缇管一阳生。，郊盛礼燔柴毕，旋轸凤凰城。，森罗仪卫振华
缨。,...          导引  NaN
1     和岘  [严夜警，铜莲漏迟迟。，清禁肃，森陛载，羽卫俨皇闱。，角声励，钲鼓攸宜。，金管成雅
奏,...          六州  NaN
```

< 233 >

2　　和岘　[承宝运，驯致隆平。，鸿庆被寰瀛。，时清俗阜，治定功成。，遐迩咏由庚。，严郊祀，文物... 十二时·忆少年　NaN

3　　王禹　[雨恨云愁，江南依旧称佳丽。，水村渔市。，一缕孤烟细。，天际征鸿，遥认行如缀。，平生... 点绛唇　NaN

4　苏易简　[神仙神仙瑶池宴。，片片。，碧桃零落春风晚。，翠云开处，隐隐金舆挽。，玉麟背冷清风远。] 越江吟　NaN

```
  prologue
0      NaN
1      NaN
2      NaN
3      NaN
4      NaN
───────────────分割线───────────────
(43150, 5)
───────────────分割线───────────────
Int64Index([ 0,  1,  2,  3,  4,  5,  6,  7,  8,  9,
            ...
            40, 41, 42, 43, 44, 45, 46, 47, 48, 49],
           dtype='int64', length=43150)
───────────────分割线───────────────
<class 'pandas.core.frame.DataFrame'>
Int64Index: 43150 entries, 0 to 49
Data columns (total 5 columns):
 #   Column      Non-Null Count   Dtype
---  ------      --------------   -----
 0   author      43150 non-null   object
 1   paragraphs  43150 non-null   object
 2   rhythmic    43150 non-null   object
 3   tags        1929 non-null    object
 4   prologue    12 non-null      object
dtypes: object(5)
memory usage: 2.0+ MB
time: 47 ms
```

　　由程序运行结果可知，查看 poetry 文件的前 5 行，显示 author、paragraphs、rhythmic、tags 和 prologue 5 列数据；数据集的形状为(43 150, 5)；索引为 0 到 49，长度为 43 150。"time：47ms" 表示程序运行时长。

　　③ 查看数据集的标题、作者和内容。

```
print(poetry[['author','paragraphs']])
print("───────────────分割线───────────────")
poetry.columns
```

　　程序运行结果如下。

```
  author                                     paragraphs
0    和岘  [气和玉烛，睿化著鸿明。，缇管一阳生。，郊盛礼燔柴毕，旋轸凤凰城。，森罗仪卫振华
缨。，...
1    和岘  [严夜警，铜莲漏迟迟。，清禁肃，森陛戟，羽卫俨皇闱。，角声励，钲鼓攸宜。，金管成
雅奏，...
```

< 234 >

2	和岘	[承宝运，驯致隆平。，鸿庆被寰瀛。，时清俗阜，治定功成。，遐迩咏由庚。，严郊祀，文物...
3	王禹	[雨恨云愁，江南依旧称佳丽。，水村渔市。，一缕孤烟细。，天际征鸿，遥认行如缀。，平生...
4	苏易简	[神仙神仙瑶池宴。，片片。，碧桃零落春风晚。，翠云开处，隐隐金舆挽。，玉麟背冷清风远。]
..	...	...
45	吴氏 3	[剪新幡儿，斜插真珠髻。]
46	吴氏 3	[楼台里，春风淡荡。]
47	吴氏 3	[乍卷珠帘新燕入。]
48	吴氏 3	[几声天外归鸿。]
49	吴氏 3	[一声初报晓。]

```
[43150 rows x 2 columns]
```
——————————分割线——————————
```
Index(['author', 'paragraphs', 'rhythmic', 'tags', 'prologue'], dtype='object')
time: 32 ms
```

④ 查看宋朝诗人作品数排行。

```
sum = poetry.groupby(['author'],as_index = False)['author'].agg({'count':
'count'})
sum.sort_values(['count'],ascending=False,inplace=True)
sum.head(10)
```

程序运行结果如图 8.3 所示。

⑤ 查看辛弃疾的诗。

```
poetry[poetry.author == '辛弃疾']
```

程序运行结果如图 8.4 所示。

	author	count
506	无名氏	3136
1215	辛弃疾	1258
741	欧阳修	726
1030	苏轼	724
136	刘辰翁	708
227	吴文英	682
1208	赵长卿	678
722	柳永	639
415	张炎	604
1136	贺铸	564

time: 32 ms

图 8.3　程序运行结果

	author	paragraphs	rhythmic	tags	prologue
237	辛弃疾	[一柱中擎远碧，两峰旁依高寒。，横陈削就短长山。，莫把一分增减。，我望云烟目断，人言风...	西江月	NaN	NaN
238	辛弃疾	[堂上谋臣帷幄，边头猛将干戈。，天时地利与人和。，燕可伐与曰可。，此日楼台鼎鼐，他时剑...	西江月	NaN	NaN
239	辛弃疾	[青山招不来，偃蹇谁怜汝。，岁晚太寒生，唤我溪边住。，山头明月来，本在高处处。，夜夜入...	生查子	NaN	NaN
240	辛弃疾	[高人千丈崖，千古储水雪。，六月火云时，一见森毛发。，俗人如盗泉，照眼多昏浊。，高处挂...	生查子	NaN	NaN
241	辛弃疾	[盗跖傥名丘，孔子还名跖。，跖圣丘愚直至今，美恶无真实。，简册写虚名，蝼蚁俊枯骨。，千...	卜算子	NaN	NaN
...	...	...	...	...	...
630	辛弃疾	[日日过西湖，冷浸一天寒玉。，山色虽言如画，想画时难邈。，前弦後管夹歌谣，才断又重续。	好事近	[西湖]	NaN
631	辛弃疾	[百花头上开，冰雪寒中见。，霜月定相知，先识春风面。，主人情意深，不管江妃怨。，折我最...	生查子	NaN	NaN
800	辛弃疾	[画堂帘卷，贺燕双双语。，花柳一番春，倚东风、雕红镂翠。，草堂风月，还似旧家时，歌颤底...	蓦山溪	NaN	NaN
801	辛弃疾	[露染武夷朱，千變營营。，练色弘滑玉清水。，十分冰鉴，未吐玉壶天地。，精神先付与、人中...	感皇恩	NaN	NaN
802	辛弃疾	[暮覆寅晴径，画戟插层霄。，红莲幕府风定，香雾不成飘。，蝶髻梅妆环列，凤管檀槽交泰，回雪...	水调歌头	NaN	NaN

1258 rows × 5 columns

time: 16 ms

图 8.4　程序运行结果

8.2.3　jieba 分词

文本型数据和数值型数据是有区别的，如果不对文本进行分词，就不能很好地统计和识别文本的具体类别和具体含义。

< 235 >

　　分词是将连续的文本分割成语义合理的若干词汇序列，中文分词需要用 jieba 库的分词功能。分词是自然语言处理中最基础的环节，也是必要环节。无论是关键词提取、相似度分析、词性标注，还是运用算法进行训练、预测等，都建立在分词的基础上。

　　jieba 是优秀的中文分词库，可以用于分词、提取关键词、词性标注，需要安装。它的原理是利用一个中文词库，确定中文字符之间的关联概率，关联概率高的组成词汇，形成分词结果。除了分词，jieba 还可以添加自定义词组。

　　安装 jieba 库命令如下。

```
pip install jieba
```

　　jieba 有三种分词模式，本章主要使用精确分词模式，即把文本精确地切分开，不存在冗余单词。其他常见的分词库及其功能如下。

textrank4zh：抽取关键词、关键短语和文本摘要。

wordcloud：生成各种漂亮的词云图。

8.2.4　分词模式和并行分词

1．分词模式

① 精确分词模式：试图将句子精确地切开。举例如下。

```
jieba.cut('人生苦短，我学 python',cut_all=False)
```

② 全模式：把句子中所有可能是词的都扫描出来，速度非常快，但不能解决歧义。举例如下。

```
jieba.cut('人生苦短，我学 python',cut_all=True)
```

③ 搜索引擎模式：在精确分词模式的基础上，对长词再次切分，提高召回率，适合用于搜索引擎分词。举例如下。

```
jieba.cut_for_search('人生苦短，我学 python')
```

jieba.lcut()对 cut 的结果做了封装，l 代表 list，即返回的结果是一个 list 集合。举例如下。

```
jieba.lcut('人生苦短，我学 python',cut_all=False)
```

2．并行分词

　　原理：将目标文本按行分割后，把各行文本分配到多个 Python 进程并行分词，然后归并结果，从而获得分词速度的可观提升。

　　并行分词基于 Python 自带的 multiprocessing 模块，目前暂不支持 Windows。

　　语法格式如下。

```
jieba.enable_parallel(4)   #开启并行分词，参数为并行进程数
jieba.disable_parallel()   #关闭并行分词
```

8.2.5　关键词提取

　　关键词是指能反映文本主题或者意思的词语，类似论文中的 keyword。处理文档或句子时，提取关键词是最重要的工作之一，这在自然语言处理中也是一个十分重要的任务。

< 236 >

关键词提取分为有监督和无监督两种方法。

有监督方法首先构建一个较为丰富和完善的词表，然后判断每个文档中每个词与词表的匹配程度，以类似打标签的形式，达到关键词提取的效果。

无监督方法包括 TF-IDF 算法、TextRank 算法（不依赖语料库）和主题模型算法。下面对其中的常用算法进行讲解。

1. TF-IDF

核心思想：如果某个词在一篇文档中出现的频率高，并且在其他文档中很少出现，则认为此词具有很好的类别区分度，有可能是文档的关键词。TF-IDF 的两个指标分别是 TF 与 IDF。

（1）TF。

TF 表示词条在某篇文档中的出现频率。其计算公式如下。

$$TF = \frac{某个词在某篇文档中出现的次数}{该文档的总词数}$$

TF 的取值范围是(0,1)。

> ⚠ **注意**
>
> 所指的词数，一定是去除了停用词的计算结果，甚至是专门的词表词数。

（2）IDF。

IDF 表示词条在所有文档中的普遍度，该词条越普遍则 IDF 的值越小，即 IDF 的值与该词的常见程度成反比。

以文章《中国的奶牛养殖》为例，"奶牛"和"养殖"两个词的 TF 值和 IDF 值都非常大，作为这篇文章的关键词是合适的。而"中国"这个词虽然 TF 值并不低于"奶牛"和"养殖"，但因为它在整个语料库中经常出现，导致 IDF 值非常小，因此不会作为文章的关键词。换句话说，IDF 表示词在语料库中的新鲜度（辨识度），如果在每篇文档中都出现，那么也就没有什么新鲜度可言了。

IDF 的计算公式如下。

$$IDF = \log\left(\frac{语料库的文档总数}{包含该词的文档数+1}\right)$$

解释一下该公式：一个词越常见，分母就越大，IDF 值就越接近于 0。分母加 1 是为了防止分母为 0（所有的文档都不包含该词）。

IDF 的取值范围是 (0,+∞)。

> ⚠ **注意**
>
> 这里的 log 可以 10、2、e 为底，根据实际情况调整。

TF-IDF 的计算公式如下。

$$TF\text{-}IDF = TF \times IDF$$

解释一下该公式：TF-IDF 值与某个词在某篇文档中出现的次数成正比，与包含该词的文档数成反比。

< 237 >

（3）使用 TF-IDF 提取关键词。

jieba 实现 TF-IDF 的要点如下。

① jieba 有统计好的 IDF 值，在 jieba/analyse/idf.txt 中。（sklearn 与 gensim 都有封装好的 TF-IDF 库。）

② IDF 值是通过语料库统计得到的，所以实际使用时，可能需要依据使用环境，替换为通过对应的语料库统计得到的 IDF 值。

③ 需要从分词结果中去除停用词。

④ 如果指定了仅提取指定词性的关键词，则词性分割非常重要，词性分割的准确程度影响关键字的提取。

使用 TF-IDF 提取关键词，返回值是一个排序后的 list。

2．TextRank

TextRank 基于 PageRank 算法，对待抽取关键词的文本进行分词，如果一个词出现在很多词后面，那么说明这个词比较重要。一个 TextRank 值很高的词后面跟着一个词，那么后面这个词的 TextRank 值也会相应地提高。

TextRank 的核心思想如下。

① 链接数量：被链接得越多越重要。

② 链接质量：链接网页的权重越高越重要。

3．主题模型

主题模型包括隐语义分析（latent semantic analysis，LSA）、隐语义索引（latent semantic index，LSI）和隐狄利克雷分配（latent dirichlet allocation，LDA）。LSA 和 LSI 通常被认为是一种算法，只是 LSI 在潜在语义分析完之后还会建立一个结果索引。LSA 存在计算效率低、物理解释性差等问题，其引入 EM 算法后得到 pLSA 算法。

（1）LSA 算法。

LSA 算法的关键词提取步骤如下。

① 使用词袋模型将每个文档表示为向量。

② 将所有的文档词向量拼接起来构成词-文档矩阵。

③ 对词-文档矩阵进行奇异值分解（singular value decomposition，SVD）。

④ 根据 SVD 的结果，将矩阵映射到更低维度空间中，维度为 k，每个文档和词都可以表示为空间内的一个点，从而可以得到每个文档对每个词的相似度（如余弦相似度），相似度高的即为关键词。

（2）LDA 算法。

根据词的共现信息的分析，拟合出词-文档-主题的分布，进而将词、文本映射到一个语义空间。

重要假设：文档主题的先验分布和主题中词的先验分布都服从狄利克雷分布。

$$后验分布 ＝ 先验分布 ＋ 数据（似然）$$

核心思想：通过对已有数据集进行统计得到每篇文档中主题的多项式分布和每个主题对应词的多项式分布；然后通过先验的狄利克雷分布和观测数据得到的多项式分布，得到狄利克雷多项式共轭，据此来推断文档中主题的后验分布和文档中词的后验分布。

LDA 算法的关键词提取步骤如下。

① 随机初始化，对语料库中每篇文档的每个词随机赋予一个主题编号。

< 238 >

② 重新扫描语料库，对每个词按照吉布斯采样公式重新采样它的主题，在语料库中进行更新。

③ 重复步骤②，直至吉布斯采样收敛。

④ 统计语料库中的 topic-word 共现频率矩阵。

8.3 文本预处理

到目前为止，读者已经学会了从文本数据中提取基本特征。在深入文本和提取特征之前，首先要清洗数据，以获得更好的特性。

8.3.1 独热编码器处理标签

1. 独热编码

在数据处理与分析领域，对数值与字符进行编码是不可或缺的预处理操作。本小节基于 Python 下的 Pandas 与 pd.get_dummies 两种方法实现独热（One-Hot）编码。

独热编码又称一位有效编码，其方法是使用 n 位状态寄存器来对 n 个状态进行编码，每个状态都有其独立的寄存器位，并且在任意时刻，其中只有一位有效。例如，对 6 个状态进行编码，自然顺序码为 000,001,010,011,100,101，独热编码则是 000001,000010,000100,001000,010000,100000。

计算机并不能识别文本型数据，因此要把文本中的字符串处理成数值型数据。

Python、C、Java 等编程语言都是高级语言，符合人类的一贯认知和思维模式，这样有利于人类进行学习和开发，但是计算机是不懂这些高级语言的，因此需要把文本型数据转换成数值型数据，接着计算机会把数值型数据转换成二进制编码，这样计算机才能识别其中的意思，从而实现人类与机器的交互。

例 8-2　利用 Python 实现独热编码。

```
import pandas as pd
df = pd.DataFrame({'key': ['b', 'b', 'a', 'c', 'a', 'b'],'data': range(6)})
dummies = pd.get_dummies(df['key'],prefix='key')
new_df = df[['data']].join(dummies)
```

df、dummies、new_df 分别如图 8.5、图 8.6 和图 8.7 所示。

	key	data
0	b	0
1	b	1
2	a	2
3	c	3
4	a	4
5	b	5

	key_a	key_b	key_c
0	0	1	0
1	0	1	0
2	1	0	0
3	0	0	1
4	1	0	0
5	0	1	0

	data	key_a	key_b	key_c
0	0	0	1	0
1	1	0	1	0
2	2	1	0	0
3	3	0	0	1
4	4	1	0	0
5	5	0	1	0

图 8.5　DataFrame 类对象的 df　　图 8.6　DataFrame 类对象的 dummies　　图 8.7　DataFrame 类对象的 new_df

比较 df 和 new_df 可以看到，经过独热编码处理后，特征属性子集由原来的二维变成了四

< 239 >

维。一般情况下独热编码可以结合 PCA 使用，以降低经独热编码处理后的特征属性子集的复杂度。

2．标签编码

标签编码是将字符形式的特征值映射为整数，语法格式如下。

```
sklearn.preprocessing.LabelEncoder()
```

例 8-3 编码器处理文本标签。

```
y = ['爱情', '体育', '教育', '军事']
from sklearn.preprocessing import LabelEncoder
le = LabelEncoder()   #创建编码器
#获取数据集
y = ['爱情', '体育', '教育', '军事']
y_train_le = le.fit_transform(y)   #进行编码训练和转换
y_train_le
```

程序运行结果如下。

```
array([3, 0, 2, 1], dtype=int64)
```

由例 8-3 可知，标签编码能够将文本特征经过训练和转换映射为整数。

📇 **拓展**

> 使用 OneHotEncoder 模块实现独热编码的方法简单介绍如下。
>
> 导入相应模块的语句如下。
>
> ```
> import pandas as pd
> from sklearn.preprocessing import OneHotEncoder
> ```
>
> 其中，OneHotEncoder 是实现独热编码的关键模块。
>
> 引用 OneHotEncoder 模块的语法格式如下。
>
> ```
> sklearn.preprocessing.OneHotEncoder(sparse=是否使用压缩格式, dtype=元素类型)
> ```

8.3.2 词性标注、自定义字典

1．获取词性

jieba.posseg 模块实现词性标注的语法格式如下。

```
jieba.posseg.cut(sentence, cut_all=False)
```

2．自定义添加词和字典

使用默认分词方法识别一句话中的新词，需要将新词添加到字典中。

自定义字典原理如下。

① 词典格式和 dict.txt 一样，一个词占一行。

② 每一行分 3 部分：词语、词频（可省略）、词性（可省略）。3 部分用空格隔开且顺序不可颠倒。

< 240 >

file_name 若为路径或以二进制方式打开的文件，则文件必须采用 UTF-8 编码。

```
D:/python/xiaozhi_life_dict.txt
jieba.load_userdict(file_name)  #file_name 为文件类对象或自定义词典的路径
```

例 8-4　精准分词。

```
import jieba
text = """
小知同学时而在绿杨楼溜达，时而在黄槐楼遛狗，时而去尚书院阅读书籍，时而去腾星火耀办事处。
"""
data = jieba.cut(text)  #默认精准分词模式
print(' '.join(data))
```

程序运行结果如下。

小知 同学 时而 在 绿 杨楼 溜达 ， 时而 在 黄槐楼 遛狗 ， 时而 去 尚书 院 阅读 书籍 ， 时而 去 腾 星火 耀 办事处 。

8.3.3　去除停用词

通常情况下，在解决自然语言处理问题时，首要任务是去除停用词。有时在计算停用词的数量时可以获得额外信息。

为节省存储空间和提高搜索效率，以及提高模型的精确率和稳定性，搜索引擎在索引页面或处理搜索请求时会自动忽略某些字或词，这些字或词即被称为停用词。通常意义上，停用词大致分为如下两类。

① 应用广泛，在 Internet 上随处可见的词，例如，"Web"一词在大多数网站上均会出现，对这样的词，搜索引擎无法保证给出真正相关的搜索结果。这类停用词难以帮助缩小搜索范围，还会降低搜索的效率。

② 语气助词、副词、介词、连接词等，通常自身并无明确的意义，只有将其放入一个完整的句子才有一定作用，如常见的"的""在"之类。

导入 NLTK 库中的 stopwords 模块，语法格式如下。

```
from nltk.corpus import stopwords
stop=stopwords.words('english')
```

停用词应该从文本数据中删除。为了这个目的，可以创建一个列表 stopwords，作为自己的停用词库或开发者可以使用的预定义的库。

8.3.4　文本中的字符处理

在目前的实际应用中，开发者可以从社交平台文本中提取"#"和"@"符号的数量。这有利于开发者从文本数据中提取更多信息。

这里的字符处理在实际文本预处理中是不会直接使用的，为什么呢？

因为在文本预处理的去除停用词环节，已经隐性地进行了字符处理工作。停用词里一般都会有这些字符，在去除停用词时，这些字符被过滤掉了。虽然停用词有字符处理作用，但文本中的字符处理还是有学习的价值。

< 241 >

1. 删除英文标点

例 8-5 创建文本并删除英文标点。

```python
import string
import numpy as np
#创建文本
text_data_en = np.array(['I love???&*@#$%^&%## you',
                         'Just like@#$%$you love me',
                         'Lets get #@together'])
text_data_ch = np.array(['二(毛*和@铁柱周末%一起出去约会',
                         '铁柱今^&*#年在读@#$四年级',
                         '小明是一()!@#个军事爱好者'])
#进行处理
def remove_punctuation(sentence: str):
    print(sentence)
    return sentence.translate(str.maketrans('', '', string.punctuation))
#应用函数
solve_en = [remove_punctuation(sentence) for sentence in text_data_en]
solve_ch = [remove_punctuation(sentence) for sentence in text_data_ch]
print('\n\n', solve_en, '\n', solve_ch)
```

程序运行结果如下。

```
I love???&*@#$%^&%## you
Just like@#$%$you love me
Lets get #@together
二(毛*和@铁柱周末%一起出去约会
铁柱今^&*#年在读@#$四年级
小明是一()!@#个军事爱好者

 ['I love you', 'Just likeyou love me', 'Lets get together']
 ['二毛和铁柱周末一起出去约会', '铁柱今年在读四年级', '小明是一个军事爱好者']
```

2. 替换字符

例 8-6 创建文本并替换字符。

```python
import string
import numpy as np
#创建文本
text_data_ch = np.array(['二毛?和****铁柱周末一起出去约会',
                  '铁柱今*年在读@??四年级',
                  '小****明是一@个军事爱好者'])
#替换字符
replace_string = [string.replace('?', '').replace('*', '').replace('@', '') for
string in text_data_ch]
replace_string
```

程序运行结果如下。

```
['二毛和铁柱周末一起出去约会', '铁柱今年在读四年级', '小明是一个军事爱好者']
```

< 242 >

3．删除空格

例 8-7 删除空格。

```
import string
import numpy as np
#创建文本
text_data_ch = np.array(['    二毛和铁柱周末一起出去约会    ',
                         '       铁柱今年在读四年级',
                         '小明是一个军事爱好者      '])
#删除空格
delect_space = [string.strip() for string in text_data_ch]
delect_space
```

程序运行结果如下。

```
['二毛和铁柱周末一起出去约会', '铁柱今年在读四年级', '小明是一个军事爱好者']
```

8.4 模型构建——中文文本词云

8.4.1 认识词云

为什么要构建词云？

在任何建模之前，开发者一般都会对数据进行一定的分析，文本也不例外。不过文本并不像很多业务数据是数值形态的，需要采用分析文本的方法，如词云。

词云也叫文字云，是很有说服力的一种可视化的结果呈现，尤其是对文本中心内容的展示。词云常用在爬虫数据分析中，原理就是统计文本中高频出现的词，过滤掉某些干扰词，将结果生成一张图片，直观地展示数据的重点信息。

词云的特点是出现频率越高的词字体越大，因此在分析文本中的关键词时词云有重要作用。

8.4.2 wordcloud 库

Python 的 wordcloud 库用于生成各种词云，它依赖 NumPy 库和 PIL 库。

1．三个主要函数

（1）wordcloud.WordCloud()：用于生成或者绘制词云。

```
class
wordcloud.WordCloud(font_path=None,  #字体路径（默认为 wordcloud 库下的 DroidSansMono.ttf
字体）
                    width=400,  #画布宽度（默认为 400 像素）
                    height=200,  #画布高度（默认为 200 像素）
                    margin=2,  #单词的间隔（默认为 2 像素）
                    ranks_only=None,
                    prefer_horizontal=0.9,  #词语水平方向排版出现的频率（默认为 0.9。因为
水平排版和垂直排版概率之和为 1，所以默认垂直方向排版为 0.1）
```

< 243 >

mask=None, #ndarray 或 None, default=None, 可简单理解为绘制模板。当 mask 不为 0 时，"画布"形状大小由 mask 决定，height 和 width 设置无效

scale=1, float, default=1, #计算结果和绘图尺寸之间的比例（就是放大画布的比例，也可以叫比例尺）。对于大型词云，使用比例尺比设置画布尺寸会更快，但是单词匹配不是很好

color_func=None,

max_words=200, #number, default=200, 最大显示单词字数

max_font_size=None, #int 或 None, default=None, 最大单词的字体大小，如果没有设置的话，直接使用画布的大小

min_font_size=4,

stopwords=None, #string 或 None, 停用词，被淘汰不用于显示的词语，默认使用内置的 stopwords

random_state=None,

background_color='black', #词云图像的背景色，默认为黑色

font_step=1, mode='RGB',

relative_scaling='auto', #float, default='auto', 词频对字体大小的影响度。设置为 1 的话，如果一个词出现两次，那么其字体大小为原来的两倍

regexp=None, #string 或 None, 使用正则表达式分割输入的字符。没有指定的话就使用 r"w[w']+"

collocations=True, #bool, default=True, 是否包括两个词的搭配（双宾语）

colormap=None, #颜色映射方法，每个词对应什么颜色。如果设置 color_func，则 colormap 作废

normalize_plurals=True,

contour_width=0,

contour_color='black',

repeat=False, #bool, default=False, 是否需要重复词以使总词数达到 max_words

)

（2）wordcloud.ImageColorGenerator()：词云将使用彩色图像中包围矩形的平均颜色进行着色。

```
class
wordcloud.ImageColorGenerator(image, #用于生成词云颜色的图像
                        default_color=None,
                        )
```

（3）wordcloud.random_color_func()：默认着色方法，选取一个随机色调，值 80%，亮度 50%。

```
wordcloud.random_color_func(word=None, #着色词
                    font_size=None, #字体大小
                    position=None, #位置
                    orientation=None, #指向
                    font_path=None, #字体路径
                    random_state=None #随机状态
                        )
```

< 244 >

2．词云生成方法

```
wc = wordcloud.Wordcloud()
wc.fit_words(frequencies)   #根据词频生成词云
wc.generate_from_frequencies(frequencies[, …])   #根据词频生成词云
wc.generate(text)   #根据文本生成词云
wc.generate_from_text(text)   #根据文本生成词云
wc.process_text(text)   #将长文本拆分成词，消除词尾
wc.recolor([random_state, color_func, colormap])   #对现有的词云进行重新染色，这会比
重新生成整个词云快很多
```

3．词云保存与展示

可通过 matplotlib 库用 plt.imshow(con)读取生成的词云，然后用 plt.savefig(filename)保存词云。

```
wc.to_file(filename)   #导出到图像文件，filename 为文件路径
```

可以在导出文件后，根据路径找到文件直接打开，可以将保存的图像导入 PIL 库，用 PIL.Image.open(图片路径)打开。

可使用 plt.show(con)展示词云，其中 con 为使用词云生成方法生成的词云。

4．wordcloud 常用函数（如表 8.1 所示）

表 8.1　wordcloud 常用函数

函数	说明
fit_words(频率)	根据词和频率创建 word_cloud
Generate(文本)	从文本生成词云
generate_from_text(文本)	从文本生成词云
process_text(文本)	将长文本拆分为词，消除非索引字
to_array()	转换为 NumPy 数组
to_file(文件名)	导出到图像文件

5．wordcloud 对象常用参数（如表 8.2 所示）

表 8.2　wordcloud 对象常用参数

参数	说明
font_path	设置字体，指定字体文件的路径
width	画布宽度，默认为 400 像素
height	画布高度，默认为 200 像素
mask	词云形状，默认为矩形
min_font_size	词云中最小的字号，默认为 4 号
font_step	字号步进间隔，默认为 1

< 245 >

参数	说明
max_font_size	词云中最大的字号，默认根据高度自动调节
max_words	词云显示的最大词数，默认为 200
stopwords	设置停用词（需要屏蔽的词），停用词不在词云中显示，默认使用内置的 stopwords
background_color	图像背景颜色，默认为黑色

wordcloud 对象有很多参数，可以绘制不同形状、颜色和尺寸的词云。生成词云时，wordcloud 默认会以空格或标点为分隔符对目标文本进行分词处理。

8.5 实战 6：三国演义中文词频统计

8.5.1 任务说明

1．案例背景

"滚滚长江东逝水，浪花淘尽英雄"。近来读《三国演义》，忽然想看看到底哪位英雄在书中被提到最多，于是就想用分词算法实现一下。

2．主要功能

① 下载《三国演义》TXT 文档。
② 使用 jieba 分词算法对文档进行分词处理。
③ 将分词结果去除停用词、标点符号、非人名等。
④ 词频统计并排序。
⑤ 可视化展示。

8.5.2 任务分析

1．打开 TXT 文档

```
open("fillpath","r",encoding="utf-8")
```

作用为读取 TXT 文档，文档权限为可读，采用 UTF-8 编码。举例如下。

```
open("C:/Users/pc/Desktop/data/list8/三国演义.txt","r",encoding="utf-8")
```

2．jieba 精准分词

```
jieba.cut('文本',cut_all=False)
```

作用为试图将句子最精确地切开，默认精准分词模式。举例如下。

```
jieba.cut('数据预处理是一门有趣的课程')
```

3．获取词频

```
counts={}
```

< 246 >

作用为获取词频。

8.5.3　任务实现

（1）下载《三国演义》TXT 文档。

```
txt=open("C:/Users/pc/Desktop/data/list8/三国演义.txt","r",encoding="utf-8").
read()
```

（2）使用 jieba 分词算法对文档进行分词处理。

```
excludes=["将军","却说","二人","不可","荆州","不能", "如此", "商议", "如何","主公",
"军士","左右","军马",\
        "引兵","东吴","天下","次日","大喜","于是","今日","不敢","魏兵","陛下",
"一人","都督","人马","不知"]
import jieba
words=jieba.lcut(txt)
counts={}
for word in words:
    if len(word)==1:
        continue
    elif word=="孔明" or word=="孔明曰":
        rword="诸葛亮"
    elif word=="玄德" or word=="玄德曰":
        rword="刘备"
    elif word=="关公" or word=="云长":
        rword="关羽"
    elif word=="丞相" or word=="孟德":
        rword="曹操"
    else:
        rword=word
    counts[rword]=counts.get(rword,0)+1
for key in excludes:
    del counts[key]
items=list(counts.items())
items.sort(key=lambda x:x[1],reverse=True)
for i in range(10):
    word,count=items[i]
    print("{:<10}{:>5}".format(word,count))
```

程序运行结果如下。

```
曹操          1418
诸葛亮          1363
刘备          1213
关羽           779
张飞           348
吕布           299
孙权           263
```

< 247 >

赵云	254
司马懿	221
周瑜	217

8.6 本章小结

本章主要介绍了中华古诗词赏析提取文本特征，引出了 jieba 分词、分词模式、并行分词和关键字提取；接着介绍了文本预处理的一些方法，包括独热编码器处理标签、词性标注、自定义词典、去除停用词和字符处理；最后介绍了构建词云的 wordcloud 库，并通过与爬虫结合来进行词云的制作，为后续的自然语言处理课程奠定基础。

< 248 >